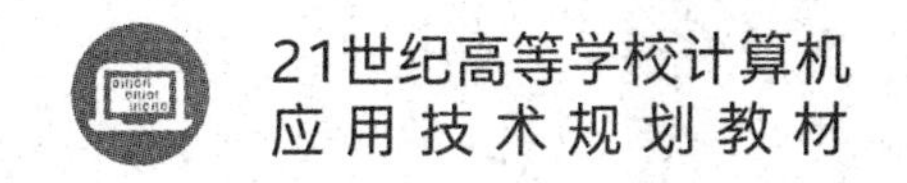

网站设计与管理
项目化教程

骆焦煌 主编
董庆伟 何庆新 涂晓彬 陈月娟 副主编

清华大学出版社
北京

内容简介

本书循序渐进地介绍网站建设的基础知识、基本技能和应用操作，在综合实例中讲解了电子商务网站建设的全过程。全书共设置了8个教学项目，23个操作任务。教学项目即网站建设基础、电子商务网站建设规划与实施、电子商务网站的平台搭建、HTML5＋CSS3技术、ASP.NET动态网站建设基础、数据库基础、电子商务网站的运营管理与维护、电子商务网站建设综合实例等，其中知识学习部分概括地介绍任务实现所需要的基本理论。

每个项目均以任务为驱动，每个任务均以应用为引导，通过任务驱动带动理论知识的学习，让学生能同步掌握理论与技能。每个项目的内容体系是先实现任务操作，再展开知识点的讲解，最后进行项目练习。本书由实操入手，以培养应用为目标展开介绍，很适合学习者由浅入深地学习。

本书知识点以实用、够用为主，以任务操作为主线，很适合应用型人才培养的高等学校的学生使用，同时也适合网站建设学习者作为自学参考用书。

图书在版编目(CIP)数据

网站设计与管理项目化教程/骆焦煌主编. —北京：清华大学出版社，2019(2023.1重印)
(21世纪高等学校计算机应用技术规划教材)
ISBN 978-7-302-51689-7

Ⅰ. ①网… Ⅱ. ①骆… Ⅲ. ①网站－设计－高等学校－教材 ②网站－管理－高等学校－教材 Ⅳ. ①TP393.092.1

中国版本图书馆CIP数据核字(2018)第264268号

责任编辑：黄 芝 张爱华
封面设计：刘 键
责任校对：徐俊伟
责任印制：丛怀宇

出版发行：清华大学出版社
网 址：http://www.tup.com.cn，http://www.wqbook.com
地 址：北京清华大学学研大厦A座 **邮 编**：100084
社 总 机：010-83470000 **邮 购**：010-62786544
投稿与读者服务：010-62776969，c-service@tup.tsinghua.edu.cn
质量反馈：010-62772015，zhiliang@tup.tsinghua.edu.cn
课件下载：http://www.tup.com.cn，010-83470236
印 装 者：涿州市般润文化传播有限公司
经 销：全国新华书店
开 本：185mm×260mm **印 张**：18.25 **字 数**：454千字
版 次：2019年1月第1版 **印 次**：2023年1月第4次印刷
印 数：2501～3000
定 价：49.90元

产品编号：078486-01

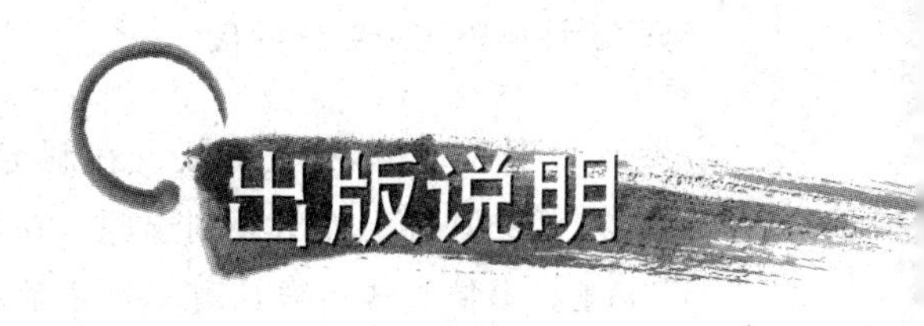

随着我国改革开放的进一步深化，高等教育也得到了快速发展，各地高校紧密结合地方经济建设发展需要，科学运用市场调节机制，加大了使用信息科学等现代科学技术提升、改造传统学科专业的投入力度，通过教育改革合理调整和配置了教育资源，优化了传统学科专业，积极为地方经济建设输送人才，为我国经济社会的快速、健康和可持续发展以及高等教育自身的改革发展做出了巨大贡献。但是，高等教育质量还需要进一步提高以适应经济社会发展的需要，不少高校的专业设置和结构不尽合理，教师队伍整体素质亟待提高，人才培养模式、教学内容和方法需要进一步转变，学生的实践能力和创新精神亟待加强。

教育部一直十分重视高等教育质量工作。2007 年 1 月，教育部下发了《关于实施高等学校本科教学质量与教学改革工程的意见》，计划实施“高等学校本科教学质量与教学改革工程(简称‘质量工程’)”，通过专业结构调整、课程教材建设、实践教学改革、教学团队建设等多项内容，进一步深化高等学校教学改革，提高人才培养的能力和水平，更好地满足经济社会发展对高素质人才的需要。在贯彻和落实教育部“质量工程”的过程中，各地高校发挥师资力量强、办学经验丰富、教学资源充裕等优势，对其特色专业及特色课程(群)加以规划、整理和总结，更新教学内容、改革课程体系，建设了一大批内容新、体系新、方法新、手段新的特色课程。在此基础上，经教育部相关教学指导委员会专家的指导和建议，清华大学出版社在多个领域精选各高校的特色课程，分别规划出版系列教材，以配合“质量工程”的实施，满足各高校教学质量和教学改革的需要。

本系列教材立足于计算机公共课程领域，以公共基础课为主、专业基础课为辅，横向满足高校多层次教学的需要。在规划过程中体现了如下一些基本原则和特点。

(1) 面向多层次、多学科专业，强调计算机在各专业中的应用。教材内容坚持基本理论适度，反映各层次对基本理论和原理的需求，同时加强实践和应用环节。

(2) 反映教学需要，促进教学发展。教材要适应多样化的教学需要，正确把握教学内容和课程体系的改革方向，在选择教材内容和编写体系时注意体现素质教育、创新能力与实践能力的培养，为学生的知识、能力、素质协调发展创造条件。

(3) 实施精品战略，突出重点，保证质量。规划教材把重点放在公共基础课和专业基础课的教材建设上；特别注意选择并安排一部分原来基础比较好的优秀教材或讲义修订再版，逐步形成精品教材；提倡并鼓励编写体现教学质量和教学改革成果的教材。

(4) 主张一纲多本，合理配套。基础课和专业基础课教材配套，同一门课程可以有针对不同层次、面向不同专业的多本具有各自内容特点的教材。处理好教材统一性与多样化，基本教材与辅助教材、教学参考书，文字教材与软件教材的关系，实现教材系列资源配套。

(5) 依靠专家，择优选用。在制定教材规划时依靠各课程专家在调查研究本课程教材建设现状的基础上提出规划选题。在落实主编人选时，要引入竞争机制，通过申报、评审确定主题。书稿完成后要认真实行审稿程序，确保出书质量。

繁荣教材出版事业，提高教材质量的关键是教师。建立一支高水平教材编写梯队才能保证教材的编写质量和建设力度，希望有志于教材建设的教师能够加入到我们的编写队伍中来。

21 世纪高等学校计算机应用技术规划教材

联系人：魏江江 weijj@tup.tsinghua.edu.cn

前言

随着互联网技术的快速发展和普及,各行各业已涌入到以互联网为主的平台上进行产品的展示、销售和服务的模式。电子商务网站是企业不可缺少的交流窗口,它不仅是对企业产品的展示,更是对企业形象的宣传;它能够让企业在线直接进行交易、与上下游企业直接进行在线商议,能够降低企业的经营成本,有利于企业拓展发展空间、提高企业的经营管理和服务水平。

根据国家教发〔2015〕7号文件,引导部分地方普通本科高校向应用型转变,推动转型发展高校把办学思路真正转到服务地方经济社会发展上来,转到产教融合校企合作上来,转到培养应用型技术技能型人才上来,转到增强学生就业创业能力上来,全面提高学校服务区域经济社会发展和创新驱动发展的能力。因此,本书在编写时,以应用型为出发点,与校企合作企业泉州丰泽区尚创网络科技有限公司共同探讨,根据企业对人才岗位能力的需求而编写此书的体系结构,即项目任务体系。以项目任务带动理论知识的学习,每个项目均由若干个任务组成,教学项目中由以往先进行理论知识的讲解再进行任务的演练,转变为先进行任务实现再讲解与任务关联的理论知识,颠覆了以往传统的授课方式。

本书循序渐进地介绍网站建设的基础知识、基本技能和应用操作。全书共有8个教学项目、23个操作任务。教学项目内容主要包括网站建设基础、电子商务网站建设规划与实施、电子商务网站的平台搭建、HTML5+CSS3技术、ASP.NET动态网站建设基础、数据库基础、电子商务网站的运营管理与维护、电子商务网站建设综合实例等。每个项目均以任务为驱动,以应用为引导,通过任务驱动带动理论知识的学习,让学生能同步掌握理论与技能。每个项目的内容体系是先实现任务操作,再展开知识点的讲解,最后进行项目练习。

本书由闽南理工学院骆焦煌任主编,董庆伟、何庆新、涂晓彬、陈月娟任副主编。骆焦煌编写项目一至项目三、项目八,董庆伟编写项目四,涂晓彬编写项目五,陈月娟编写项目六,何庆新编写项目七,全书由骆焦煌统稿。本书的出版得到2017年福建省本科高校重大教育教学改革项目的资助(课题编号:FBJG20170333)。

本书知识点以实用、够用为主,以任务操作为主线,很适合应用型人才培养的高等学校的学生使用,同时也适合网站建设学习者作为自学参考用书。

本书在编写过程中得到了闽南理工学院领导的指导与支持,以及信息管理学院院长曾健民教授、邱富杭老师的指导与帮助。另外,本书的出版得到了清华大学出版社领导与编辑的大力支持与帮助。在此一并表示诚挚的感谢。

由于编者水平有限,书中难免存在不足之处,恳请各位读者批评指正。

编　者

2018年8月

目 录

网站建设基础

项目学习目标

1. 了解电子商务网站的概念和功能；
2. 掌握电子商务网站的类型和构成；
3. 掌握网站域名的申请；
4. 了解电子商务网站的建设工具。

项目任务

- **任务1 浏览B2B、B2C、C2C网站**

本任务的目标是通过浏览模型比较成熟的电子商务网站，了解和领会电子商务网站创建的目的，且根据自己建设网站的核心定位，提出网站建设的整体思路与原则。

- **任务2 网站域名申请**

本任务的目标是根据网站主题设计出域名，能完成域名申请的整个流程和管理。

- **任务3 运行基于ASP .NET的成绩管理系统**

本任务的目标是通过运行基于ASP .NET的成绩管理系统，了解网站建设需要用到的主要工具，并根据需要进行学习。

任务1 浏览B2B、B2C、C2C网站

一、任务实现

在桌面上打开Internet Explorer浏览器。在地址栏中分别输入http://www.1688.com(阿里巴巴，B2B网站)、http://dangdang.com(当当网，B2C)、http://taobao.com(淘宝网，C2C)。

(1) 浏览阿里巴巴网站http://www.1688.com，如图1.1所示。

阿里巴巴网络技术有限公司(简称阿里巴巴集团)成立于1999年。以曾担任英语教师的马云为首的18人在中国杭州市创办了阿里巴巴网站，阿里巴巴网站为中小型制造商提供了一个销售产品的贸易平台。经过8年的发展，阿里巴巴网络技术有限公司于2007年11月6日在香港联合交易所上市。“让天下没有难做的生意”是阿里巴巴集团永恒的使命，培

图 1.1　阿里巴巴网站

育开放、协同、繁荣的电子商务生态圈，是阿里巴巴集团的战略目标。良好的定位、稳固的结构、优秀的服务使阿里巴巴成为全球首家拥有 600 余万商人的电子商务网站，成为全球商人网络推广的首选网站，被商人们评为“最受欢迎的 B2B 网站”。

(2) 浏览当当网站 http://dangdang.com，如图 1.2 所示。

当当网成立于 1999 年 11 月，由国内著名出版机构科文公司、美国老虎基金、美国 IDG 集团、卢森堡剑桥集团、亚洲创业投资基金(原名软银中国创业基金)共同投资创立。当当网以图书零售起家，如今已发展成为领先的在线零售商、中国最大图书零售商、高速增长的百货业务和第三方招商平台。当当网致力于为用户提供一流的一站式购物体验，在线销售的商品包括图书音像、服装、孕婴童、家居、美妆和 3C 数码等几十个大类，注册用户遍及全国。当当网于美国时间 2010 年 12 月 8 日在纽约证券交易所正式挂牌上市，是中国第一家完全基于线上业务、在美国上市的 B2C 网上商城。

(3) 浏览淘宝网站 http://taobao.com，如图 1.3 所示。

淘宝网是亚太地区较大的网络零售商圈，由阿里巴巴集团在 2003 年 5 月创立。淘宝网是中国电子商务服务业典型代表的网购零售平台，拥有近 5 亿注册用户，每天有超过 6000 万的固定访客，同时每天的在线商品数已经超过了 8 亿件，平均每分钟售出 4.8 万件商品。随着淘宝网规模的扩大和用户数量的增加，淘宝网也从单一的 C2C 网络集市变成了包括 C2C、团购、分销、拍卖等多种电子商务模式在内的综合性零售商圈。目前已经成为世界范围的电子商务交易平台之一。

图 1.2　当当网站

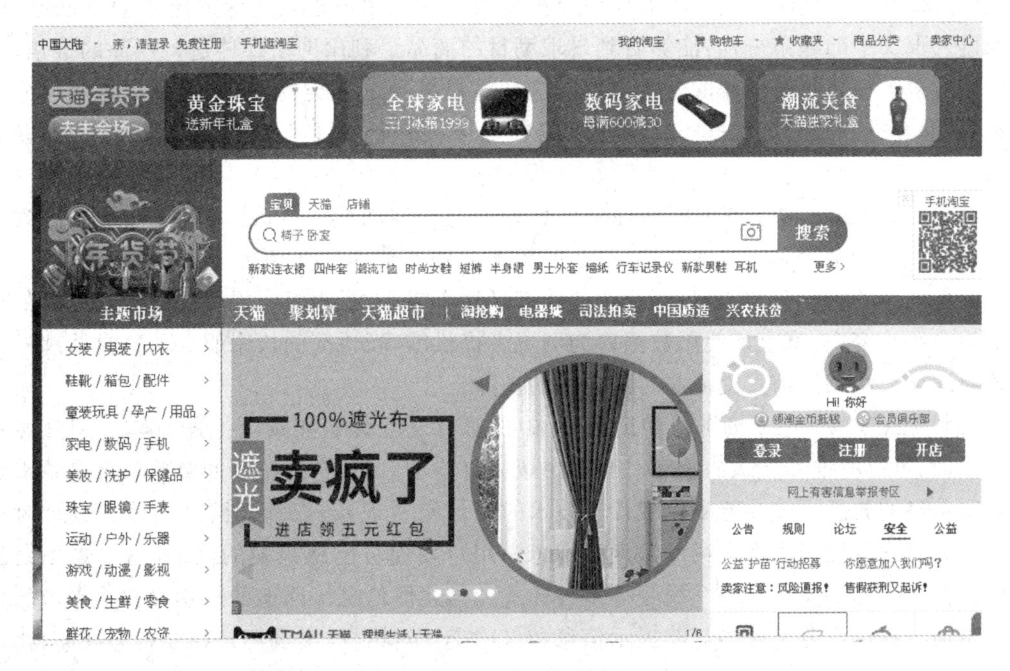

图 1.3　淘宝网站

二、知识学习

1. 电子商务网站的定义

电子商务网站是指一个企业、机构或公司在互联网上建立的站点，是企业、机构或公司开展电子商务的基础设施和信息平台，是实施电子商务的公司或商家与客户之间的交互界面。如宣传企业形象，发布、展示商品信息，实现电子交易，并通过网络开展与商务活动有关的各种售前和售后服务，全面实现电子商务功能。

电子商务网站是企业、机构或公司从事电子商务活动的基本平台，有利于改进业务流程，提高管理水平，能更好地为客户服务。网站运营与管理的水平已成为衡量企业综合素质的重要标志。

2. 电子商务网站的功能

电子商务网站的功能关系到电子商务业务能否具体实现；电子商务网站功能的设计是电子商务实施与运作的关键环节，是电子商务应用系统构建的前提。随着网络信息技术的逐渐发展和普及，企业都认识到利用互联网进行品牌建设、市场拓展的重要性。由于在网上开展的电子商务业务不尽相同，所以每一个电子商务网站在具体实施功能上也不相同。企业利用互联网的形式包括 B2B、B2C 等电子商务形式。其中有些企业专注于电子商务，也有些企业利用电子商务作为商业运作的第二渠道。但无论哪种企业，电子商务网站的功能殊途同归，即充分利用互联网信息传播范围广、传播速度快的优势，拓展线下交易，建立网上展示、交易平台。对企业电子商务网站来说，一般要拥有以下功能。

（1）商品展示。这是一个基本且十分重要的功能。用户进入企业的电子商务网站，应该像进入现实中的超市一样，能够看到琳琅满目的商品。利用网络媒体进行产品的推销，无疑使企业多了一条很有前途的营销渠道。这些商品是经过分类的，就像超市中将商品分为服装类、海鲜类、家电类等一样。企业可以在电子商务网站上对某些商品开展广告促销活动。

（2）信息检索。电子商务网站提供信息搜索与查询功能，可以使客户在电子商务数据库中轻松而快捷地找到需要的信息，这是电子商务网站使客户久留的重要因素。如果一个电子商务网站的内容非常丰富，而且企业的产品种类繁多，要想将所提供的服务和商品信息详尽地介绍给客户，就应该使用数据库为浏览者提供准确、快捷的检索服务。这是体现网站信息组织能力和拓展信息交流与传递途径的功能。

（3）商品订购。电子商务可借助 Web 中的邮件交互传送实现网上的订购。用户想购买商品时，可以将商品放入购物车。当客户填完订购单后，通常系统会回复确认信息单来保证订购信息的收悉。该功能不仅依赖于技术的设计与实现，还依赖于网站主体在设计时从简化贸易流程且便于用户运用的角度去构思。用户发现自己感兴趣的商品时，单击该商品可以看到该商品的文字、图片、视频等多种样式的描述性信息。网上的订购通常是在产品介绍的页面上提供十分友好的订购提示信息和订购交互对话框，实现用户在线贸易磋商、在线预订商品、网上购物或获取网上服务的业务的功能，提供全天候的随时交易。

（4）网上支付。除交易外，网上支付是重要的环节。网上支付必须要有电子金融来支持，即银行或信用卡公司及保险公司等金融单位要为金融服务提供网上操作的服务。在网上直接采用电子支付手段可省略交易中很多人员的开销。电子商务要成为一个完整的过程，网上支付需要更为可靠的信息传输安全性控制以防止欺骗、窃听、冒用等非法行为。目前，客户和商家之间主要采用信用卡进行支付，信用卡号或银行账号都是电子账户的一种标志。一些新的网上支付形式在不断探索中。为保证支付的安全性，必须应用如数字证书、数字签名、加密等手段。

(5) 信息管理。完全的电子商务网站还要包括销售业务信息管理功能。客户信息管理是反映网站主体能否以客户为中心、能否充分地利用客户信息挖掘市场潜力的、有重要利用价值的功能，是电子商务中主要的信息管理内容。网络的连通使企业能够及时地接收、处理、传递与利用相关的数据资料，并使这些信息有序而有效地流动起来，为企业其他信息管理系统，如 ERP、SCM 等提供信息支持。

(6) 信息反馈。一个成功的网站必须是交互性的、多点信息互动的。企业商务网站对于收集客户的反馈信息尤为重要。企业发布功能包括新闻的动态更新、新闻的检索，热点问题追踪，行业信息、供求信息、需求信息的发布等。企业可以利用网站收集客户反馈回来的信息，然后根据这些信息做出自己的决定。

(7) 形象宣传。电子商务可凭借企业的 Web 服务器和客户的浏览，在 Internet 上发布各类商业信息。企业建立自己的商务网站并率先打造与树立企业形象，是企业利用网络媒体开展业务的最基本的出发点。与以往的各类广告相比，网上的广告成本最为低廉，而给客户的信息量却最为丰富。客户可借助网上的检索工具迅速地找到所需商品信息，而商家可利用网上主页和电子邮件在全球范围内做广告宣传。

3. 电子商务网站的特点

电子商务网站具有以下特点。

(1) 商务性。电子商务平台最基本的特性为商务性，即为买卖双方提供买卖交易的机会。就商务性而言，电子商务可以扩展市场，增加客户数量；通过将万维网信息连接至数据库，企业就能记录下每次访问的内容、销售数量、购买形式和购货动态以及客户对产品的关注，这样卖方可以通过具体的数据分析对目标客户人群数据进行抓取。

(2) 服务性。在电子商务平台上，卖方不再受时间和地域的限制，买方可以随时随地访问自己关注的产品。企业通过将产品服务移至互联网上，使客户能方便地获得产品或服务。

(3) 全球性。互联网是全球性的，这也决定了电子商务平台也是全球性的。无论何时何地，只要能登录电子商务网站，就可以随心所欲地访问任何国家、地域的网上商城系统，通过跨越时间、空间，使企业在特定的时间里能够接触到更多的客户，为企业提供了更广阔的发展环境。

(4) 价值性。与传统的商业模式相比，电子商务平台很明显可以使企业以极低的成本进入全球化的电子化市场，中小企业可以拥有和大企业一样的电子商务网站，并且参与到市场的争夺中，这对全球的经济带来了价值。由于在互联网浏览的大多是一些寻找信息的人们，因此要确定网站将为他们提供的是有价值的内容，电子商务平台可以给用户带来价值。

(5) 资源共享性。互联网使得传统的空间概念发生变化，出现了有别于实际地理空间的电子商务平台。处于世界任何角落的个人、公司或机构，可以通过电子商务平台紧密地联系在一起,建立网上商城系统,通过电子商务网站以达到信息共享、资源共享、智力共享等。

(6) 互动性。通过网上商城系统,商家之间可以直接交流、谈判、签合同,消费者也可以把自己的反馈建议反映到企业或商家的电子商务平台,而企业或者商家则要根据消费者的反馈及时调查产品种类及服务品质,在电子商务平台做到良性互动。

(7) 集成性。电子商务平台是一种高新技术的产物,电子商务的集成性在于事务处理的整体性和统一性,它能规范事务处理的工作流程,将人工操作和电子信息处理集成为一个不可分割的整体。这样不仅能提高人力和物力的利用,也提高了系统运行的严密性。电子商务平台可以与客户关系管理系统、供应链管理系统集成,可以帮助企业集成新旧资源、充分利用已有资源。

(8) 可扩展性。要使电子商务平台随着企业业务正常运作,必须确保其可扩展性。可扩展性的网上商城系统对于电子商务企业而言才是最稳定的系统。电子商务网站必须在出现高峰状况时能及时扩展,这样才能使得系统阻塞的可能性大大下降。例如,一家企业原来计划每天可接受10万人次的访问,而事实上每天却有30万人次的访问,则企业的服务器必须具有扩展延伸,否则客户访问速度将会急剧下降,甚至会影响产品的销售利润。

(9) 安全性。对于电子商务平台,安全性是客户考虑的核心问题。阿里巴巴集团成功解决了取得客户安全性信任的问题。目前有各式各样的钓鱼网站,存在欺骗、窃听、病毒和非法入侵,这些都在威胁着电子商务,随着技术的发展,电子商务平台的安全性也会相应得以增强。

(10) 协调性。电子商务平台的背后是一个协调过程,它需要雇员和客户,生产方、供货方以及商务伙伴间的协调。传统的电子商务平台对用户来说是简便的、友好的,是用户信息反馈的工具,决策者能够通过电子商务网站获得高价值的商业数据,有助于决策者进行科学决策。

4. 电子商务网站的评价指标

电子商务网站的管理水平和服务质量,通常由以下几个常用的指标来评价。

(1) PR(Page Rank)值。PR值是用来标识网页等级的一个标准,是Google公司用于评测一个网页重要性的一种方法。级别为0～10级,10级为满分。PR值越高,说明该网页越受欢迎。例如,一个PR值为1的网站表明这个网站不太具有流行度,而PR值为7～10则表明这个网站非常受欢迎。

(2) PV(Page View)值。PV值即页面浏览量,或单击量。在企业实施电子商务的过程中,首先就是要让更多的人知道和使用其网站,这就是所谓的网站流量。网站流量相当于实体零售店的客流量。

(3) 提袋率。提袋率指一定时间内,将商品放入购物车的顾客人数占该时间段网站访问量的比例。虽然将商品加入购物车里的消费者并不一定要购买,但提袋率可以帮助企业分析哪些产品是消费者曾经感兴趣但最终放弃的,从而帮助企业改进产品经营策略。

(4) 流量转化率。流量转化率即在一定时间内的订单数占访问量的比例。例如,当当网每天有30万人访问,订单数为1500单,则转化率为0.5%。只有当网站流量转化为订单数,企业才能获得产品的利润。

(5) 网站粘度。网站粘度指网站能“粘住”用户的程度,也就是指用户对某一网站的重复访问。

(6) 网站用户回头率。网站用户回头率指用户访问网站的频率，主要是衡量用户是否经常浏览同一个网站。

5. 电子商务网站的分类

1) 按照参与的交易对象分类

(1) 企业对企业的电子商务网站(简称为 BtoB 或 B2B)：指网站进行的交易活动是在企业与企业之间进行的，即企业与企业之间通过网站进行产品或服务的经营活动。类似的网站有阿里巴巴、慧聪网等。这类电子商务除当事人双方之外，还需要涉及相关的银行、认证、税务、保险、物流配送、通信等行业部门；对于国与国之间的 B2B，还要涉及海关、商检、担保、外运、外汇等行业部门。

(2) 企业对消费者的电子商务网站(简称为 BtoC 或 B2C)：指网站进行的交易活动是在企业与消费者之间进行的，即企业通过网站为消费者提供产品或者服务的经营活动。类似的网站有天猫、当当网、亚马逊等。目前，在互联网上遍布这类商业中心，提供鲜花、快餐、书籍、保险、家电、汽车等各种消费商品以及多种服务。

(3) 消费者对消费者的电子商务网站(简称为 CtoC 或 C2C)：指网站进行的交易活动是在消费者与消费者之间进行的，即消费者通过网站进行产品或服务的经营活动。类似的网站有淘宝网、拍拍网等。

(4) 企业对政府的电子商务网站(简称为 BtoG 或 B2G)：指企业与政府之间通过网络所进行的交易活动。例如，政府采购，它是指政府机构在网上进行产品、服务的招标和采购。另外还有电子通关、电子纳税等企业与政府间的业务等。类似的网站有中国政府采购网等。

2) 按产品线宽度与深度分类

(1) 综合型网站：此类网站是能够提供多行业、多种产品类型的经营网站，通常聚集了大量产品，类似于网上购物中心，旨在为用户提供产品线宽、可比性强的商品服务，在广度上深入拓展。例如，阿里巴巴、慧聪网都是 B2B 的综合型网站，而易购网、当当网、携程旅行网是 B2C 的综合型网站。

例如，携程旅行网(http://vacations.ctrip.com/)，如图 1.4 所示，它创立于 1999 年，总部设在中国上海，现有员工 30 000 余人，在北京、广州、深圳等国内 17 个城市设有分公司。目前，携程旅行网是中国最大的旅游集团。于 2003 年 12 月 9 日在美国纳斯达克成功上市，作为中国领先的综合性旅行服务公司，携程旅行网向超过 2.5 亿注册会员提供包括酒店预订、机票预订、旅游度假、商旅管理及攻略社区在内的全方位旅行服务。

(2) 垂直型网站：此类网站能提供某一类产品及其相关产品(互补产品)的一系列服务。垂直型是指在一个分销渠道中，生产商、批发商、零售商被看作一个单一的体系。例如，销售包包、潮流/真皮女包、绅士男包、运动/旅行包、儿童包、配件等产品的商务网站，为顾客一站式服务到位。

中国服装网、中国化工网是 B2B 的垂直型网站，而红孩子、麦包包是 B2C 的垂直型网站。

例如，麦包包网(http://www.mbaobao.com)，如图 1.5 所示，它成立于 2007 年，是国

图 1.4 携程旅行网站

图 1.5 麦包包网站

内领先的时尚箱包网站。得益于世界范围的互联网浪潮及中国电子商务环境的成熟与飞速发展，麦包包凭借丰富的产品线、时尚的设计、优异的性价比和精准的市场定位，涵盖女性、男性对时尚包袋的大部分需求，已成为中国箱包业的领导者，迅速在电商市场占据一席之地。

目前，麦包包网累计拥有1200万注册会员及350万购买客户。通过自主品牌研发，麦包包旗下拥有六条涵盖不同风格的产品线，上千款产品，并获得多项外观专利。麦包包已实现为全球客户提供从箱包设计、生产加工、品牌推广、在线销售以及进出口贸易的一条龙服务，并已发展成为中国领先的在线箱包直销网站。

垂直型网站具有两个主要特点：一是专，集中全部精力和团队力量打造独特的专业性信息平台，主要以行业为特色，对某一行业做全面的分析研究；二是深，对某一行业具有独特的专业性质，在专业的同时深入研究某一行业的特点，深入探究对其服务、赢利以及未来发展的方向。

任务2　网站域名申请

一、任务实现

(1) 打开中国万网(http://www.net.cn 或 http://wanwang.aliyun.com)，如图1.6所示，单击“免费注册”按钮，结果如图1.7所示，填写注册相关信息，单击“同意条款并注册”按钮，结果如图1.8所示。

图1.6　中国万网主页

(2) 输入域名 luojiaohuang2，选择.cn，单击“查域名”按钮，查询域名未注册界面如图1.9所示。

(3) 在右边选择缴费方式，如图1.10所示，单击“加入清单”按钮，结果如图1.11所示。

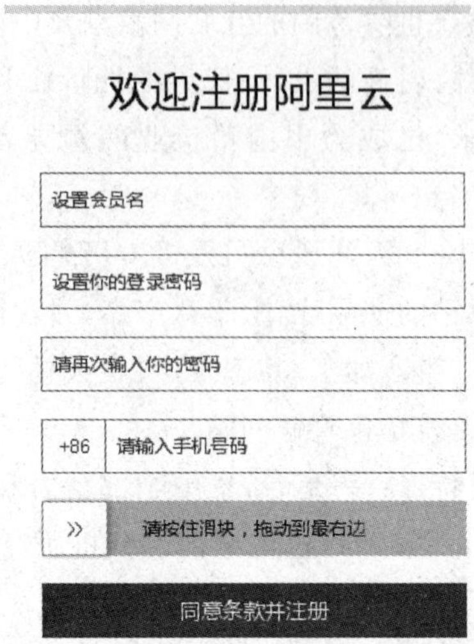

欢迎注册阿里云

设置会员名

设置你的登录密码

请再次输入你的密码

+86 请输入手机号码

» 请按住滑块，拖动到最右边

同意条款并注册

图 1.7　会员注册界面

图 1.8　会员注册成功

图 1.9　查询域名未注册界面

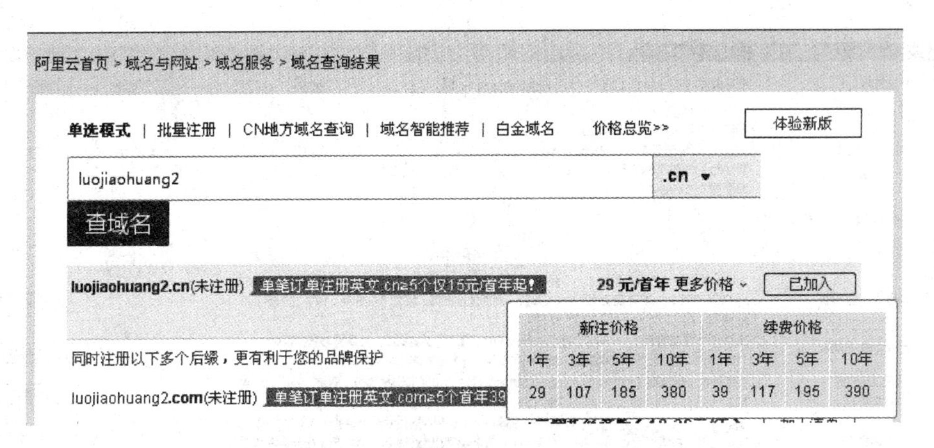

图 1.10　域名缴费方式界面

图 1.11　域名清单界面

(4) 单击“去结算”按钮，呈现确认订单界面，如图 1.12 所示。在“批量选择年限”下拉列表框中，选择付费年限和所有者类型，单击“创建信息模板”，结果如图 1.13 所示。单击“创建新信息模板”按钮，结果如图 1.14 所示。填写相应信息，单击“保存”按钮，返回创建的信息模板界面，如图 1.15 所示。

(5) 单击“未实名认证”按钮，呈现实名认证信息填写界面，如图 1.16 所示。填写相关信息，单击“保存”按钮。

(6) 完成以上操作，单击图 1.12 所示的“立即购买”按钮，选择付费方式。至此完成整个域名申请流程。

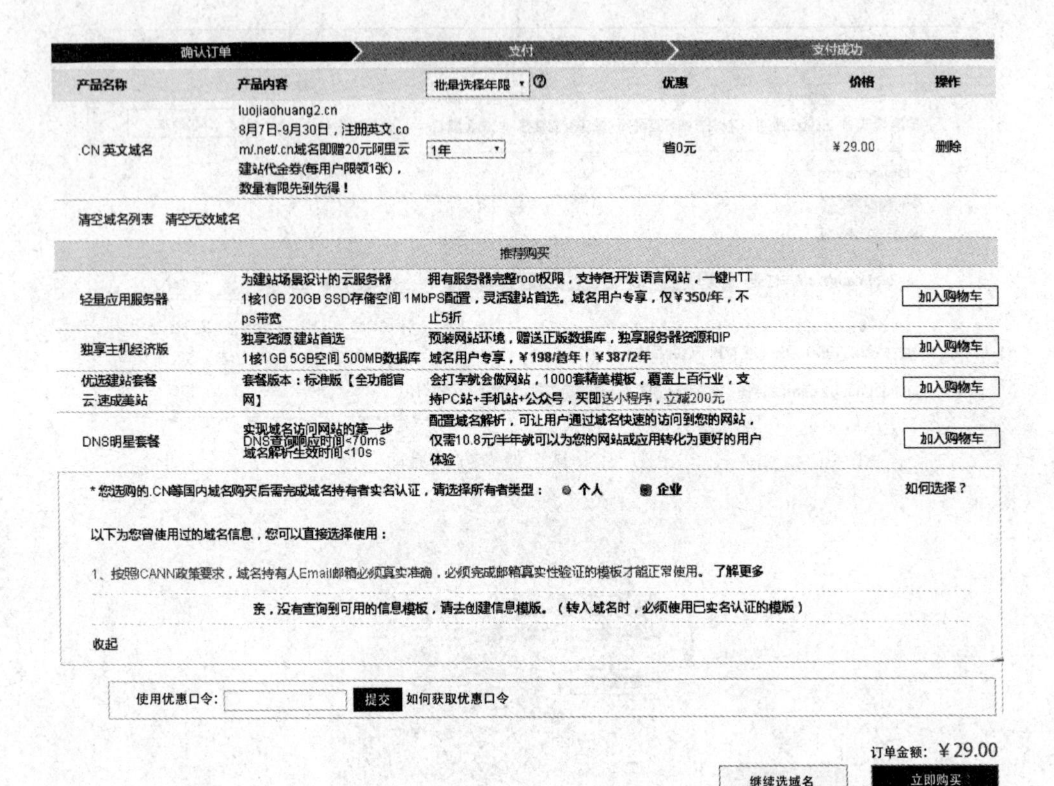

图 1.12　确认订单界面

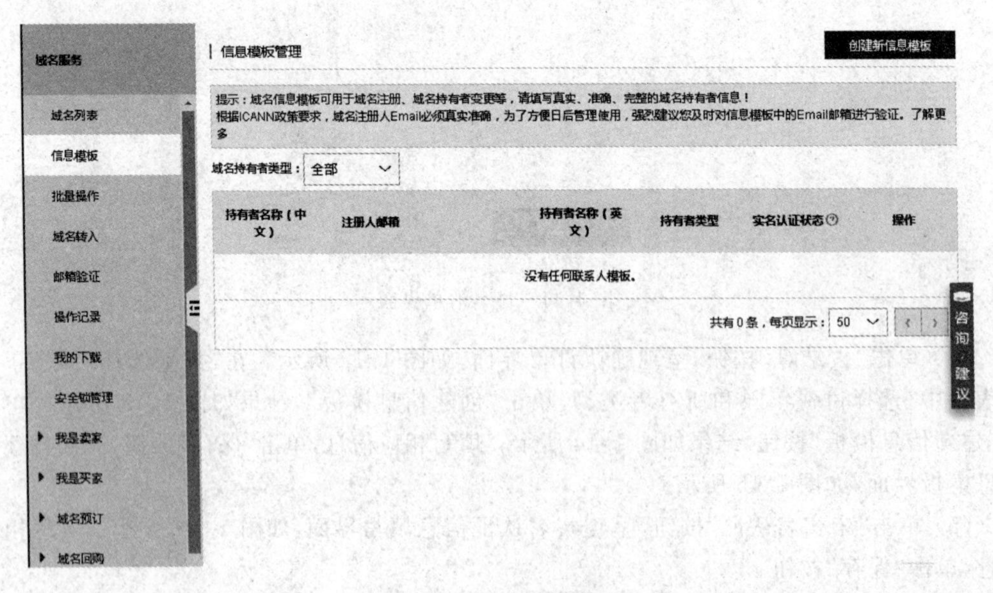

图 1.13　创建信息模板界面

域名服务
域名列表
信息模板
批量操作
域名转入
邮箱验证
操作记录
我的下载
安全锁管理
我是卖家
我是买家
域名预订
域名回购
帮助与文档

信息模板管理　返回

域名持有者中文信息：□ 用会员信息自动填写（如会员信息与域名持有者信息不符，请您仔细核对并修改）
提醒：域名持有者名称代表域名的拥有权，请填写与所有者证件完全一致的企业名称或姓名。
*域名持有者类型：○个人 ○企业
*域名持有者名称（中文）：
重要提醒：若该域名需备案，请确保域名持有者名称与备案主体名称一致，并完成域名实名认证。
*所属区域：
*通讯地址（中文）：
*邮编：
*联系电话1：国家代码：　区号固定电话或手机号码　分机号
例如：国家代码：86，电话号码：01012345678
*电子邮箱：
提醒：com等国际域名的所有者信息以英文为准，请不要缩写或简写。系统已自动翻译成拼音全拼，如您有英文名称或翻译有误，请直接进行修改。通讯地址（英文）请按照从小地址到大地址填写。
*域名持有者名称（英文）：
*省份（英文）：
*城市（英文）：
*通讯地址（英文）：
保存
提示：信息模版属于"已实名认证"或"审核中"状态时：信息模版不可修改，只能查看。

咨询 · 建议

图 1.14　创建新的模板信息界面

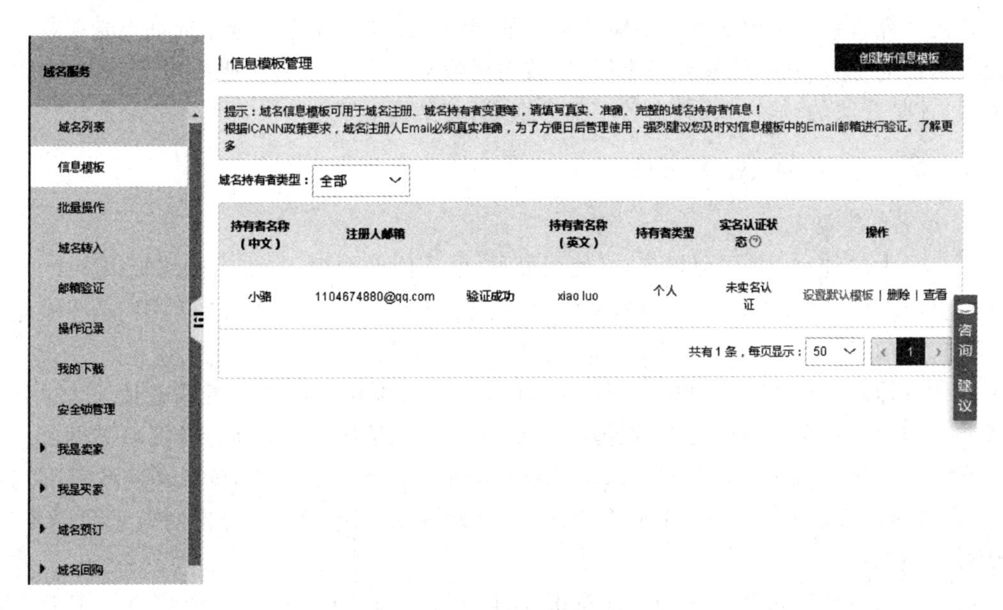

图 1.15　创建的信息模板

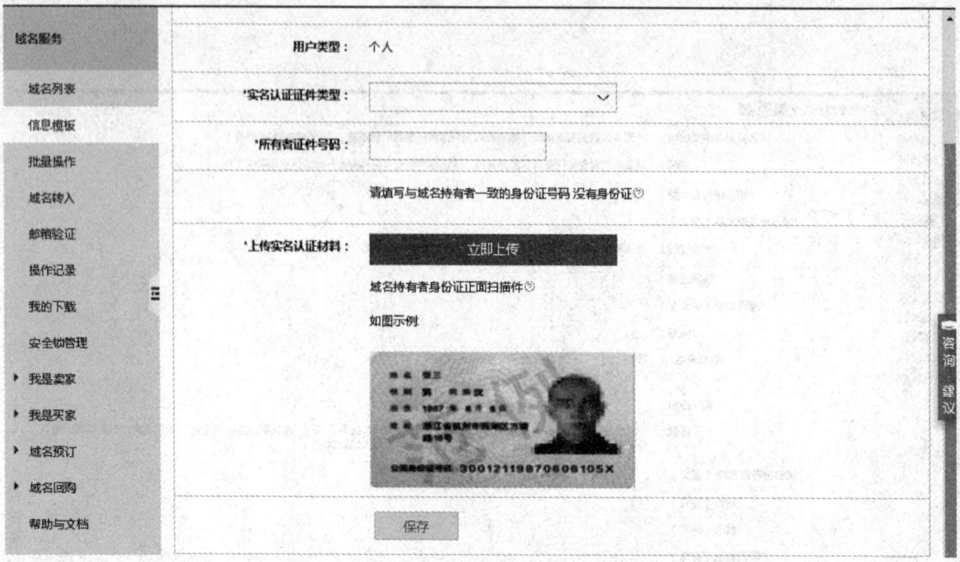

图 1.16 实名认证信息填写界面

二、知识学习

1. 网站域名

域名就是企事业单位、机构或个人向域名注册商申请的名称，如 www. fjedu. gov. cn 是一个通过计算机在网络中访问某个单位网站的网络地址。一个公司或个人如果希望在网络上建立自己的主页，就必须取得一个域名，域名的取得必须向域名注册商申请，只有获得申请通过，才是合法的域名。域名由若干部分组成，其结构如下：

主机名：……，第二级域名，第一级域名

1）域名的类型

域名分为两种：一是国际域名，是使用最早、最广泛的域名，如表示网络提供商的. net、表示商业机构的. com 等；二是国内域名，即按照国家的不同分配不同的后缀，这些域名即为该国的国内顶级域名，如中国为. cn、美国为. us、日本为. jp 等。

我国在国际互联网络信息中心(Inter NIC)正式注册并运行的顶级域名是. cn，也是我国的顶级域名。在顶级域名之下，我国的二级域名又分为类别域名和行政区域名两类。类别域名共有 6 个：. ac(科研机构)、. com(金融企业)、. edu(教育机构)、. gov(政府部门)、. net(互联网络信息中心)、org(非营利组织)。行政区域名有 34 个，分别对应于我国各省、自治区和直辖市。

我国省级行政区域名如下：BJ-北京市、SH-上海市、TJ-天津市、CQ-重庆市、HE-河北省(HB 为湖北省)、SX-山西省、NM-内蒙古自治区、LN-辽宁省、JL-吉林省、HL-黑龙江省、JS-江苏省、ZJ-浙江省、AH-安徽省、FJ-福建省、JX-江西省、SD-山东省、HA-河南省(HN 为湖南省)、HB-湖北省、HN-湖南省、GD-广东省、GX-广西壮族自治区、HI-海南省(HN 为湖南省)、SC-四川省、GZ-贵州省、YN-云南省、XZ-西藏自治区、SN-陕西省(SX 为山西省)、GS-甘肃省、QH-青海省、NX-宁夏回族自治区、XJ-新疆维吾尔族自治区、TW-台湾省、HK-香港特别行政区、MO-澳门特别行政区。

2）域名的命名规则

由于在 Internet 上的各级域名分别由不同的管理机构管理，因此各个机构对域名的管理方式和域名的命名规划也有所不同。但域名的命名都有一定的共同规定，主要有以下几点。

(1) 只提供英文字母(a～z,不区分大小写)、数字(0～9)以及-(英文中的连词号，即中横线)，不能使用空格及特殊字符(如!、$、&、? 等)。

(2) -不能用作开头和结尾。

(3) 长度有一定限制，如中国万网规定不能超过 63 个字符。

(4) 不得含有危害国家及政府的文字。

3）域名的申请

(1) 准备申请资料。

(2) 在中国互联网络信息中心网站(简称 CNNIC，网址为 http://www.cnnic.net.cn)查找域名注册服务商。

(3) 在中国互联网络信息中心或域名注册服务商网站为命名的域名查询是否已被注册。

(4) 正式申请，提交相关的材料，缴费。

(5) 域名申请成功，即可进入 DNS 域名解析等操作。

4）域名解析

域名注册成功后，要想看到自己的网站能被访问，还需要进行域名解析。所谓域名解析就是把申请的域名和 IP 地址进行映射。一个域名对应一个 IP 地址，一个 IP 地址可以对应多个域名，所以多个域名可以同时被解析到一个 IP 地址。域名解析需要由专门的域名解析服务器(DNS)来完成。例如，中国万网云解析。

5）域名备案

域名备案是指针对有网站的域名到国家工业和信息化部(http://beian123.org.cn)提交网站的相关信息，如图 1.17 所示。其目的是防止在网上从事非法的网站经营活动。域名的备案流程可在国家工业和信息化部的备案流程栏目中根据备案指南进行操作。

域名的备案分为经营性域名备案和非经营性域名备案两种。经营性域名备案是指通过互联网向上网用户有偿提供信息的服务；非经营性域名备案是指通过互联网向上网用户无偿提供具有免费、公开、共享的信息服务。

申请经营性域名备案应当具备两个条件：一是网站的所有者拥有独立域名，或得到独立域名所有者的使用授权(即持有域名证书)；二是网站所有者要持有《企业法人营业执照》或《个体工商户营业执照》。

申请非经营性域名备案应当进行前置审批手续，前置审批程序需根据《互联网信息服务管理办法》等有关规定进行审核。待前置审批手续通过，才能进行报备流程及安装电子证书和在网站页面底端创建一个备案号链接，如图 1.18 所示。该链接指向互联网网站备案管理服务平台(http://www.beian.gov.cn)，如图 1.19 所示。

图 1.17　国家工业和信息化部网站

图 1.18　备案号链接

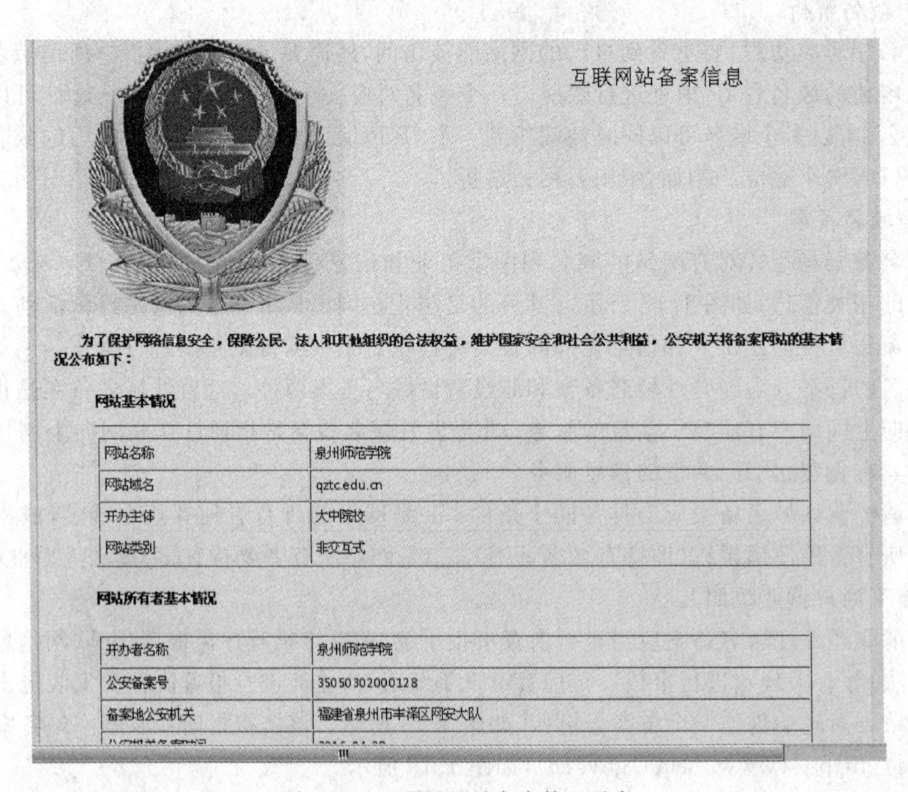

图 1.19　互联网网站备案管理平台

2. 网站物理位置

网站物理位置即网站的存储空间，由专门的服务器或租用的虚拟机承担。例如，阿里云服务器空间租用。

3. 网页

网页是构成网站的基本元素。网页是一个包含 HTML 标签的文件，称为网页文件，是将信息内容通过浏览器展现出来，如图 1.20 所示。网页文件即网站的源文件，网页之间以超链接相互关联。网站是由若干网页文件和相关素材文件(如视频文件、图像文件等)组成。电子商务网站分为前台页面和后台页面两种。前台页面主要提供用户的注册、商品的展示、信息公告等；后台页面主要包括对商品信息的增加、删除、更新和用户信息的管理等，如图 1.21 所示。

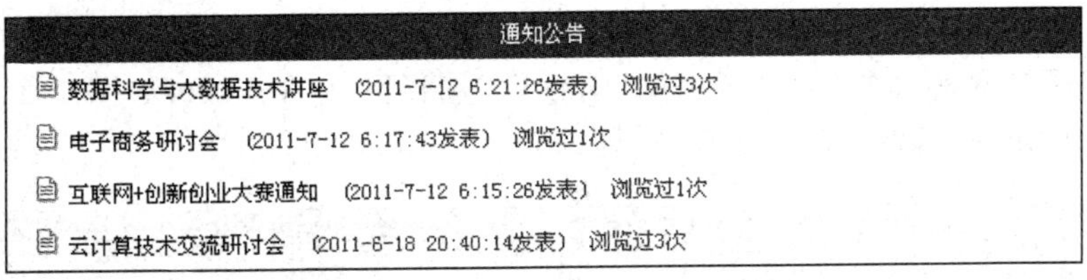

图 1.20　信息内容在浏览器中显示效果

图 1.21　后台页面

4. 货款结算

客户在电子商务网站选购商品，一般通过购物车进行选购，然后再进行商品货款结算，最后通过订单确认商品相关信息和商品邮寄时间、地点、联系人等信息，然后进行付款。

5. 客户资料管理

客户资料管理主要包括客户注册的个人相关信息，如姓名、联系电话、邮箱、地址等。

6. 商品数据库管理

商品数据库管理主要包括商品的相关信息，如商品名称、商品出产地、商品生产日期、商品的数量、商品库存、商品配送方式等。

任务3 运行基于 ASP .NET 的成绩管理系统

一、任务实现

(1) 运行 Microsoft Visual Studio 软件，软件主界面如图 1.22 所示。在菜单栏中选择“文件”|“打开”|“网站”，弹出“打开网站”对话框，选择网站 ASPnet，如图 1.23 所示，单击“打开”按钮，显示导入网站界面，如图 1.24 所示。

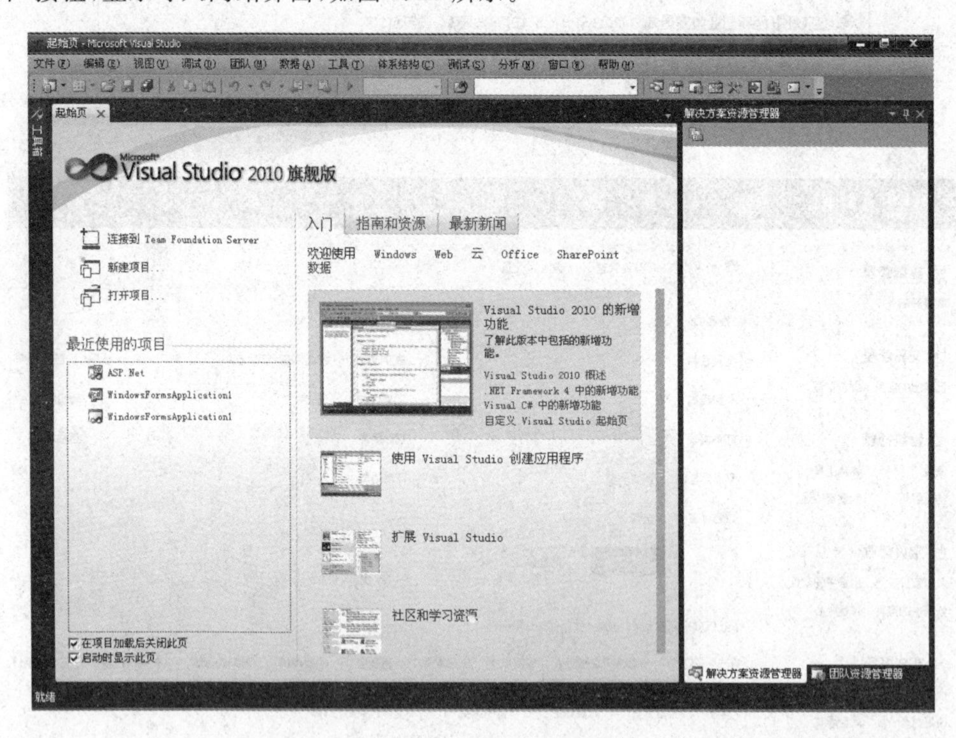

图 1.22 软件主界面

(2) 在“解决方案资源管理器”中打开 Login. aspx 文件，显示界面如图 1.25 所示。

(3) 按 F5 键运行，运行 Login. aspx 文件界面如图 1.26 所示。

(4) 输入用户名 admin、密码 admin，选择角色为管理员，验证码根据随机产生写入。登录界面如图 1.27 所示，单击“登录”按钮。登录后界面，如图 1.28 所示。

(5) 登录后，可在该网站对学生信息、课程信息、用户信息以及上传和下载等进行操作。

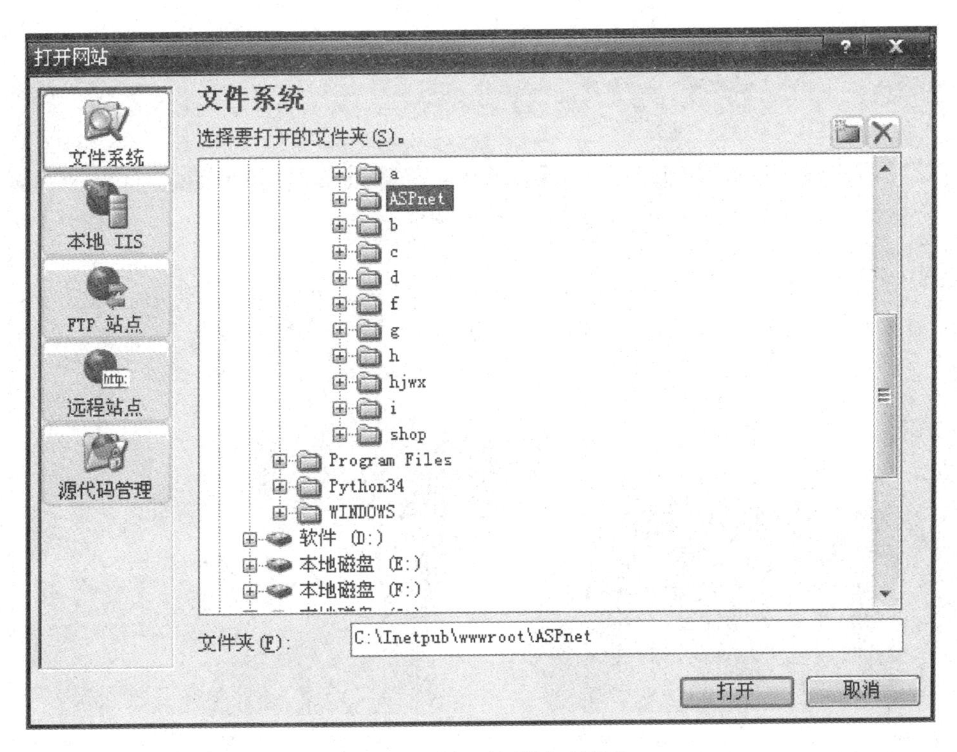

图 1.23　“打开网站”对话框

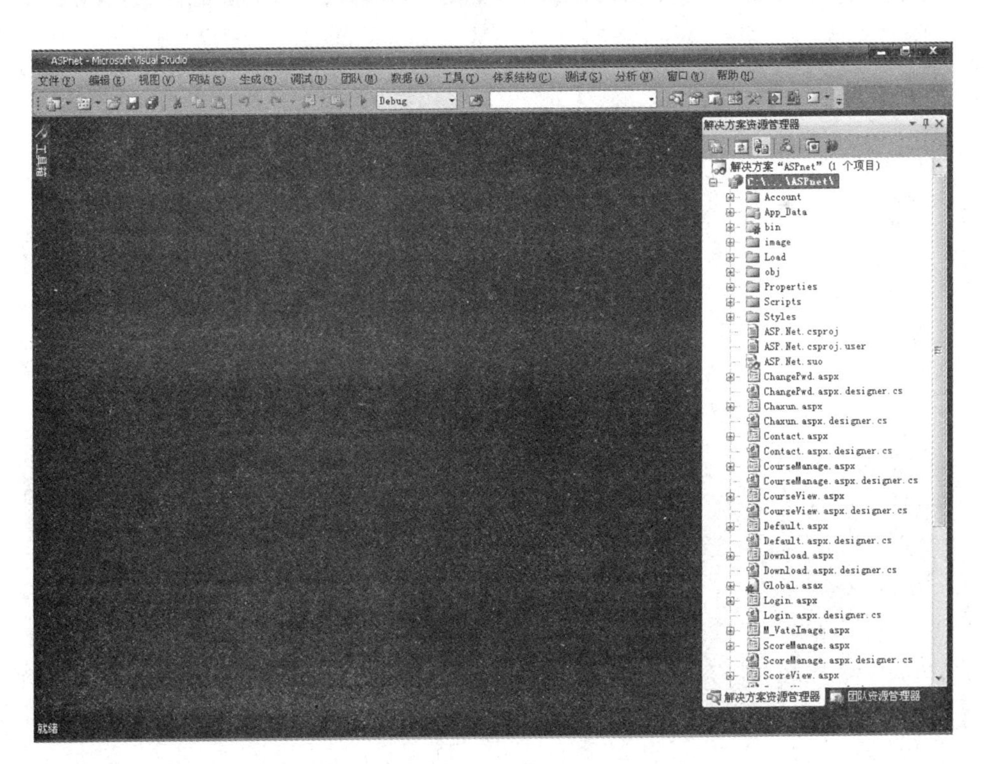

图 1.24　导入网站界面

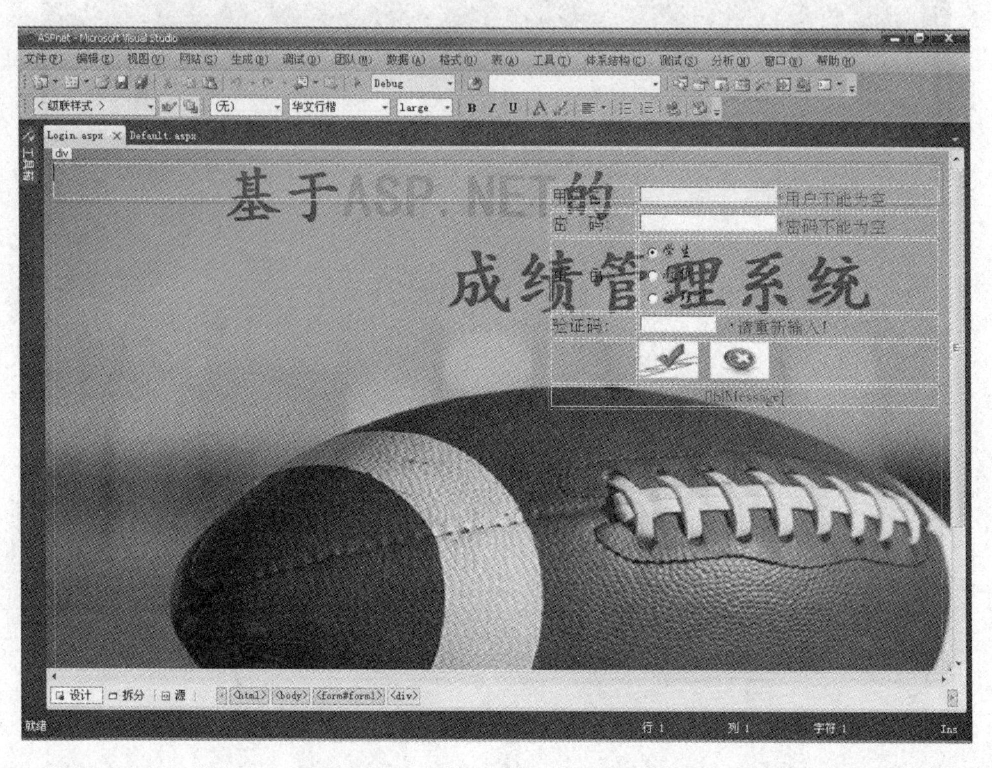

图 1.25　打开 Login.aspx 文件显示界面

图 1.26　运行 Login.aspx 文件界面

图 1.27 登录界面

图 1.28 登录后界面

二、知识学习

网站的建设离不开对工具的了解、学习。选择一个好的工具会让我们的工作事半功倍。下面对一些主要工具进行简单介绍，有些工具在后面章节会进行详细的介绍，而有些工具需要自己查找相关资料进行学习。

1. HTML5 语言

HTML 的英文全称为 Hyper Text Markup Language，即超文本标记语言。HTML 不是一种编程语言，而是一种标记语言(Markup Language)，HTML5 是对 HTML 标准的第五次修订。其主要的目标是将互联网语义化，以便更好地被人类和机器阅读，并同时更好地支持各种媒体的嵌入。HTML 网页运行效果如图 1.29 所示。有关详细内容将在后面章节介绍。

图 1.29　HTML 网页运行效果

2. 网站前台开发工具

1) Dreamweaver 软件

Dreamweaver 软件即网页编辑软件，它是一款专业的 HTML 编辑器，用于对 Web 站点、Web 页和 Web 应用程序进行设计、编程和开发。Dreamweaver CS5 版本及以上版本整合了所见即所得的编辑模式和动态网站开发功能，用户可以使用服务器语言(如 ASP、ASP .NET、JSP 和 PHP)生成支持动态数据库的 Web 应用程序。与"记事本"编辑器等软件相比，使用 Dreamweaver 软件，前台网页制作人员可以节省不少宝贵时间，大大提高了工作效率。Dreamweaver 软件 CS5 版本主界面如图 1.30 所示。

2) 图像处理软件 Photoshop

任何一个网站都离不开图片的点缀与修饰。在前台网页设计中，常常用 Photoshop 软件来对图像进行处理，它可以实现网页结构的布局、图像的切片和图像优化等。图 1.31 为 Photoshop 软件 CC 版本主界面。

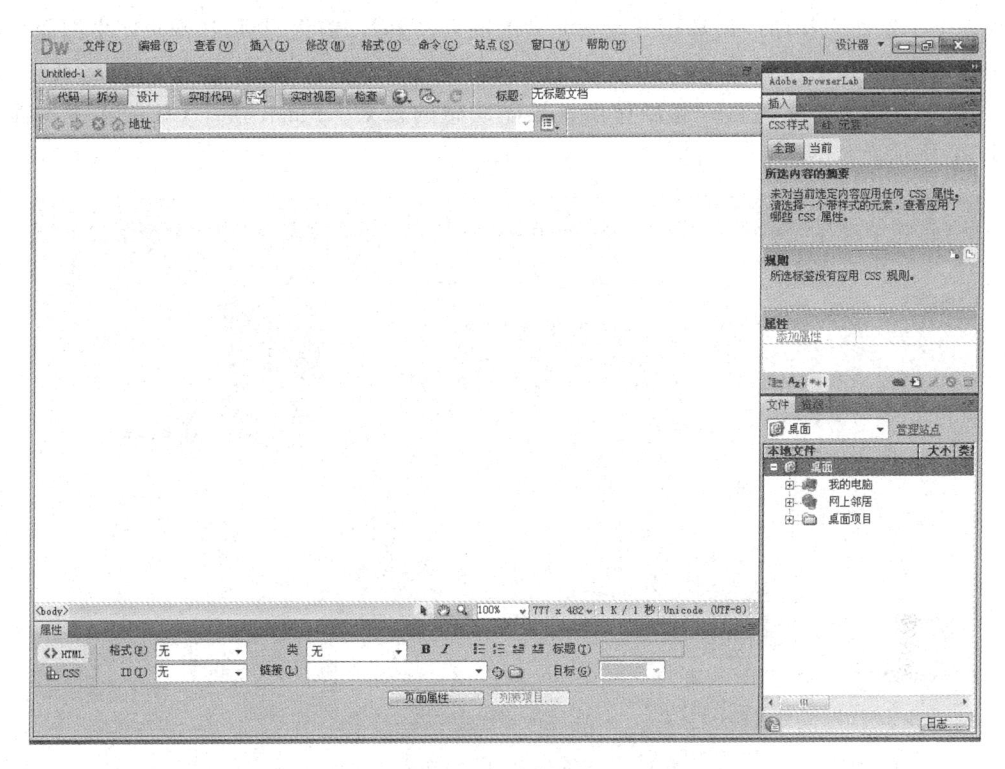

图 1.30　Dreamweaver 软件 CS5 版本主界面

图 1.31　Photoshop 软件 CC 版本主界面

3）动画软件 Flash

一个丰富而生动的网站离不开动画元素的嵌入，它可以美化网页，让网页产生绚丽多彩的动感效果。Flash 软件是专门用来设计和制作交互式网页动画的工具，可以将音乐、视频、图像等媒体元素集成在一起制作出很炫丽动感的效果。Flash 软件 CC 版本主界面如图 1.32 所示。

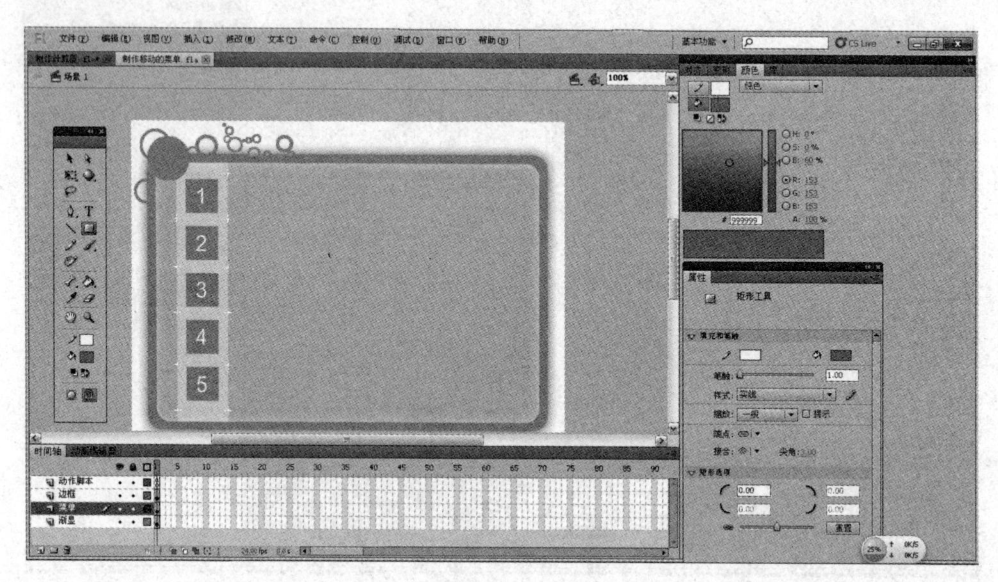

图 1.32　Flash 软件 CC 版本主界面

3. 网站后台开发工具

网站后台页面主要是指网页信息的管理，即网页显示的内容是可以随着时间、环境或者数据库操作的结果而发生改变的。这里说的动态网页，与网页上的各种动画、滚动字幕等视觉上的动态效果没有直接关系，动态网页也可以是纯文字内容的，也可以是包含各种动画内容的，这些只是网页具体内容的表现形式，无论网页是否具有动态效果，只要是采用了动态网站技术生成的网页都可以称为动态网页。目前动态网站技术有 ASP、ASP .NET、PHP、JSP 等。本书将在后续章节详细介绍 ASP .NET 和 JavaScript 脚本语言作为主要开发工具。

1）ASP

ASP 即 Active Server Pages，是 Microsoft 公司开发的服务器端脚本环境，可用来创建动态交互式网页并建立强大的 Web 应用程序。当服务器收到对 ASP 文件的请求时，它会处理包含在用于构建发送给浏览器的 HTML 网页文件中的服务器端脚本代码。除服务器端脚本代码外，ASP 文件也可以包含文本、HTML（包括相关的客户端脚本）和 com 组件调用。

ASP 简单、易于修改和测试，无须编译或链接就可以解释执行。由于 ASP 是 Microsoft 公司推出的，只有在 Microsoft Windows 操作系统及其配套的 Web 服务器软件的支持下才能运行。因此不能很容易地实现在跨平台的 Web 服务器上工作，适合于小型网站的应用开发。

2）ASP.NET

ASP.NET又称为ASP+，它不仅仅是ASP的简单升级，而是Microsoft公司推出的新一代的动态网页程序设计语言，引入了面向对象设计的方法。ASP.NET是基于.NET Framework的Web开发平台，具备开发网站应用程序的一切解决方案，包括验证、缓存、状态管理、调试和部署等全部功能。它将页面逻辑和业务逻辑分开，程序代码与显示的内容分开，使得丰富多彩的网页易于编写，同时使程序代码看起来更纯洁、简单，适合于大型网站的应用开发。

3）PHP

PHP即Hypertext Preprocessor(超文本预处理器)，是一种通用开源的程序设计语言。其语法引用了C语言、Java和Perl的特点，但只要掌握很少的编程知识就能使用PHP建立一个真正交互的Web程序。PHP是将程序嵌入到HTML文档中去执行，执行效率比完全生成HTML标记的CGI要高许多。PHP还可以执行编译后的代码，编译可以达到加密和优化代码运行，使代码运行更快。PHP还提供了标准的数据库接口，数据库连接方便、兼容性强、扩展性强，可以进行面向对象编程。

4）JSP

JSP即Java Server Pages(Java服务器页面)，是一个简化的Servlet设计，它是由Sun Microsystems公司倡导、许多公司参与一起建立的一种动态网页技术标准。JSP技术有点类似ASP技术，它是在传统的网页HTML文件(*.htm，*.html)中插入Java程序段(Scriptlet)和JSP标记(Tag)，从而形成JSP文件，扩展名为(*.jsp)。用JSP开发的Web应用是跨平台的，既能在Linux下运行，也能在其他操作系统上运行，但脚本必须被编译成Servlet并由Java虚拟机执行。

4. 脚本语言

脚本语言编写的程序并不能独立运行，需要嵌入到HTML中才能起作用。为了使网页的功能更加强大，经常需要在网页文件中嵌入或添加一些脚本程序。目前常用的有VBScript和JavaScript两种。脚本程序分为客户端脚本和服务端脚本。

(1) 客户端脚本：即脚本程序可直接在客户端的浏览器中解释执行，客户端脚本直接嵌入到HTML文件中。客户端的脚本语言通常采用JavaScript。

(2) 服务端脚本：即脚本程序在服务器中由相应的脚本引擎来解释执行，生成的HTML页面由Web服务器负责发送到客户端浏览器上。服务器端的脚本语言通常采用VBScript。

5. 数据库

动态网站离不开的是对数据的增加、修改、更新等，因此需要有数据库的支持，常见的数据库有Access、SQL Server、Oracle等。本书在后续章节主要详细介绍SQL Server数据库。

SQL Server是由Microsoft公司开发和推广的关系数据库管理系统(DBMS)，它与Windows操作系统相结合，在复杂环境下为办公应用提供了一个安全、可扩展、易管理、高性能的客户/服务器数据平台。

6. 上传工具

通常采用 FTP 系列软件来协助完成网站的上传与发布。FTP(File Transfer Protocol)是文件传输协议，是 Internet 资源最常用的工具之一，用户可以通过有名或匿名的连接方式，对远程服务器进行访问，查看和索取所需要的文件，也可以将本地的文件传输到远程服务器上。

目前，一些常用的网页编辑软件都自带有 FTP 上传工具，如 Dreamweaver 等。但这些软件自带的上传功能没有专门的 FTP 软件功能强大。FTP 软件有很多种，常用的有 CuteFTP、FlashFXP 等。

1) CuteFTP

CuteFTP 是最早支持断点续传的 FTP 客户软件之一，是一个集 FTP 上传下载、FTP 搜索和网页编辑功能于一体的软件包，其功能强大，使用方便，支持拖放。CuteFTP 软件主界面如图 1.33 所示。

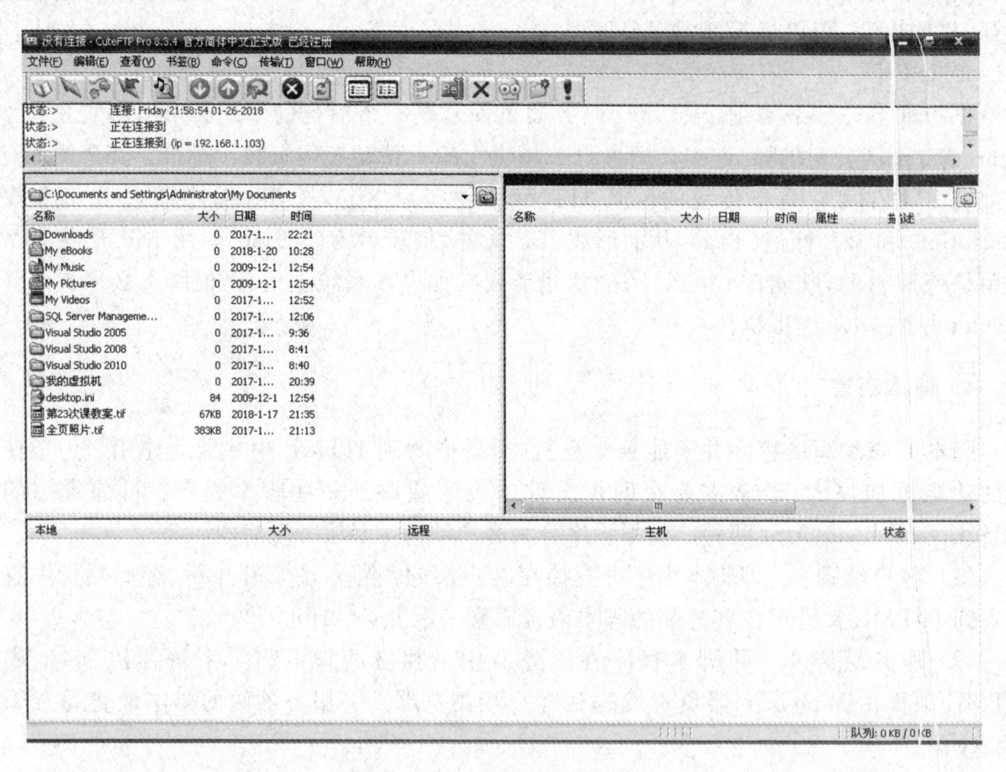

图 1.33　CuteFTP 软件主界面

2) FlashFXP

FlashFXP 是一个功能强大的上传下载工具，融合了其他优秀的 FTP 软件的优点。例如，支持文件夹的文件传送、删除；支持上传、下载第三方文件续传；可以跳过指定的文件类型，只传需要的文件；可以自定义不同文件类型的显示颜色；可以缓存远端文件夹列表，支持 FTP 代理等。FlashFXP 软件主界面如图 1.34 所示。

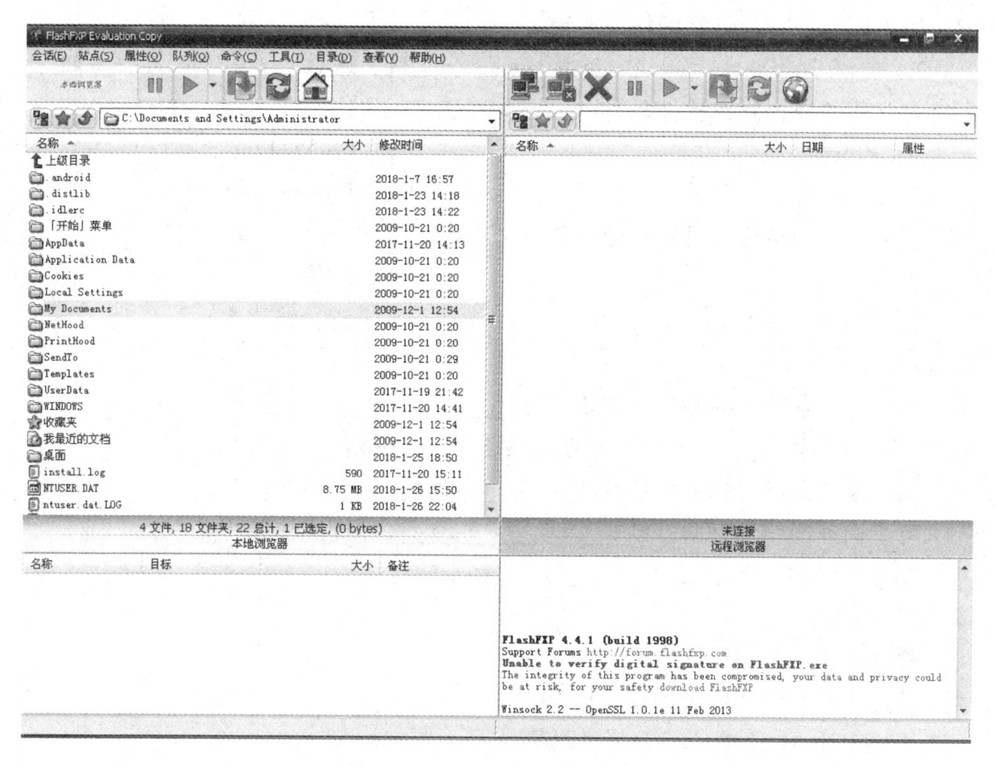

图 1.34　FlashFXP 软件主界面

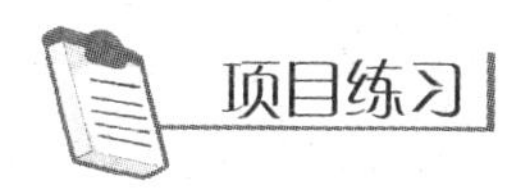

项目练习

一、实训题

1. 分别使用 IE 浏览器、Google 浏览器、Firefox 浏览器、360 浏览器打开阿里巴巴、京东商城、卖包包、精英乒乓网和烧包网，了解它们的网站结构、运营状况、主营商品及网站推广方式。

2. 打开工业和信息化部官网，查询福建地区的域名注册商服务机构，选择其中一个，进入其网站进行域名申请系列操作。

3. 分别下载 Dreamweaver CS6 软件、Photoshop CC 软件、Flash CC 软件、SQL Server 2008 软件、CuteFTP 软件、Microsoft Visual Studio 2010 软件，进行安装，并分别打开各软件进行了解。

二、练习题

1. 选择题

(1) 企业对政府的电子商务简称为(　　)。

A. B2C　　B. B2B　　C. C2C　　D. B2G

(2) 下列(　　)不属于 C2C 网站。

A. 淘宝网　　B. 有啊　　C. 拍拍网　　D. 阿里巴巴

(3) 以下( )不是网站的构成要素。

A. 光纤　　B. 网页　　C. 域名　　D. 空间

(4) 最常用的网页制作软件是( )。

A. Word　　B. Photoshop

C. ASP.NET　　D. Dreamweaver

(5) 下列( )指标能反映企业获得真金白银。

A. PR值　　B. 回头率

C. 提袋率　　D. 流量转化率

2. 填空题

(1) 目前比较常接触的两种脚本语言是________和________。

(2) 京东商城是________网站、麦包包是________网站。

(3) 按产品线宽度与深度可以分为________和________网站。

(4) 电子商务网站具有商务性、________、________和价值性等特点。

(5) 能反映网站用户粘度的是________。

3. 简答题

(1) 简述电子商务网站的定义。

(2) 简述为什么要实施电子商务网站。

(3) 简述B2B、B2C和C2C三者的区别。

(4) 简述域名和IP地址的关系。

(5) 简述经营性域名网站和非经营性域名网站的区别。

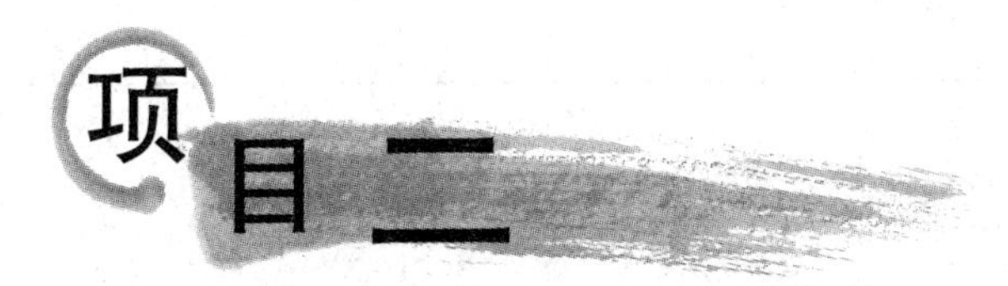

电子商务网站建设规划与实施

项目学习目标

1. 学会电子商务网站调研报告的设计与需求分析；
2. 学会电子商务网站栏目的规划与设计；
3. 学会电子商务网站目录结构与链接的设计；
4. 学会站点的建立与管理。

项目任务

- **任务1　网站调研报告设计**

本任务的目标是通过网站调研报告的设计，获取和分析网络客户的需求，从而更好地指导电子商务网站的建设。

- **任务2　浏览 eBay、京东网站，体验商品分类的优点及购买流程**

本任务的目标是通过对 eBay、京东网站的了解、分析，从而掌握企业网站对产品销售的分类方法。

- **任务3　站点的建立与管理**

本任务的目标是学会在 Windows XP 和 Windows 7 系统下安装 IIS，并掌握对 Web 站点的建立与管理和对 Web 站点的发布。

任务1　网站调研报告设计

一、任务实现

(1) 撰写关于某某电子商务网站客户需求调查表(如表 2.1 所示)和网站建设需求调查表(如表 2.2 所示)。

表 2.1　网站客户需求调查表

尊敬的客户： 很荣幸能为贵公司网站建设服务，为了能够让我们提供更好的服务，请您在百忙之中抽出一点时间协助我们做好如下问题调查，以便我们的开发和设计人员为您提供更好、更便捷的个性化网站服务，谢谢！

续表

1. 您希望贵公司通过网站对企业宣传起到什么作用？
   A. 概况介绍　B. 企业荣誉　C. 组织结构　D. 联系信息
2. 您希望贵公司通过网站对企业产品宣传起到什么作用？
   A. 产品展示　B. 产品介绍　C. 技术展现　D. 产品使用手册下载
3. 您希望贵公司通过网站对品牌传播起到什么作用？
   A. 品牌详述　B. 品牌文化　C. 品牌故事　D. 品牌宣传
4. 您希望贵公司通过网站对产品在线销售起到什么作用？
   A. 在线订单　B. 在线支持　C. 在线询盘
5. 您希望贵公司通过网站对经销商管理起到什么作用？
   A. 产品报价　B. 信息知识　C. 经销商授权　D. 在线反馈
6. 您希望贵公司通过网站对客户起到什么作用？
   A. 在线投诉　B. 在线退货　C. 在线咨询　D. 客户管理
   E. 用户体验
7. 您希望贵公司通过网站对经销商管理起到什么作用？
   A. 产品报价　B. 信息知识　C. 经销商授权　D. 在线反馈
8. 您希望贵公司通过网站在媒体新闻发布中起到什么作用？
   A. 公司新闻发布　B. 新产品发布　C. 公关宣传　D. 媒体报道
9. 您对贵公司网站 Logo 的看法是？
   A. 使用现有　B. 重新设计
10. 您希望贵公司网站的设计有怎样的风格？
    A. 严谨、大方，内容为本，设计专业　B. 清新、简洁，内容充实
    C. 视觉冲击力强、独特、新颖　D. 其他(请填写对设计的看法)________
11. 您希望贵公司网站的色调是什么样的？
    A. 冷色调(蓝、紫、青、灰，有点浪漫)　B. 暖色调(红、黄、绿，有冲击力)
    C. 简洁、雅致　D. 由设计师设计
    E. 其他(请填写对色调的想法)________
12. 您之前在使用贵公司网站时，认为网站不够美观的是？
    A. 页面布局　B. 风格设计　C. 图像编辑　D. 动画
    E. 导航设计　F. 颜色搭配　G. Logo 设计
13. 您之前在使用贵公司网站时，认为功能不够完善的是？
    A. 产品展示　B. 客户沟通　C. 信息发布　D. 产品评论
    E. 在线购物
14. 您之前在使用贵公司产品时，认为贵公司对产品在网站上的推广存在哪些不足？
    A. 收费性推广　B. 没有推广　C. 仅仅在网站上显示
15. 您认为公司员工对网络知识的掌握情况是怎样的？
    A. 基本没有网络技术　B. 只是对网络知识的了解
    C. 能处理简单的网站维护　D. 能根据企业业务发展的需要做出优化与管理
16. 您希望贵公司的网站域名是怎样的？
    A. .CN 域名　B. 域名使用公司的名称　C. 通用网址
17. 您希望贵公司的网站在以下哪些网站能搜索到？
    A. 新浪　B. 网易　C. 百度　D. Google
    E. 其他(请填写)________

续表

18. 您希望贵公司通过以下哪些技术对产品进行展示?
A. Flash 展示　B. 三维动画　C. 360°全景　D. 视频展示
19. 您能接受贵公司对新产品推广采取邮件群发、短信群发的措施吗?
A. 能　B. 不能　C. 看情况
20. 您常常关注贵公司的公众号吗?
A. 偶尔　B. 经常　C. 从不

表 2.2　网站建设需求调查表

尊敬的贵公司:

很荣幸能为贵公司网站建设服务,为了使建设的网站能满足贵公司业务发展的需要,同时能给用户提供一个便捷的个性化网站服务,请贵公司配合回答如下问题,谢谢!

1. 贵公司希望通过网站对企业形象起到什么作用?
A. 概况介绍　B. 企业荣誉　C. 组织结构　D. 联系信息
2. 贵公司希望通过网站对品牌传播起到什么作用?
A. 品牌详述　B. 品牌文化　C. 品牌故事　D. 品牌宣传
3. 贵公司希望通过网站对产品宣传起到什么作用?
A. 产品展示　B. 产品介绍　C. 技术展现　D. 产品使用手册下载
4. 贵公司希望通过网站对产品在线销售起到什么作用?
A. 产品报价　B. 在线反馈　C. 统计报表　D. 经销商售权
5. 贵公司希望通过网站对在线客户服务起到什么作用?
A. 在线咨询　B. 用户体验　C. 在线投诉
6. 贵公司希望通过网站对市场调查起到什么作用?
A. 竞争情况调查　B. 消费者情况调查
C. 客户需求调查　D. 产品销售调查
7. 贵公司希望通过网站在办公事务方面起到什么作用?
A. 内外网分离　B. 即时通信　C. 网络会议　D. 企业邮箱
E. 电子发文
8. 贵公司是否需要将现有的 Logo 重新设计?
A. 需要　B. 不需要
9. 贵公司对网站的结构、颜色搭配有具体要求吗?
A. 有(请列出)________　B. 无
10. 贵公司对网站的动画嵌入有具体要求吗(如 Flash 动画)?
A. 有(请列出)________　B. 无
11. 贵公司对网站首页是否需要放置热销产品区?
A. 需要　B. 不需要
12. 贵公司对网站栏目的设置有何要求,请列出。

一级栏目	二级栏目	栏目说明	栏目相关资料提供情况

续表

13. 贵公司对网站开发使用语言的选择是?			
A. ASP.NET	B. PHP	C. JSP	D. 其他(请列出)________
14. 贵公司对使用的后台数据库选择的是?			
A. Access	B. MySQL Server	C. Oracle	D. MS SQL Server
15. 贵公司对网站投入使用后,需要进行网站维护培训吗?			
A. 需要	B. 不需要		

(2) 对回收的网站客户需求调查表和网站建设需求调查表进行系统性的分析。

二、知识学习

1. 确定网站的主题与目标

网站的建设需要从企业的发展战略出发,根据自身的优势、企业的品牌、产品的特色,准确定位网站,明确网站要具备的功能。例如,想在网上购买电子商品,人们就会想到京东,因为京东是主推3C产品的网上商城;想在网上购买包包,人们就会想到麦包包,因为麦包包是一家专门经营以包包为主的垂直型网上商城。企业要进行线上的电子商务,在网站开发之前,要先考虑好自己的网站究竟要做什么,通过开发这个网站要实现些什么,这就需要给自己的网站规划一个范围。有的电子商务网站由于目标不明确,不考虑自身的实力与定位,在线上什么都卖,结果成了大杂店,没有任何的鲜明特色,最后导致什么商品都没收益。

任何一家企业,定位自己的网站主题和目标,应从以下两方面着手。一是企业要明确自己建立网站的目标是什么,是树立企业形象,还是宣传产品;是更好的服务于消费者,还是实现网络经营与电子商务等。二是企业要分析自身的状况,包括企业的营销模式、销售渠道、企业产品的优势、企业的经济状况、员工的技术水平等。

2. 市场需求分析

为了确保企业新产品能正常地运转和赢利,企业往往都会对新产品在市场上所处的位置、竞争对手的情况、市场份额及消费者心理做出全面的了解和分析,这样才能做到满足客户的需求。企业建立电子商务网站的目的也是如此。为了能够更好地宣传企业的品牌、销售产品、推广产品、服务客户,实现在线订单等,市场需求分析对电子商务网站建设是必要的且行之有效的。

(1) 要分析网络中企业现有的竞争对手。可以利用互联网搜索引擎工具和B2B、B2C等相关平台进行详细调查,收集相关企业信息和资料,包括运营模式、市场位置、技术能力和经营能力等,制定相应策略和正确的实施方案。竞争对手的产品服务及在网络运营、推扩等方面的优势是后来者进入的强大挑战。对于中小企业而言,一般情况下,应准确定位为行业细分领域的B2C,如鞋服、家电等,把自己熟悉的行业做精、做透,这才是成功的必由之路。尽量不做综合型平台,因为此类平台前期投资大,短期看不到收益,并且已被几大知名的电子商务公司所占领,如京东、天猫、当当等。麦包包网站首页如图2.1所示;连趣网网站首页如图2.2所示;卡通之窗网站首页如图2.3所示。这些虽然无法和京东、天猫相比,但由于突出了自己的产品特色和服务优势,各自拥有了上万名的粉丝会员,从而可以很好地生存，避免了行业的竞争。

图 2.1　麦包包网站首页

图 2.2　连趣网网站首页

图 2.3 卡通之窗网站首页

(2) 企业地理区域、经济发展情况、政府支持力度及物流配送条件等环境因素也是市场调查的内容，这对企业实施电子商务网站运营是否能成功起着关键作用。

建立电子商务网站，企业面对的是一个新的商务模式和新的市场环境，并不是简单地把传统的产品与销售模式放到网上进行实施就行了。准确的市场分析是建立电子商务网站的前提。企业推出的任何产品与服务都不能是自己的主观意识，必须在建站之前，对相关行业的市场进行需求分析，在电子商务网站增加的每一个功能模块和服务都是建立在全面的需求分析和充分论证可行的基础之上。

3. 行业调研与目标客户分析

企业应当调查所面对的消费者群体的详细情况，并对其消费者客户进行充分的分析，如客户年龄结构、地域、文化水平、收入状况、消费倾向及对新事物的敏感程度等。以服装外贸网站为例，需要分析的内容包括客户分布在哪些国家和地区？目标客户会有哪些爱好和习惯？目标客户经常是什么时间段在网络上的什么地方出现？目标客户是用什么方法寻找需要的商品和服务？目标客户访问某个网站的停留时间是多少？等等。下面是调研步骤的参考方案。

步骤一：制订调研计划（包括调研目标、调研对象、调研方法、设计调研表）；

步骤二：撰写调研报告（包括调研准备、需求调研）；

步骤三：调研汇总与资料分析、整理（包括调研资料分析和整理）。

4. 可行性分析

可行性分析的目的是确定网站建设是否值得去开发。一般从以下三个方面分析研究网站建设方案的可行性。

（1）技术可行性。对要开发的网站项目的复杂度、功能、性能、限制条件进行分析，确定在现有的资源条件下，使用技术的开发风险有多大，项目是否能完整实现。现有的资源包括已具备的或可获得的硬件、软件资源，以及现有技术人员的技术水平和从事项目相关的经验。

（2）经济可行性。指对网站建设进行投入的成本估算和取得的效益评估，确定该网站是否值得去投资建设。网站建设投资的成本费用包括域名购买费用、网站服务器费用、功能开发费用、网站推广费用、员工薪资费用、网站的维护和管理费用等。网站取得的效益包括直接效益和间接效益。直接效益指通过网站在线对产品进行推广、销售或服务所取得的收益；间接效益包括品牌收益及网站对其他业务产生的良好趋势。

（3）社会环境可行性。社会环境可行性涉及的范围比较广，既包括法律方面的条款，如合同、侵权问题，也有市场与政策问题及其他一些技术人员常常不了解的问题等。

任务2　浏览eBay、京东网站，体验商品分类的优点及购物流程

一、任务实现

1. 浏览eBay电子商务网站

（1）打开浏览器，输入http://www.ebay.com，如图2.4所示。可以看到在左上方顶端放置了一个导航栏，显示的内容是用户经常使用的Hi! Sign in or register、Daily Deals、Sell和Help & Contact，这是符合用户浏览网站的自然方式，同时也方便用户了解该网站的主要服务和使用方法。

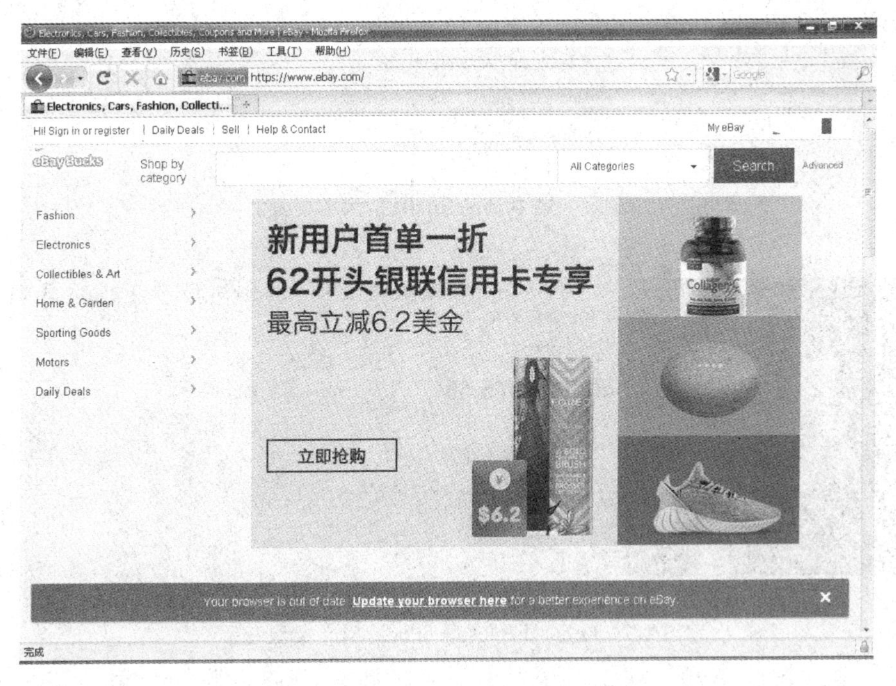

图2.4　eBay网站首页

(2) 在查找所需商品的搜索框中输入要查找的内容，如输入 kindle，如图 2.5 所示。单击 Search 按钮，查找到该商品所需的大类页面，如图 2.6 所示。如果想要进一步了解某大类商品情况，可单击想要查询的条目，如单击 Other Tablet & eBook Accs，打开该条目类型的商品页面，如图 2.7 所示。对列出的某商品，若想要了解该商品的详细情况，直接单击该商品标题，如图 2.8 所示。

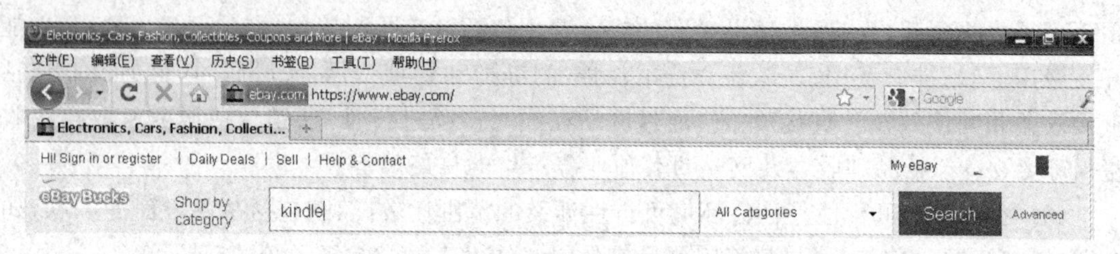

图 2.5 输入查找商品 kindle

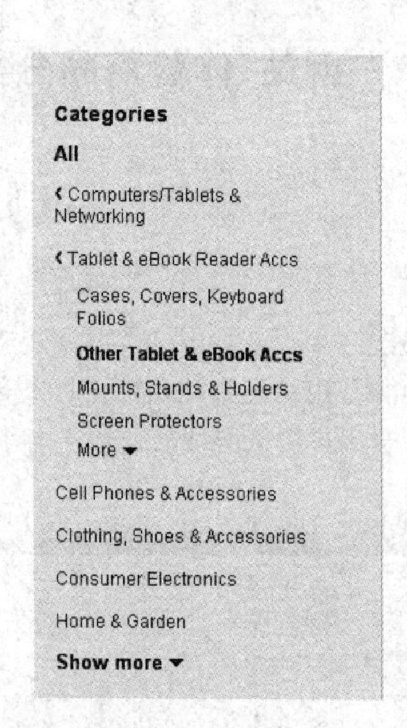

图 2.6 查找商品 kindle 的大类页面

图 2.7 Other Tablet & eBook Accs 类型商品

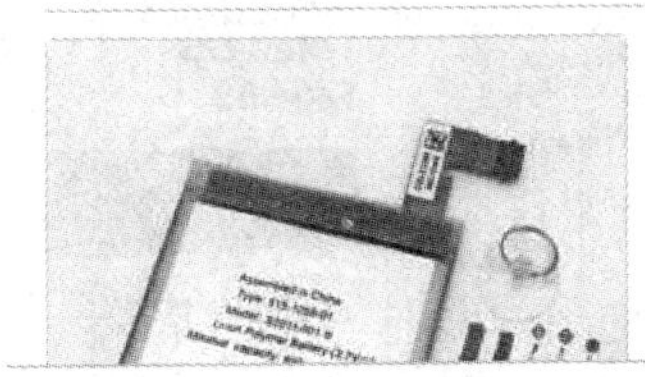

图 2.7　（续）

图 2.8　单击商品标题显示商品详细页面

(3) 若想购买此商品，直接在商品详细页面单击 Buy it Now 按钮，根据提示信息进行操作即可。

(4) 若想将此商品加入购物车，单击 Add to cart 按钮，结果如图 2.9 所示。核对该商品信息，确定无误后，单击 Save for later 按钮即可；若想将商品从购物车移除，单击 Remove 按钮即可。在购物车中移除商品页面如图 2.10 所示。

(5) 若想要将商品加入观察名单，在图 2.8 中单击 Watch 按钮即可。

2. 浏览京东电子商务网站

(1) 打开浏览器，输入 http://jd.com，结果如图 2.11 所示。可以看到最顶端放置了一个广告区，显示的内容是根据节日而设计的促销提醒信息，如图 2.12 所示。左侧是根据商品大类的相关联性而进行的分类，商品相关联栏目如图 2.13 所示。

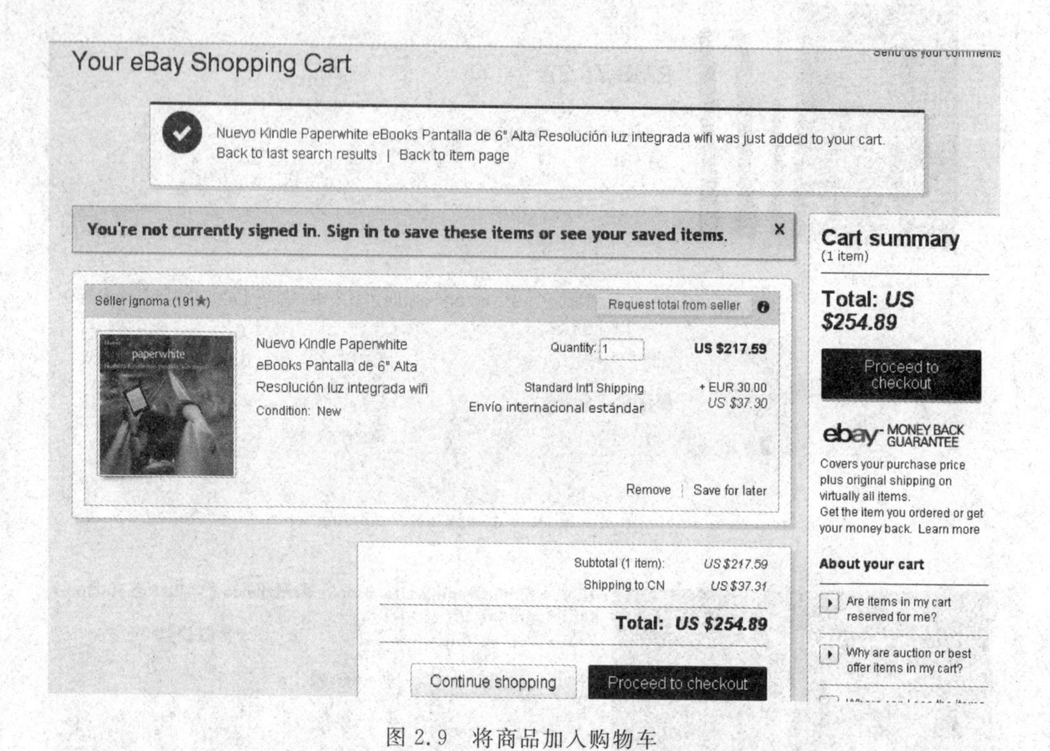

图 2.9 将商品加入购物车

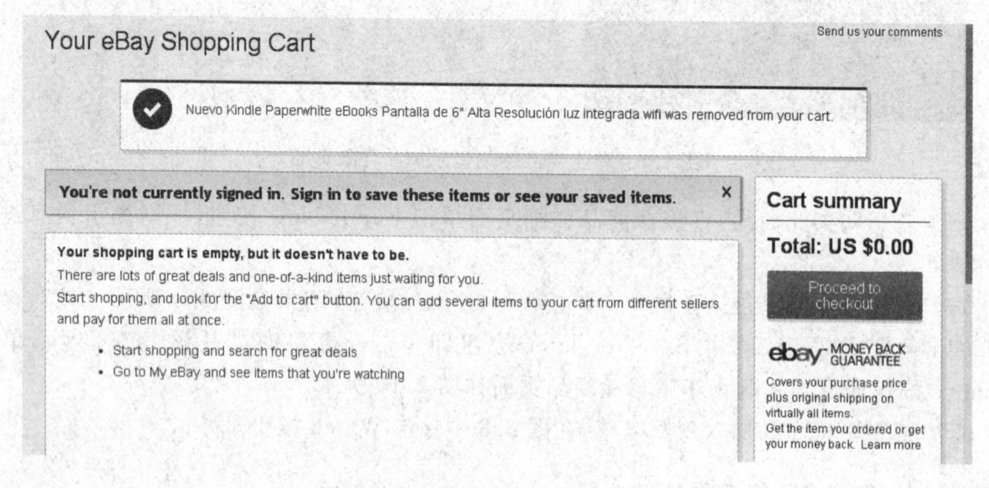

图 2.10 在购物车中移除商品页面

图 2.11 京东网站首页

图 2.12 广告区

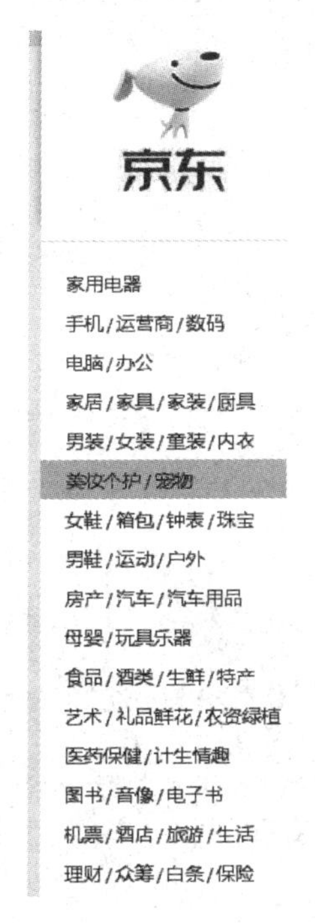

图 2.13 商品相关联栏目

(2) 如果要查看某类商品的子类商品,需将鼠标移到某类商品栏目上,在页面右侧会显示出子类栏目,如将鼠标移到“女鞋/箱包/钟表/珠宝”栏目上,则显示出子类栏目,如图 2.14 所示。

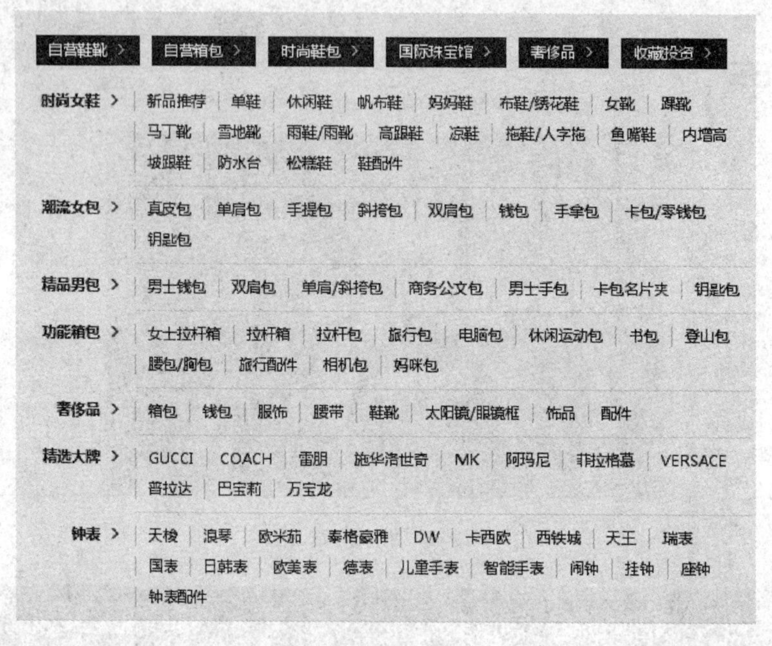

图 2.14 子类商品

(3) 若要对某个子类栏目进行查看,则单击此子类栏目,如单击“单鞋”按钮,显示“单鞋”商品详细信息页面,如图 2.15 所示。

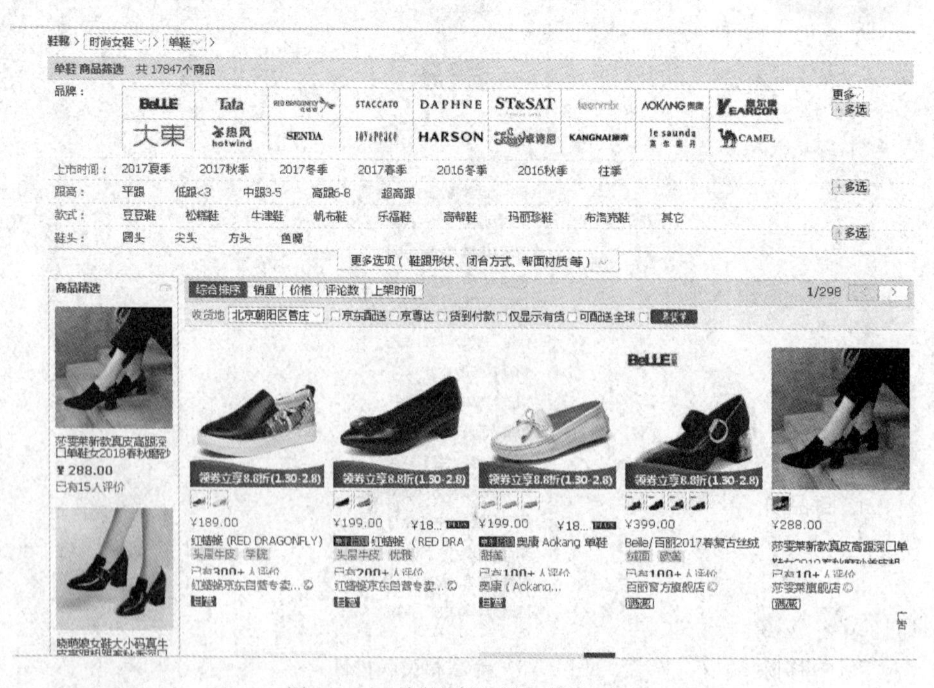

图 2.15 “单鞋”商品详细信息页面

(4) 若要查看某个商品的具体详细信息，将鼠标移到该商品展示的图片或名称上单击即可，如将鼠标移到“奥康 Aokang 单鞋”图片上单击，如图 2.16 所示，显示出该商品详细信息，如图 2.17 所示。

图 2.16　“奥康 Aokang 单鞋”商品

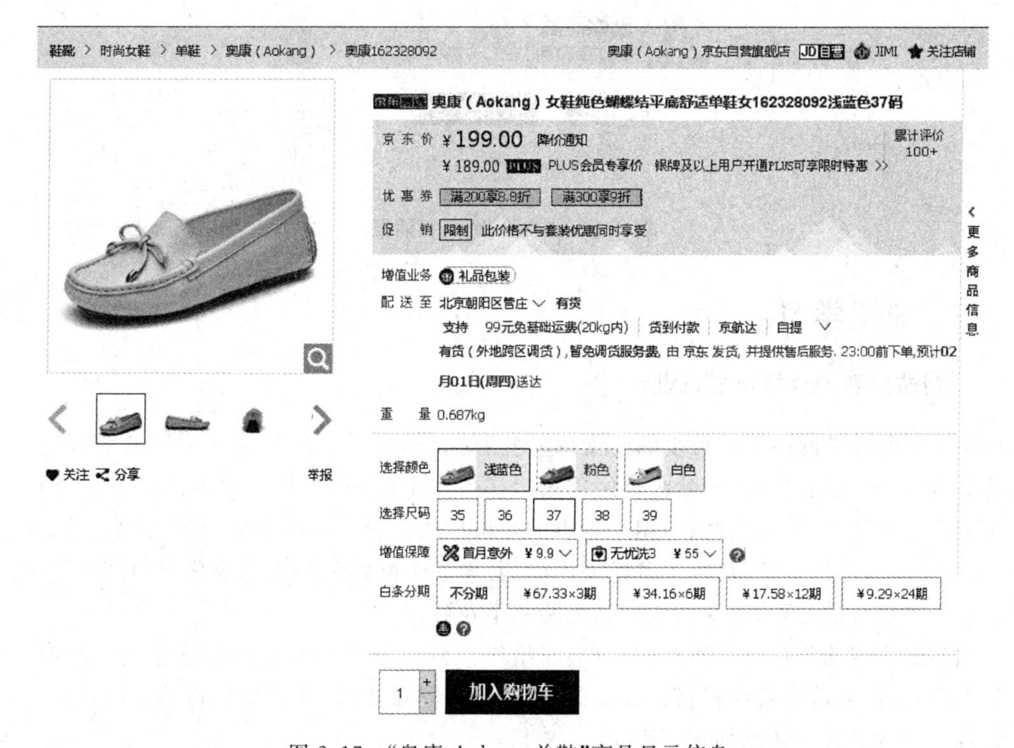

图 2.17　“奥康 Aokang 单鞋”商品显示信息

(5) 在该商品详细信息页面中，可以设置购买数量，单击“加入购物车”按钮，即可将商品放入购物车，如图 2.18 所示。

(6) 单击“去购物车结算”按钮，结果如图 2.19 所示。

(7) 如果确定要购买，单击“去结算”按钮，根据提示信息进行付款操作即可；如果要将商品从购物车中移除，单击右上方的“删除”按钮，弹出“删除商品”对话框，如图 2.20 所示，根据提示信息进行操作即可。

图 2.18 商品放入购物车

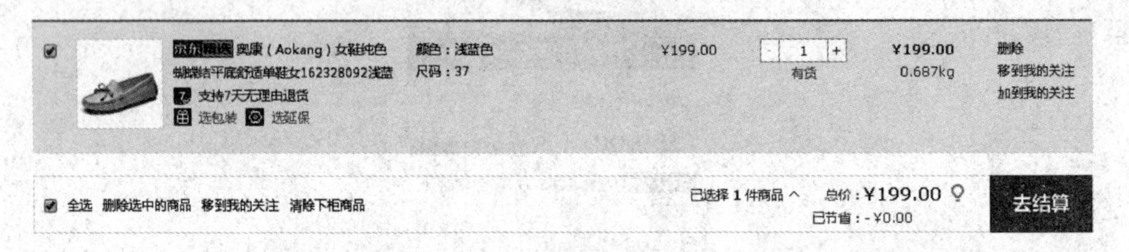

图 2.19 商品结算

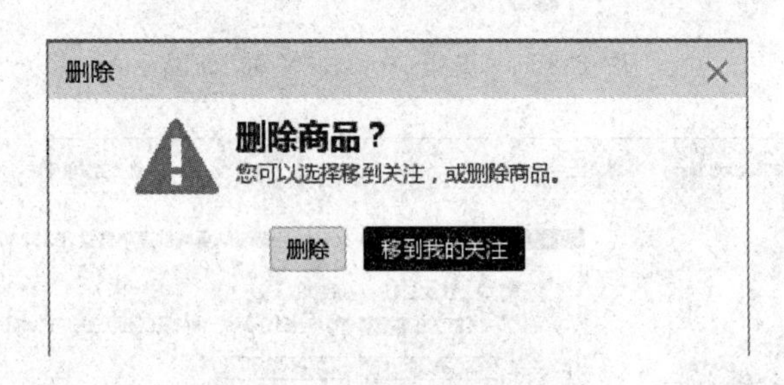

图 2.20 “删除商品”对话框

二、知识学习

1. 网站内容的分类与栏目设计

网站的内容是网站必不可少的要素，是网站信息的集合。经过前期市场需求分析获取的信息，可以提炼和归纳出网站内容的需求。任何一个网站，不管它的界面是多么漂亮，技术是多么先进，视觉是多么动感，用户看重的是可用的内容。一些企业由于对网站的前期工作做得不充分，市场定位、目标人群模糊不清，甚至一个网站只是由几个静态的页面组成，而且信息长年累月没有更新，这样的网站无疑是个花瓶。

网站的内容确定后，要进行内容分类和组织。栏目设计的基本任务是建立网站内容展示的框架，具体要确定哪些栏目是必要的，哪些栏目是重点的，并建立栏目的层次结构。

网站栏目设计应遵循如下原则：

(1) 栏目内容的设计要力求简洁、结构清晰，有利于用户理解与浏览；

(2) 列出的栏目应是网站有价值的内容；

(3) 栏目的设计应该方便用户访问、交互和查询。

2. 电子商务网站的前台功能设计

(1) 商品导航与展示。电子商务网站的核心就是为用户提供商品的浏览，并且能对商品的详细信息进行查看。因此，在商品的导航上应对商品进行分类和对商品进行展示，如图2.21所示，同时还应提供能按关键词进行搜索的功能，如图2.22所示。

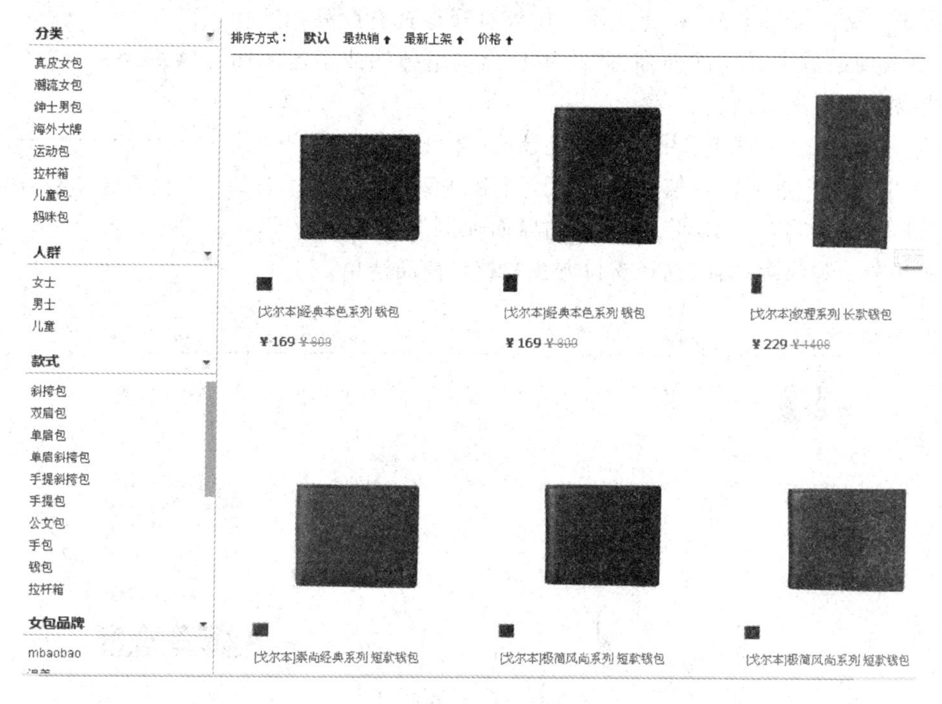

图2.21　商品分类与展示

图2.22　关键词搜索框

(2) 用户注册与登录。一般网站都会要求用户先完成注册，即用户须填写一些个人的相关信息成为企业的会员，如图2.23所示。然后用注册的账户登录，方可进行商品的购买，如图2.24所示。

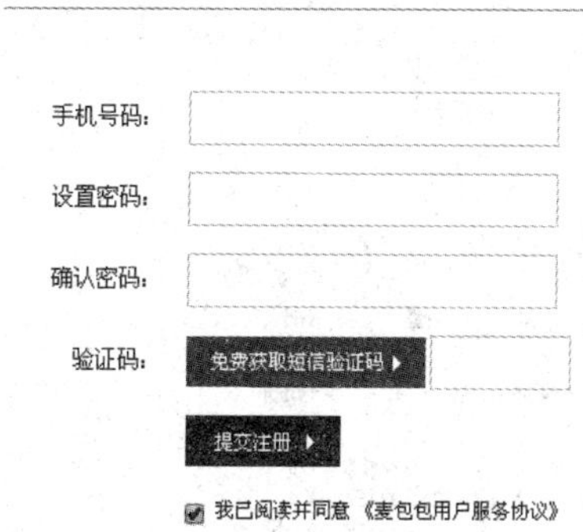

手机号码：
设置密码：
确认密码：
验证码：免费获取短信验证码
提交注册
我已阅读并同意《麦包包用户服务协议》

图2.23　用户注册

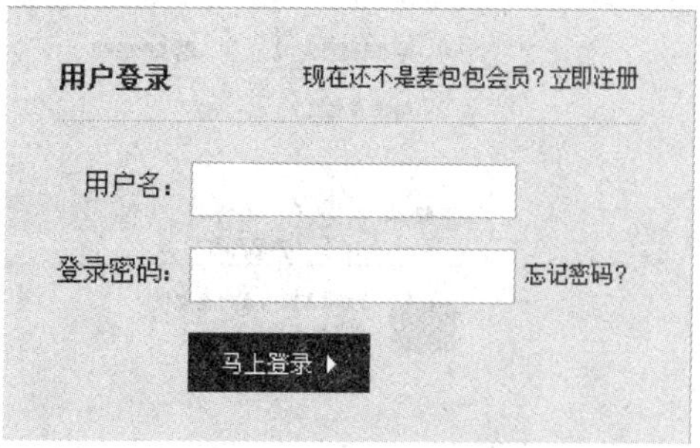

用户登录　现在还不是麦包包会员？立即注册
用户名：
登录密码：　忘记密码？
马上登录

图2.24　用户登录

(3) 新闻公告栏。网站可将最新款的商品、热销、促销等活动信息发布在网站的公告栏上，以便用户在打开网站时能及时收到通知，如图2.25所示。

(4) 购买商品的流程。一个电子商务网站必不可少的是购物车,如图 2.26 所示。购物车的功能类似于零售实体店的购物车,可以方便用户购买多种商品,还能让用户比较直观地查看商品和购物金额、更新商品数量或删除商品,防止用户因网络掉线或不流畅而丢失购物车中商品的信息。

图 2.25 公告栏

(5) 去结算。一般要求用户要先登录,这样可以获取用户的信息,从而免去用户重新输入信息的麻烦。当用户登录后,单击“去结算”按钮,出现填写收货地址、支付方式界面如图 2.27 所示。用户可以在其中填写收货地址、选择支付方式和核对商品清单。

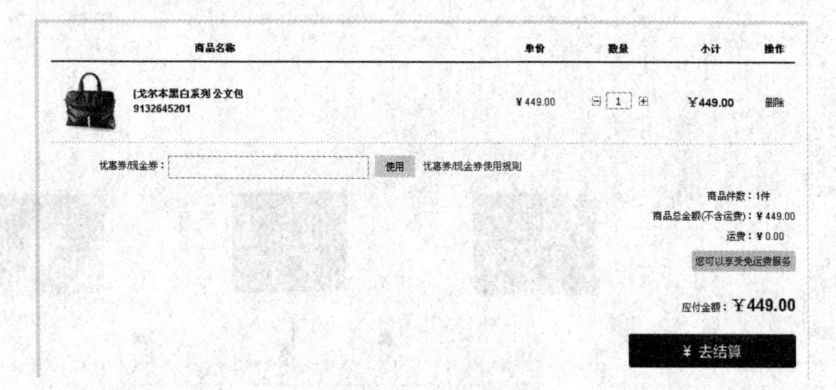

图 2.26 购物车

1. 填写收货地址

+ 使用新地址

2. 选择支付方式

支持以下支付平台进行在线支付:

支付宝 微信支付

一网通 全面支持多家主流银行的借记卡、信用卡在线支付

快捷支付 支持支付宝快捷支付,无需开通网银,有卡就能付(需有支付宝账户):

中国工商银行 中国建设银行 中国农业银行 中国银行 交通银行

3. 商品清单

商品名称	单价	数量	小计
[戈尔本黑白系列 公文包 9132645201	¥449.00	1	¥449.00

商品件数:1件
商品总金额(不含运费):¥449.00
运费:¥0.00
优惠:-¥0.00

应付金额:¥449.00

图 2.27 填写收货地址、支付方式界面

(6) 购买流程、支付方式、配送方式、售后服务、帮助中心。对于新用户来说，进入一个电子商务网站，比较关心的是该网站的购物流程、商品咨询、支付方式、售后服务等。因此，在网站上应尽量提供比较完整的信息。服务说明界面如图 2.28 所示。

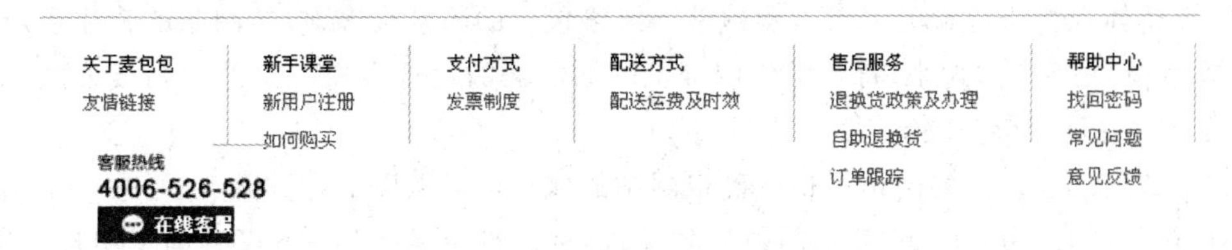

图 2.28　服务说明界面

3. 电子商务网站的后台功能设计

网站的商品维护、信息发布、销售订单的处理以及对用户的管理，都是由管理员在后台完成的，下面介绍几个主要的后台功能模块。

(1) 商品信息管理。商品管理是网站后台最重要的功能之一。管理员可以进行商品的分类管理、图片上传和价格管理等，如图 2.29 所示。

+添加手工分类　+添加自动分类　使用帮助　保存更改

全选　批量删除　展开 | 收起

分类名称	分类图片	移动	默认展开	创建时间	分类类型	操作
休闲运装	添加图片			2016-08-18	手动分类	删除　查看
男装	添加图片			2016-08-18	手动分类	删除　查看
女装	添加图片			2016-08-18	手动分类	删除　查看
添加子分类				2016-08-29		
休闲运动鞋	添加图片			2016-08-18	手动分类	删除　查看
男士	添加图片			2016-08-18	手动分类	删除　查看
女士	添加图片			2016-08-18	手动分类	删除　查看

图 2.29　商品的分类管理

(2) 订单信息管理。商品订单的管理也是网站运营的一个重要关键环节，涉及几个不同部门的分工合作，包括订单的审核、收款的确认及配货等，如图 2.30 所示。

管理商品订单

选择订单状态

订单号	下单用户	收货人	金额总计	付款方式	收货方式	订单状态
20110502203138	mayun	马云	1200元	建设银行汇款	货到付款	未作任何处理
20110502203018	mayun	马云	1230元	支付宝支付	送货上门	未作任何处理
20070419134922	非注册用户	sdx	806元	建设银行汇款	E-mail	用户已经收到货
20060406192414	admin	sdx	230元	支付宝支付	普通平邮	用户已经收到货

图 2.30　商品的订单管理

对于后台功能模块，除了以上介绍的两个重要的功能模块以外，还包括信息发布管理、商品评价管理、用户管理等，这里不再一一展开，需要时网站开发人员可根据网站的实际需求进行开发。

4. 网站的整体风格设计

网站的整体风格是指站点的整体形象给浏览者的综合感受，这种感受是抽象的。有风格特色的网站与普通网站的区别在于：在普通网站上，用户看到的只是堆砌在一起的信息，如信息量多少、浏览速度快慢等；而在有风格特色的网站上可以获得除内容之外的更感性的认识，如站点的品位、用户层次等。

(1) 整体风格所包含的因素。网站整体风格包含的因素很多，包括网站的整体色彩、版面布局、文本的字体和大小、背景的使用等。网站风格的设计没有一定的规则或公式，需要设计者通过各种分析来决定。

(2) 如何确立自己的网站风格。确定网站的风格可以从以下几方面入手。

① Logo的使用。Logo就是网站的名片、商标。形象的Logo不仅有利于用户对网站主体和品牌的识别，而且有促进网站推广的作用。

② 文字的使用。网页中文字字体的使用也很重要，一般要求字体用宋体，字体样式不超过三种，正文字号一般为12px，不要使用闪烁的文字，标题一般要求比正文字号要大一些，如正文字号为12px，标题字号则为14px或16px。

③ 使用搭配合理的颜色。不同的颜色有着不同的意义。如红色表示热情、健康和喜悦；白色表示纯洁、简单和干净；蓝色表示清爽、科技等；黑色表示严肃、夜晚、稳重；绿色表示有生命力、生机勃勃；黄色表示富有、富贵。

不同的色彩搭配会产生不同的效果，在网站整体颜色上，要结合网站目标来确定。如果是政府网站，就要大方、整洁、严肃，不可太随意；如果是女性用品网站，则使用粉红色，一般以红色居多。

网页上的色彩选用及搭配，会影响网站的访问量。例如，采用高亮度的背景或者前景色，很容易让浏览者的眼睛感到疲劳，而且不利于整个网站风格的统一。网页颜色并非是越多越好，太多的颜色违背了网站的"简单即为美"的原则。一般情况下，要根据企业标志的色系和网站所需总体风格的要求确定出一至两种主色调，然后与辅助颜色进行组合。

④ 网站的风格要统一。一个网站由很多个网页组成，如果每个网页的风格都不一致，那么一定会使整个网站显得凌乱、不协调，甚至容易使浏览者感到迷惑，不知是否还在同一网站内，所以一定要使网站的风格保持一致。也就是说网站的Logo、文字字体、网页的色彩搭配及版面布局均要一致。

(3) 网页设计的基本原则。

① 网页内容便于阅读。

② 网页不要太长。

③ 选择合适的图片尺寸及格式。

④ 插入的动画不要太大。

⑤ 协调浏览器与分辨率。

⑥ 提供与浏览器的交互。

5. 版面布局

(1) 版面与布局。

网页的美感除了来自网页的色彩搭配外，还需要有合理的版面布局设计。版面指的是浏览者看到的一个完整的页面。由于不同的显示器在分辨率上存在差异，所以同一个页面在不同分辨率下会出现页面大小不一的现象。

布局是指页面上的文字信息、图片、动画等放置在合适的位置上，以便用户使用浏览器浏览能感到舒适、自然。

(2) 常见的版面布局结构。

常见的布局结构有 T 字形结构、口字形结构、对称对比结构、POP 形结构、国字形结构、标题正文型结构和变化型结构。下面主要介绍三种主要的布局结构。

① T 字形布局结构。指页面顶部为横条网站标志＋广告条，下方左面为主菜单，右面显示内容，整体效果类似于 T，所以称之为 T 字形布局结构。这是网页中使用最广泛的一种布局结构形式。

② 国字形布局结构。指页面的顶端是网站的标题和横幅广告条，接下来是页面的主要内容，左右分列一些小内容，中间是主要部分，与左右一起罗列到底，最下方是网站的一些基本信息、联系方式、版权声明等，通常在大中型企业网站中使用。

③ 标题正文型布局结构。指页面的最上方是标题或广告横幅等内容，下面是正文，一般在文章页面或注册页面中使用。

6. 网站目录结构与链接结构

(1) 网站的目录结构。

一个电子商务中的文件数量少则几百个，多则上万个，如何有效地组织这么多的文件确实是一个不可忽视的问题。目录结构的好坏，对浏览者来说虽然没有什么明显的差异，但是对于网站本身的长期维护，内容的更新、扩充和迁移等有着重要的影响。下面给出一些网站建立目录结构的建议。

① 不要将所有文件都放在根目录下。

② 按主菜单栏目内容建立子目录。

③ 根据更新要求管理次要栏目。

④ 在每个目录下都建立独立的 images 目录。

⑤ 目录的层次不要太多。

⑥ 不要使用中文目录。

(2) 网站的链接结构。

网站的链接结构是指页面与页面之间相互链接的拓扑结构。它建立在目录结构基础之上，但可以跨目录结构。也就是说，每一个页面是一个固定点，链接则是两个固定点之间的连线。一个点可以和一个点链接，也可以和多个点链接。

一般建立网站的链接结构有两种方式。第一种是树状链接结构方式，指首页链接指向一级页面，一级页面指向二级页面。优点是层次结构清晰，浏览者明确自己在哪个层次；缺点是浏览效率低，一个栏目下的子页面到另一个栏目的子页面，必须途径首页。第二种是星状链接结构，指每个页面之间都可以链接。优点是浏览效率方便，随时可以到达自己要浏览的页面；缺点是链接太多，容易使浏览者混淆，搞不明白自己在什么位置。

在实际网站设计中，往往将这些结构混合起来使用。这样，既可以方便、快速地到达自己需要的页面,又可以清晰地知道自己的位置。所以,最好的办法是首页和一级页面用星状链接结构,一级和二级页面之间用树状链接结构。

任务3 站点的建立与管理

一、任务实现

1. Windows XP 系统下安装 IIS 及虚拟目录的创建

(1) 选择“开始”|“设置”|“控制面板”,打开如图 2.31 所示的“控制面板”窗口。

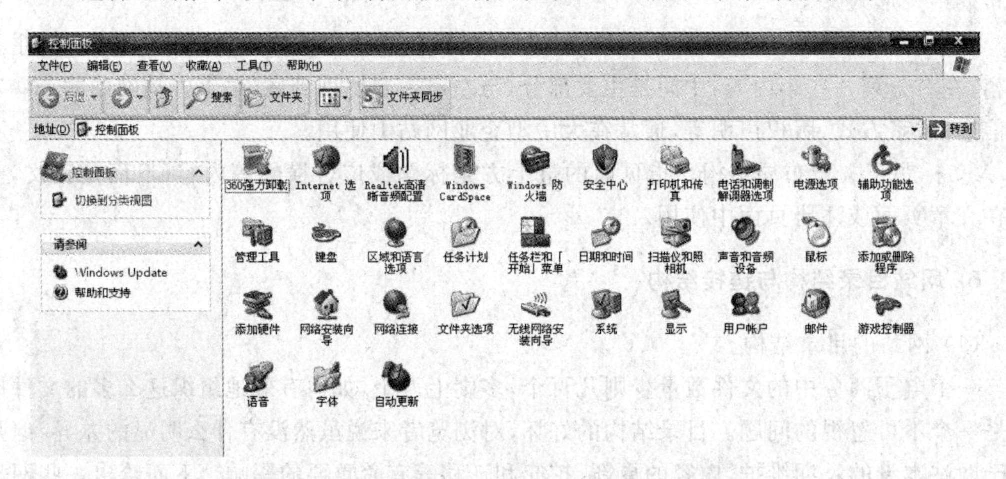

图 2.31 “控制面板”窗口

(2) 双击“添加或删除程序”图标,打开如图 2.32 所示的“添加或删除程序”窗口。

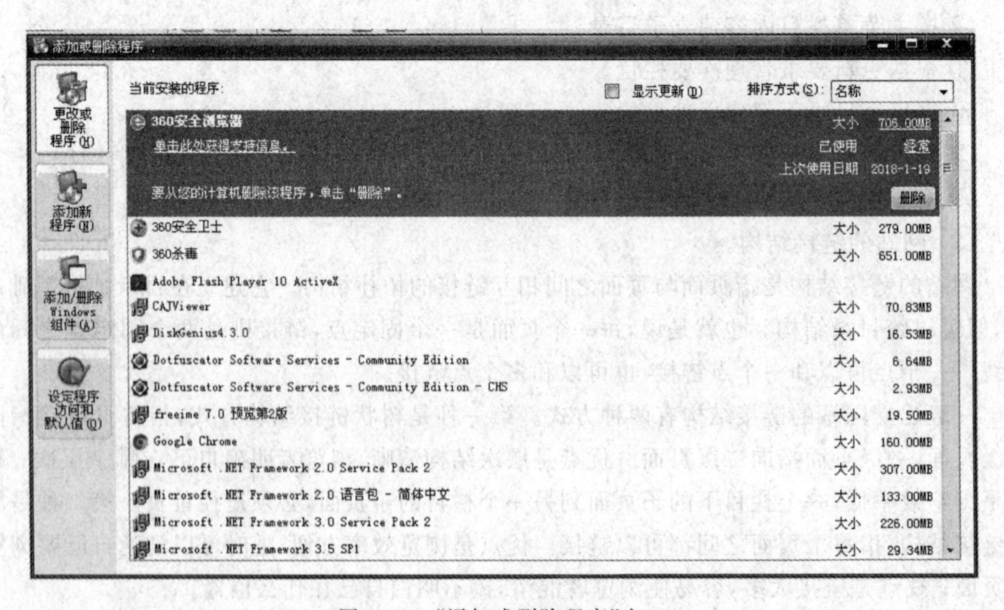

图 2.32 “添加或删除程序”窗口

(3) 在"添加或删除程序"窗口中单击左侧的"添加/删除 Windows 组件(A)",打开"Windows 组件向导"对话框,如图 2.33 所示。

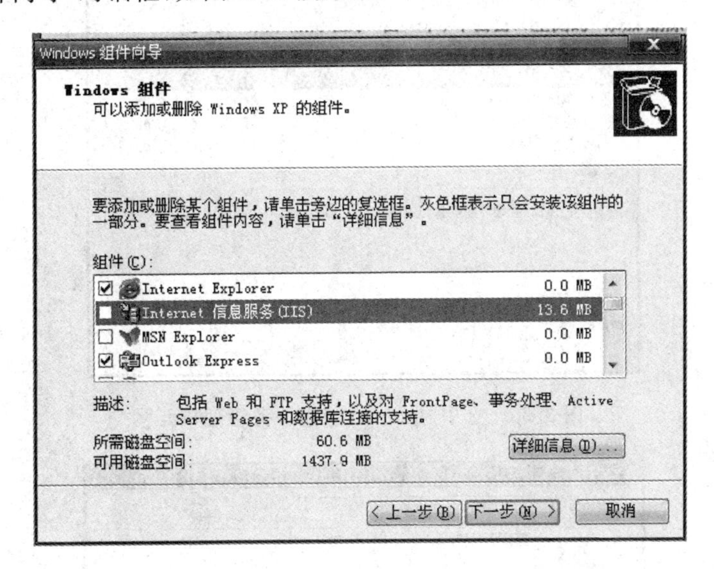

图 2.33 "Windows 组件向导"对话框

(4) 选择"Internet 信息服务(IIS)"选项,单击"详细信息"按钮,打开"Internet 信息服务(IIS)"对话框,如图 2.34 所示。

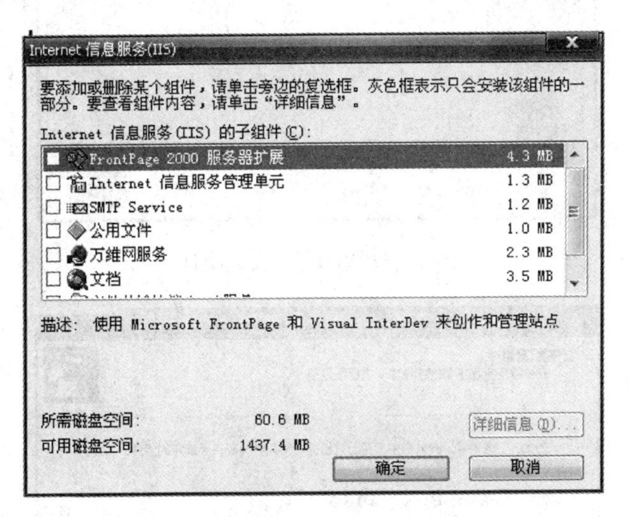

图 2.34 "Internet 信息服务(IIS)"对话框

(5) 选中"Internet 信息服务管理单元",如图 2.35 所示。单击"确定"按钮,返回"Windows 组件向导"对话框,单击"下一步"按钮,根据系统提示"插入 Windows XP Professional Service Pack 3"CD 光盘,单击"确定"按钮,系统会自动完成 IIS 的安装,或者选择已下载的 IIS 版本安装路径,根据提示选择相应的文件,如图 2.36 所示。单击"打开"按钮,开始安装,如图 2.37 所示。

(6) 安装完成后,在控制面板的"管理工具"窗口中会出现"Internet 信息服务"图标,如图 2.38 所示。

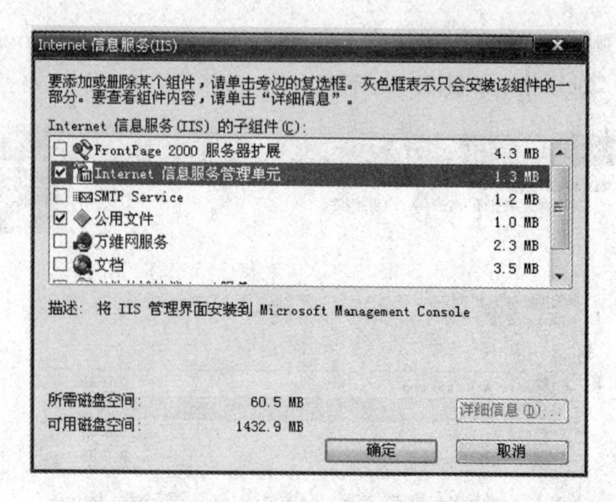

图 2.35 选中“Internet 信息服务管理单元”

图 2.36 选择 IIS 安装文件

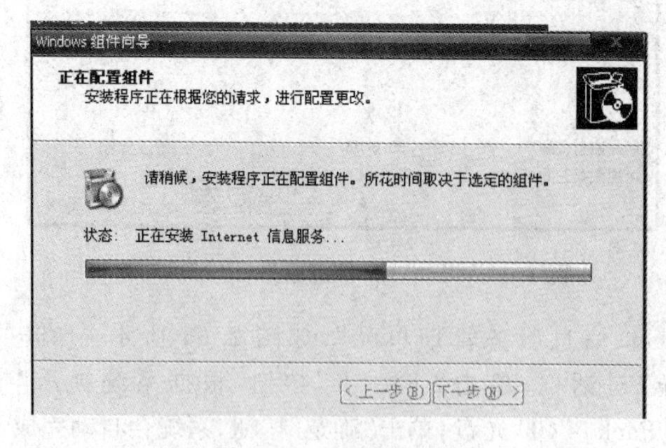

图 2.37 IIS 组件安装

(7) 若要检查 IIS 是否安装成功，可打开浏览器，在地址栏中输入 http://localhost，如图 2.39 所示。按 Enter 键，如果 IIS 安装成功，就会在浏览器窗口中看到如图 2.40 所示的页面信息；反之，显示如图 2.41 所示的页面信息。

图 2.38　管理工具窗口

图 2.39　输入 http://localhost

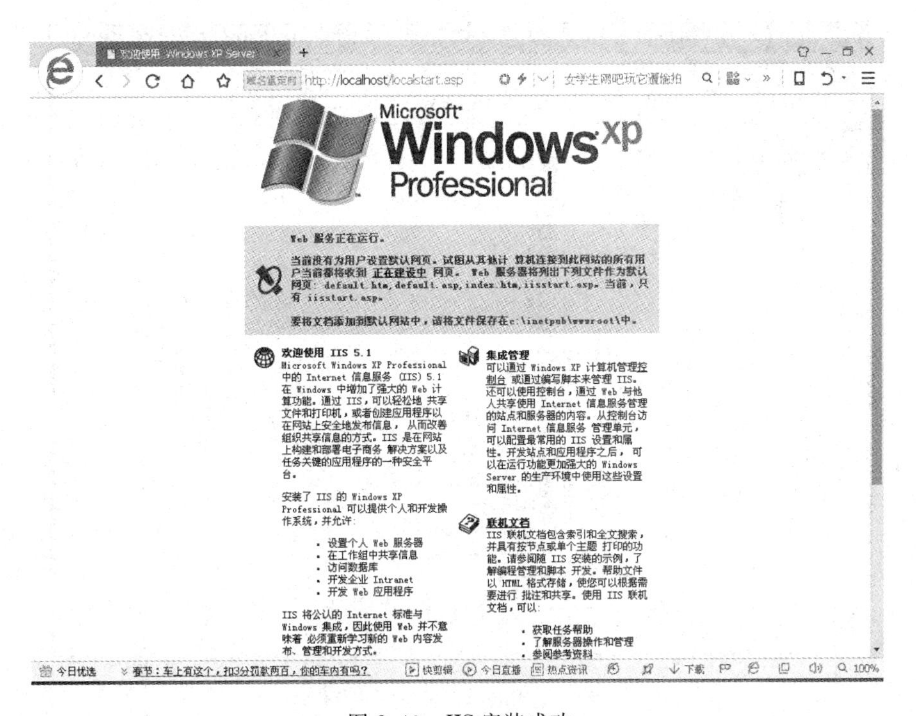

图 2.40　IIS 安装成功

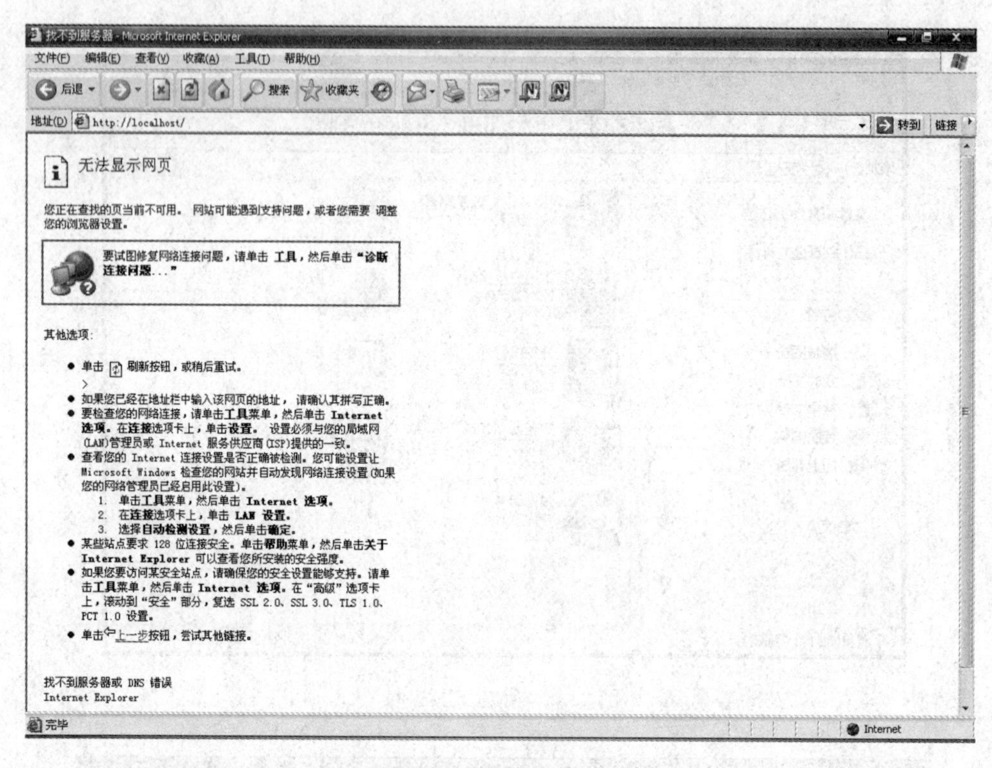

图 2.41　IIS 安装不成功

(8) 若要创建虚拟目录，在“管理工具”窗口中双击“Internet 信息服务”图标，打开“Internet 信息服务”窗口，如图 2.42 所示。

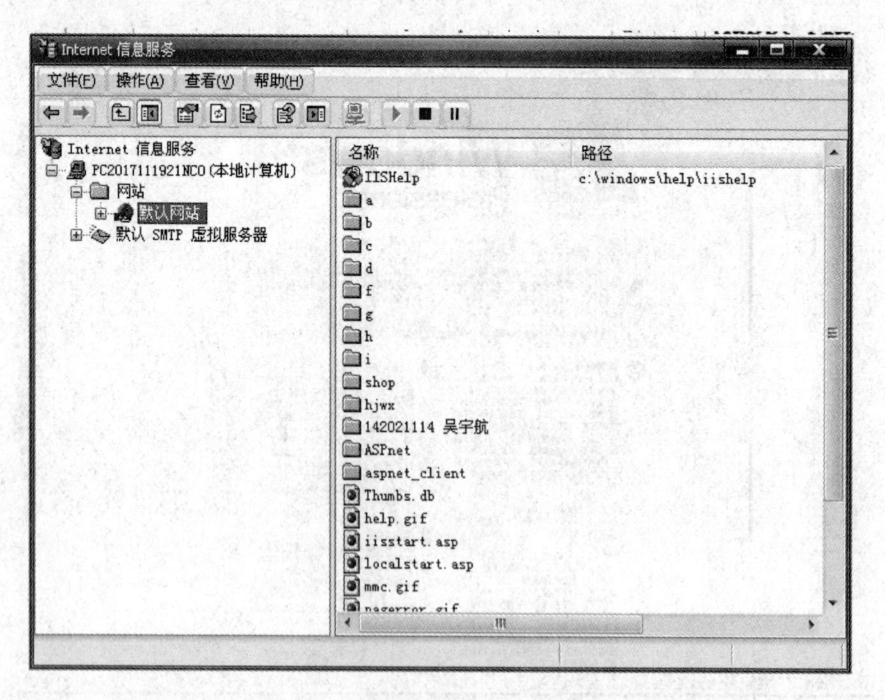

图 2.42　“Internet 信息服务”窗口

(9) 右击“默认网站”,弹出快捷菜单,如图 2.43 所示。选择“新建”|“虚拟目录”命令,打开“虚拟目录创建向导”对话框,如图 2.44 所示。

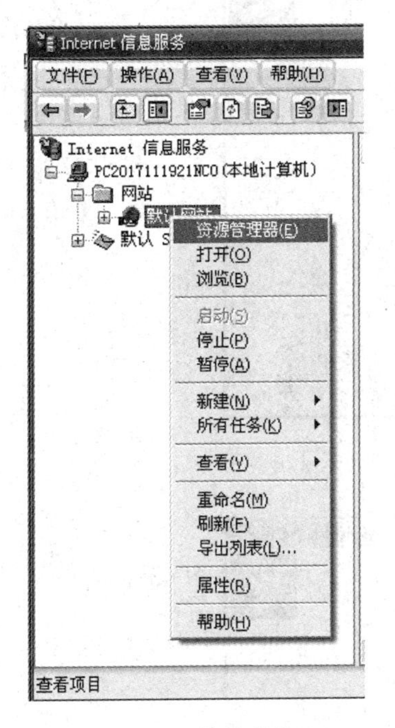

图 2.43　快捷菜单

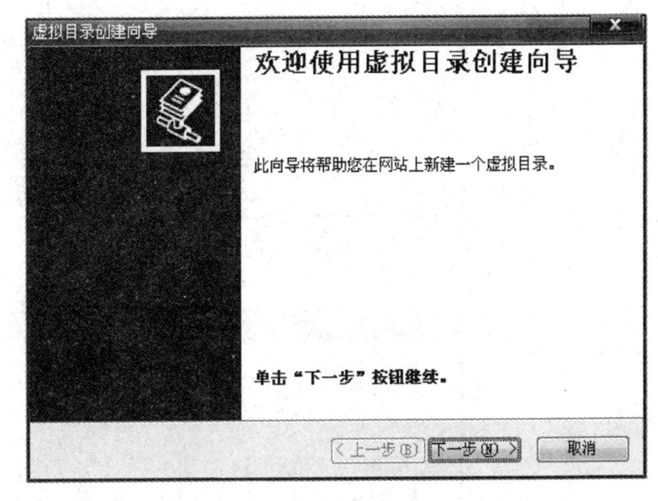

图 2.44　“虚拟目录创建向导”对话框

(10) 单击“下一步”按钮,输入别名名称,如输入 site1,如图 2.45 所示。单击“下一步”按钮,输入内容所在的目录路径,如图 2.46 所示。单击“下一步”按钮,选择虚拟目录访问权限,如图 2.47 所示。

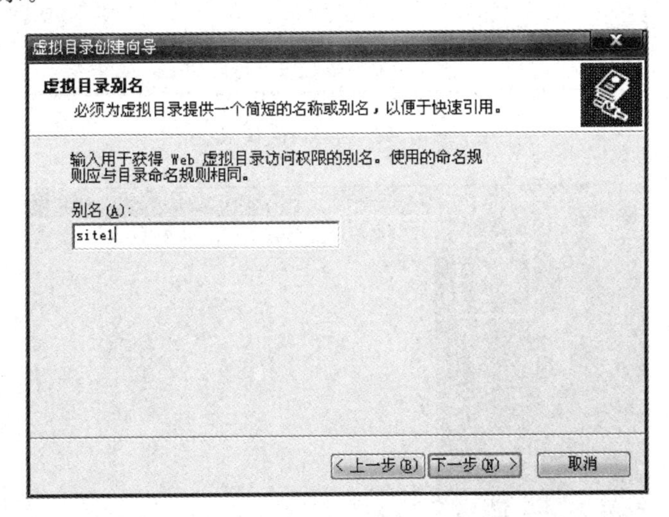

图 2.45　输入别名

(11) 单击“下一步”按钮,显示“已成功完成虚拟目录创建向导”,如图 2.48 所示。

(12) 单击“完成”按钮,在“Internet 信息服务”窗口中显示出新创建的 site1 虚拟目录,如图 2.49 所示。

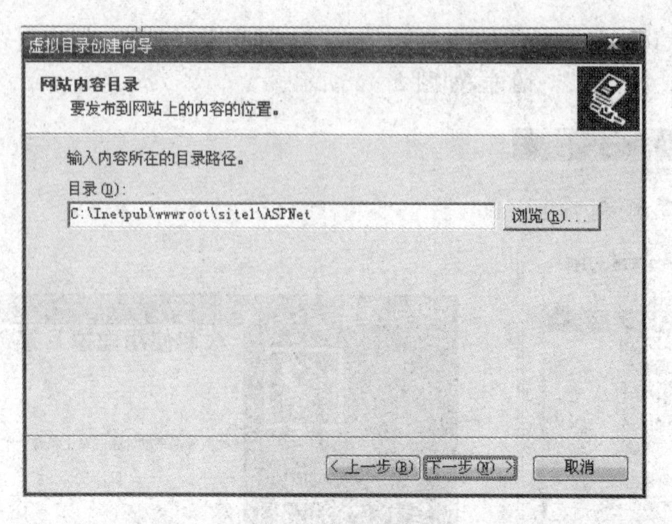

图 2.46 内容所在路径

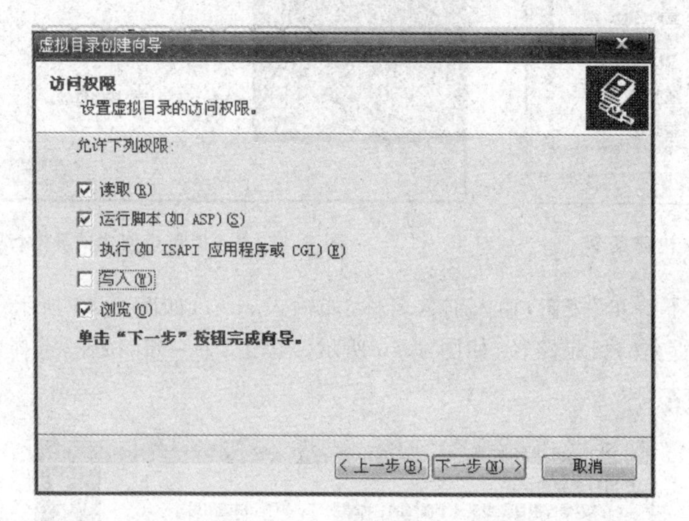

图 2.47 选择访问权限

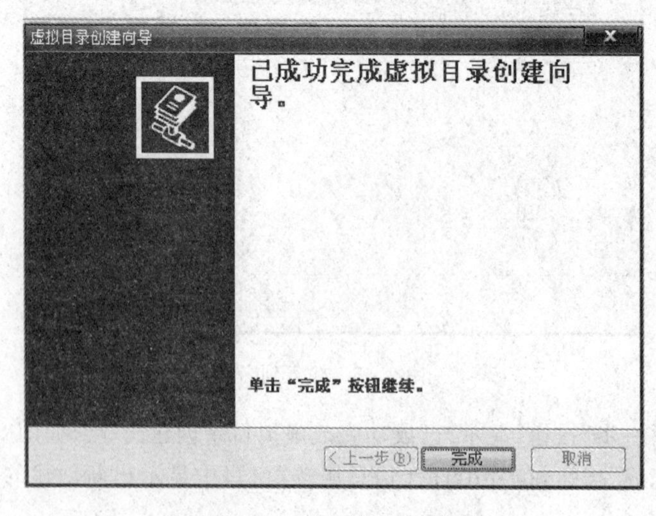

图 2.48 完成虚拟目录创建

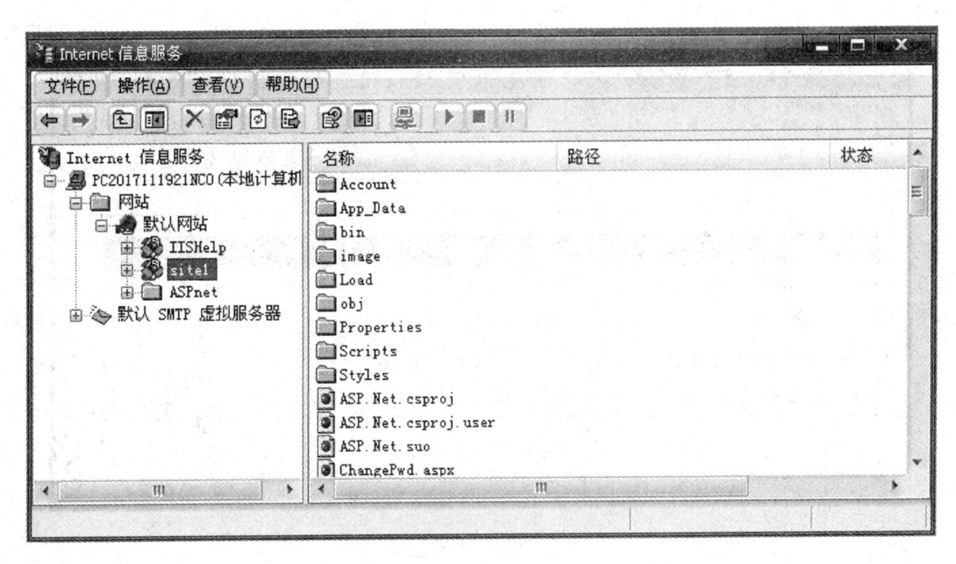

图 2.49　查看新建好的虚拟目录

(13) 右击 site1，弹出快捷菜单，如图 2.50 所示。选择“属性”命令，打开“site1 属性”对话框，如图 2.51 所示。在“site1 属性”对话框中有多个选项卡，根据需要进行相应的设置即可。

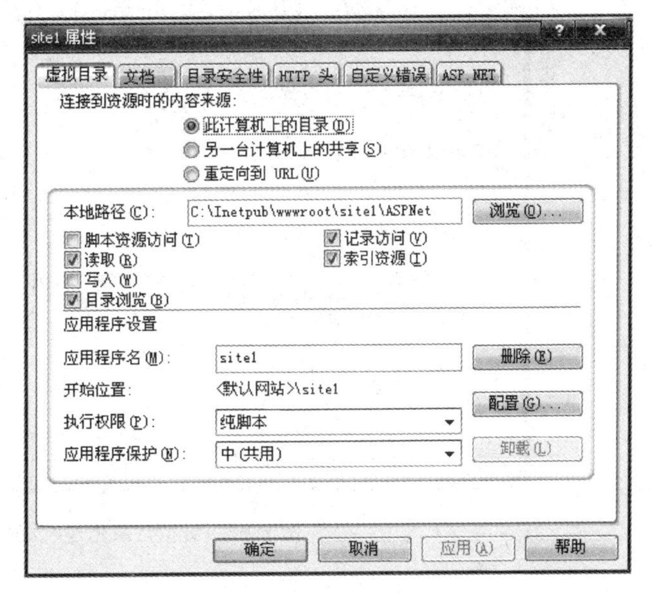

图 2.50　site1 快捷菜单　　　　图 2.51　“site1 属性”对话框

(14) 若要检查虚拟目录是否创建成功，打开浏览器，在地址栏中输入虚拟目录创建的路径和文件名，如输入 http://localhost/site1/index.asp，若虚拟目录创建成功，则显示如图 2.52 所示的页面信息，反之，若虚拟目录创建不成功，则显示如图 2.53 所示的页面信息。

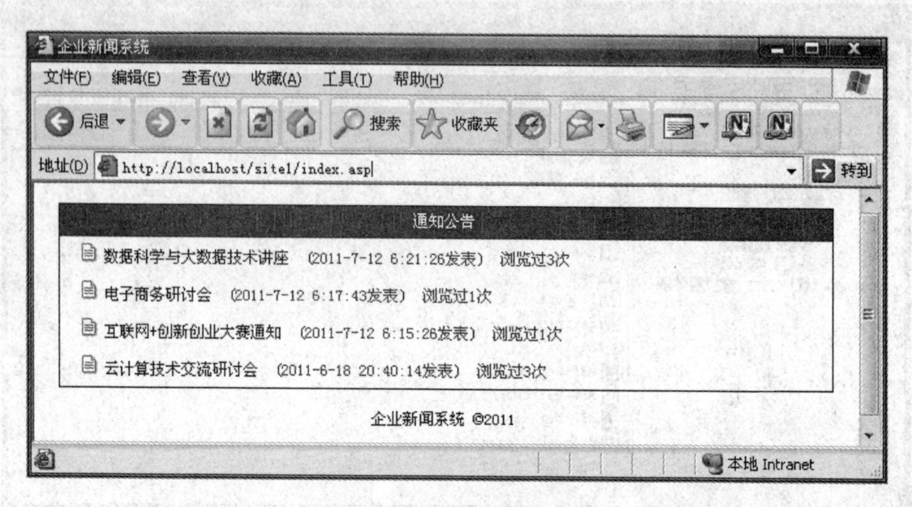

图 2.52 虚拟目录创建成功

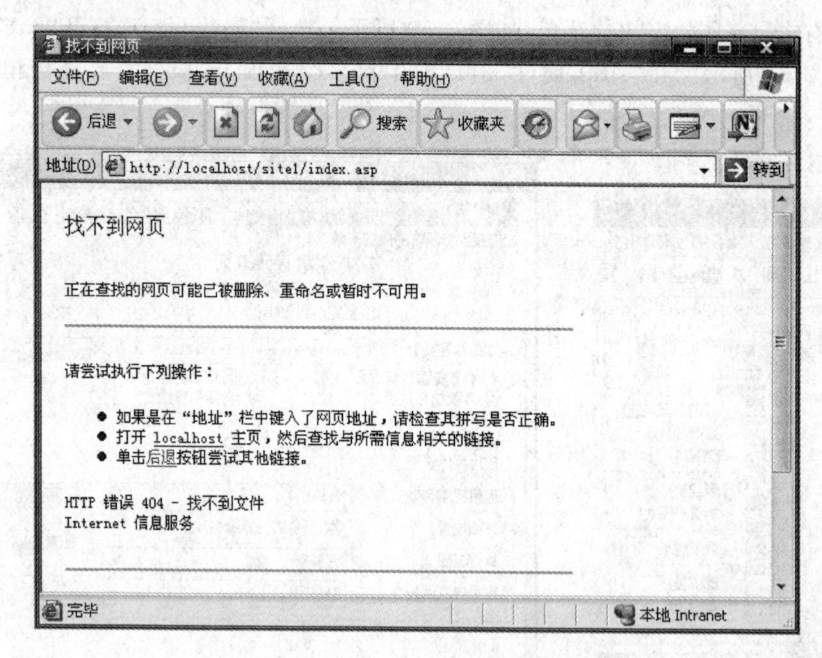

图 2.53 虚拟目录创建不成功

2. Windows 7 系统(64 位)下安装 IIS 及 Web 网站的创建

(1) 选择"开始"|"控制面板"命令，打开如图 2.54 所示的"控制面板"窗口。

(2) 单击"程序"图标，打开"程序和功能"窗口，如图 2.55 所示。在窗口左侧单击"打开或关闭 Windows 功能"按钮，打开"Windows 功能"窗口，如图 2.56 所示。

(3) 在"Windows 功能"窗口中展开"Internet 信息服务"|"Web 管理工具"，选中"IIS 管理控制台"选项，如图 2.57 所示。

图 2.54　“控制面板”窗口

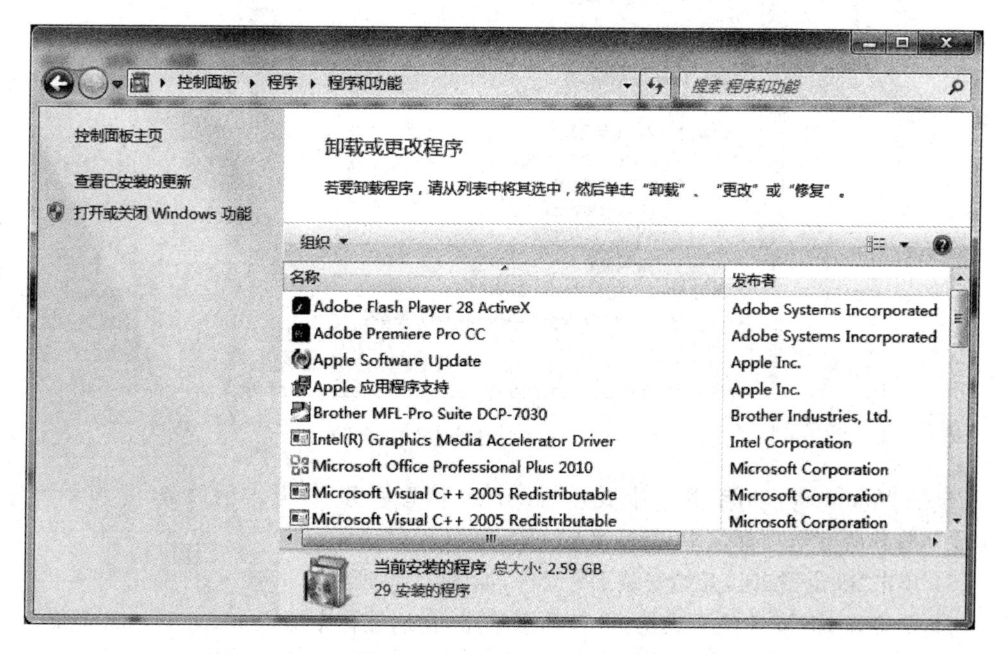

图 2.55　“程序和功能”窗口

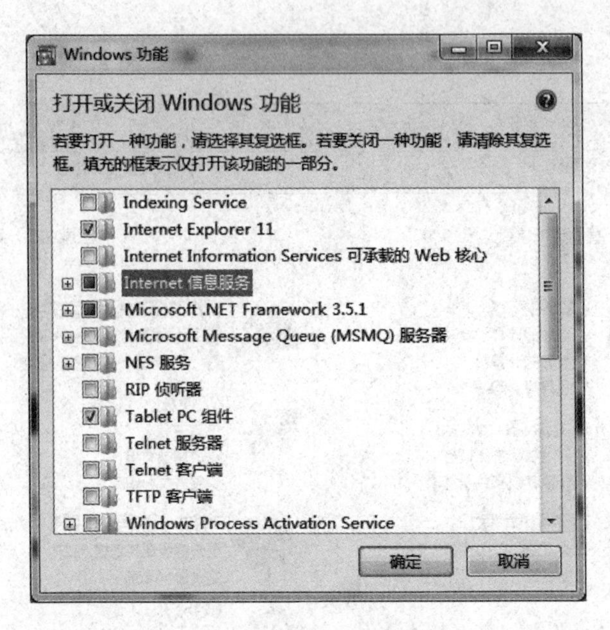

图 2.56 “Windows 功能”窗口

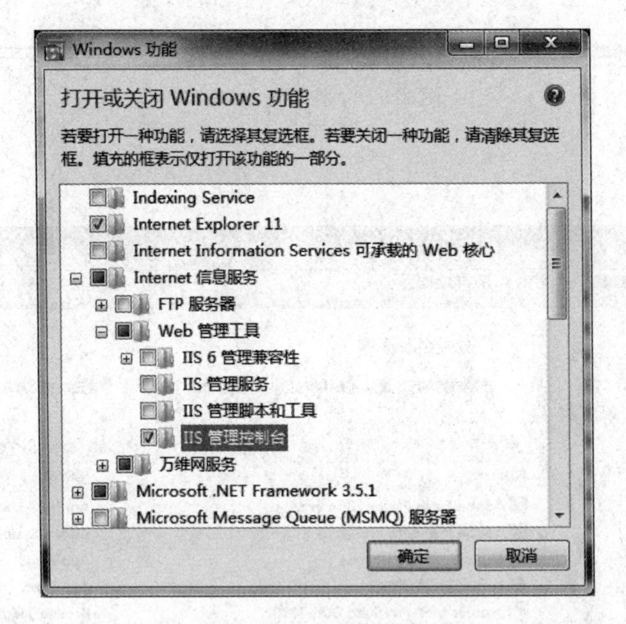

图 2.57 选中“IIS 管理控制台”

(4) 在“Windows 功能”窗口中展开“Internet 信息服务”|“万维网服务”|“应用程序开发功能”，将其所有选项都选中，如图 2.58 所示。

(5) 单击“确定”按钮，开始安装 IIS 组件，如图 2.59 所示。

(6) 要检查 IIS 安装是否成功，可打开浏览器，在地址栏中输入 http://localhost。

(7) 安装完成后，打开“所有控制面板项”窗口，在“查看方式”选项中选择“小图标”，如图 2.60 所示。单击“管理工具”图标，打开如图 2.61 所示的“管理工具”窗口。

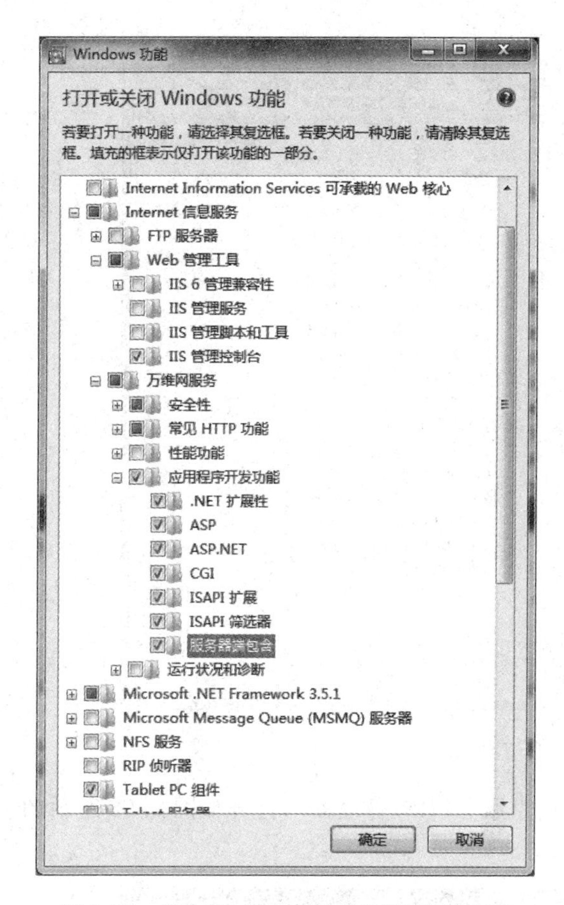

图 2.58　选中“应用程序开发功能”所有选项

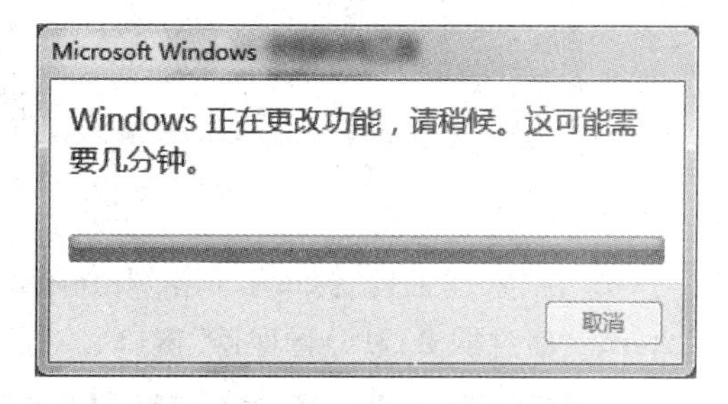

图 2.59　安装 IIS 组件进程

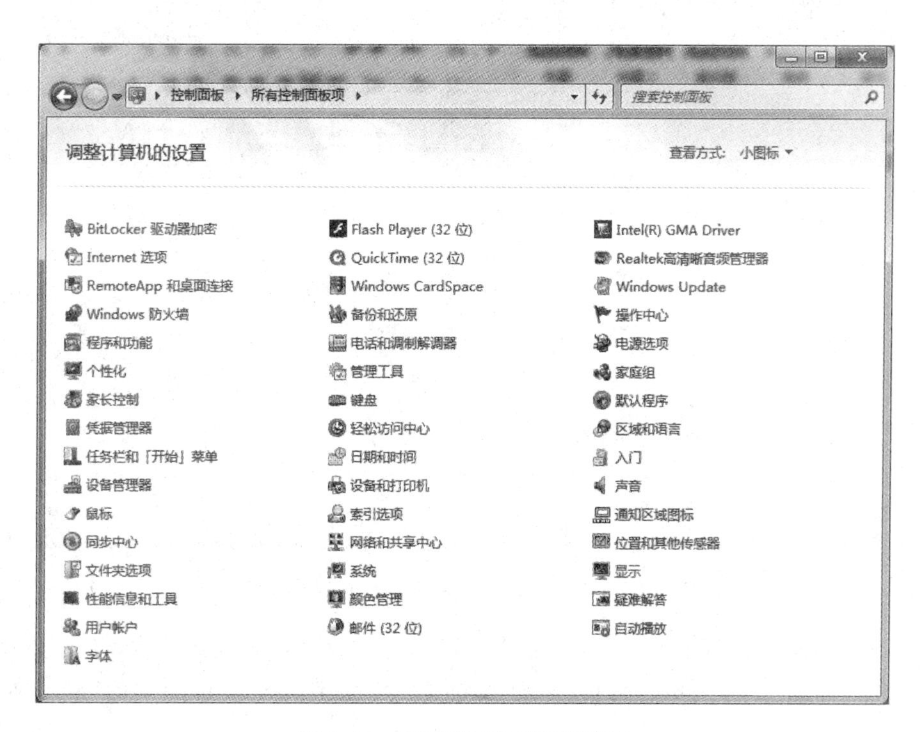

图 2.60　“所有控制面板项”窗口

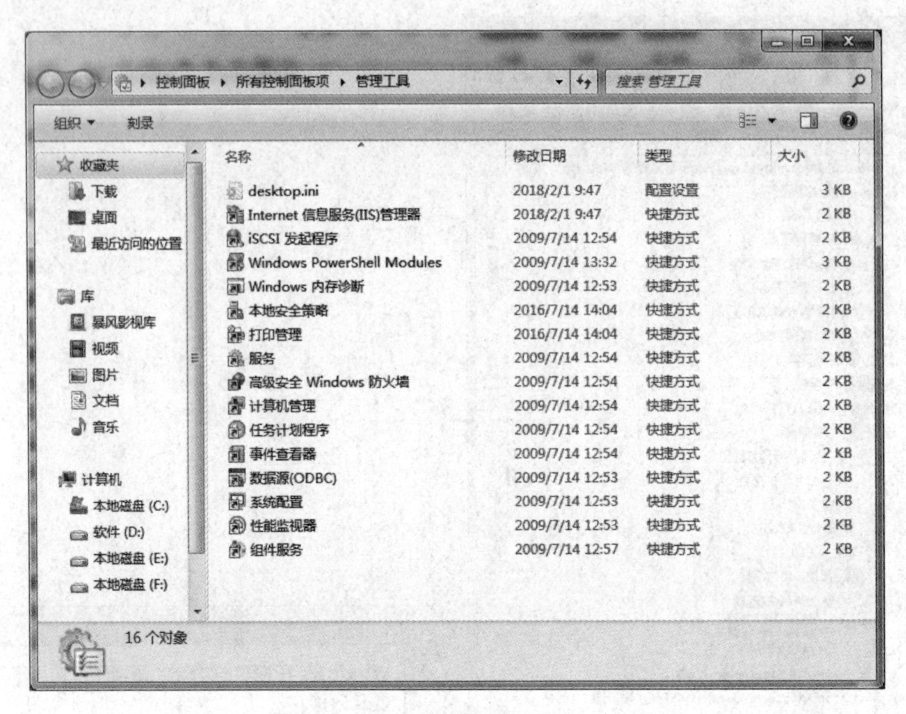

图 2.61 “管理工具”窗口

(8) 在“管理工具”窗口中双击“Internet 信息服务(IIS)管理器”，打开如图 2.62 所示的“Internet 信息服务(IIS)管理器”窗口。

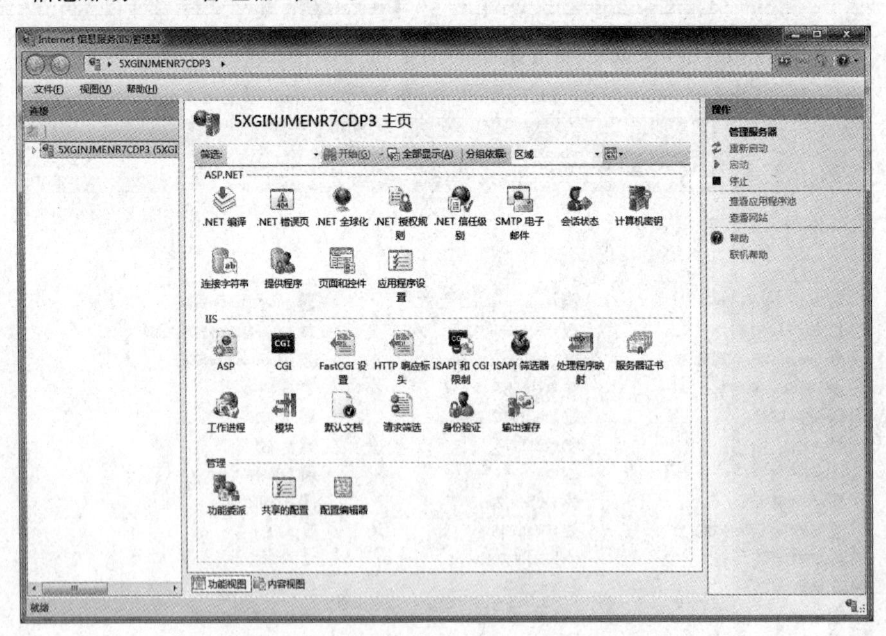

图 2.62 “Internet 信息服务(IIS)管理器”窗口

(9) 在“Internet 信息服务(IIS)管理器”窗口的左侧，展开本地服务器，右击“网站”，弹出快捷菜单，如图 2.63 所示。选择“添加网站”命令，打开如图 2.64 所示的“添加网站”对话框。

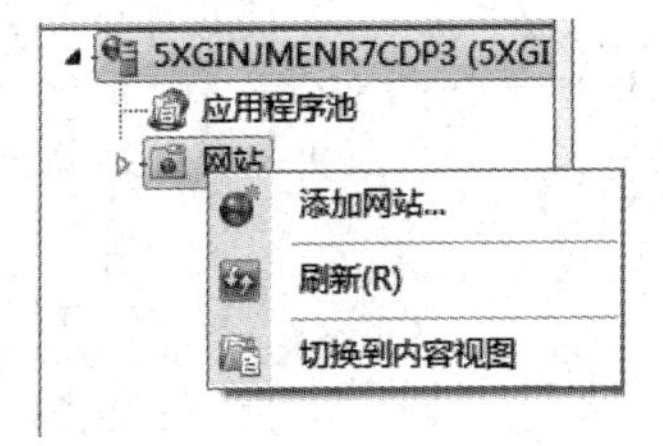

图 2.63　右击"网站"弹出的快捷菜单

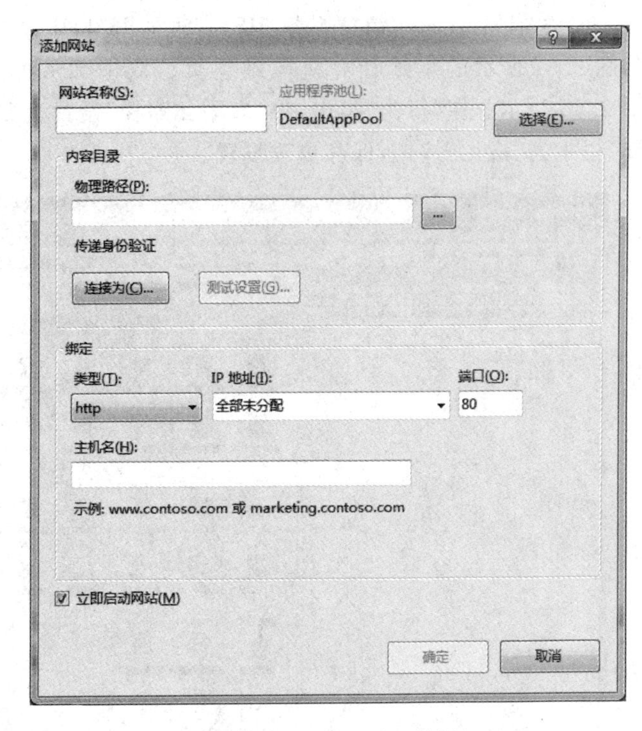

图 2.64　"添加网站"对话框

(10) 在"添加网站"对话框中输入如图 2.65 所示的内容。单击"确定"按钮,site1 网站添加完成,如图 2.66 所示。

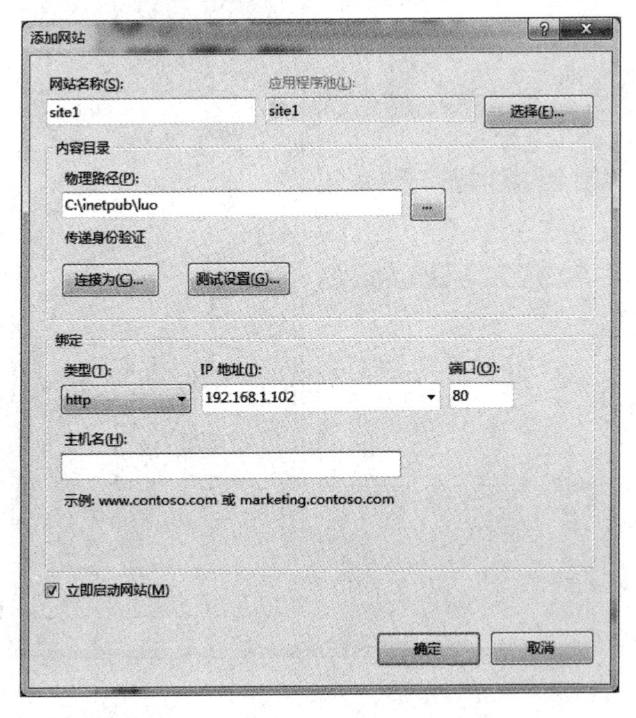

图 2.65　设置添加网站选项内容

图 2.66　网站添加完成

(11) 在“Internet 信息服务(IIS)管理器”窗口中单击左侧上方的本地计算机名称，打开如图 2.67 所示的本地计算机网站主页。双击 IIS 下的 ASP 图标，打开 ASP 属性页，如图 2.68 所示。在“行为”组中，将“启用父路径”设置为 True，如图 2.69 所示。单击右侧“操作”栏中的“应用”按钮，保存更改设置。

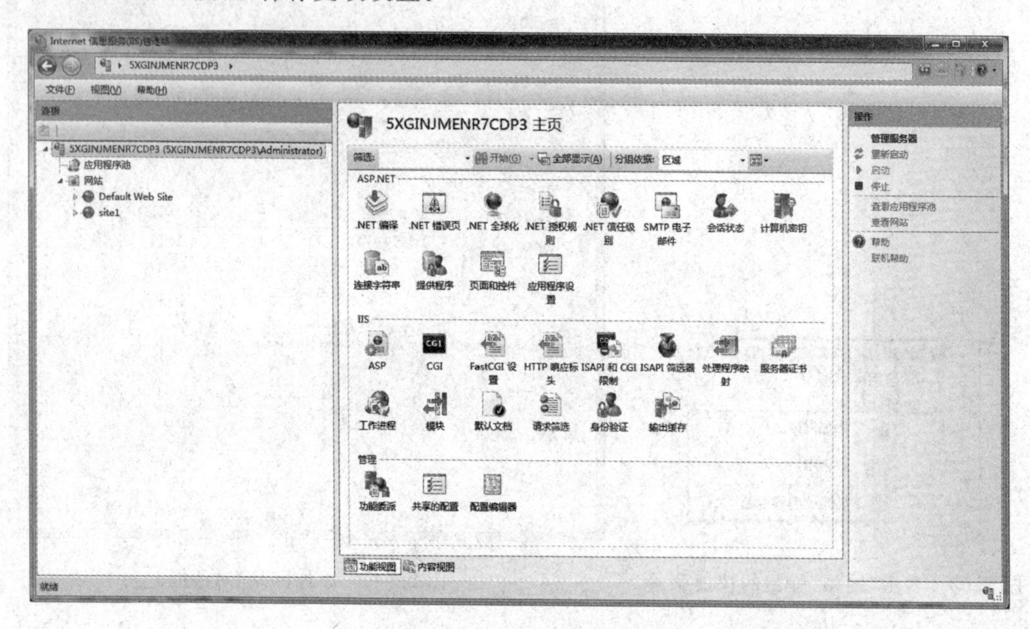

图 2.67　本地计算机网站主页

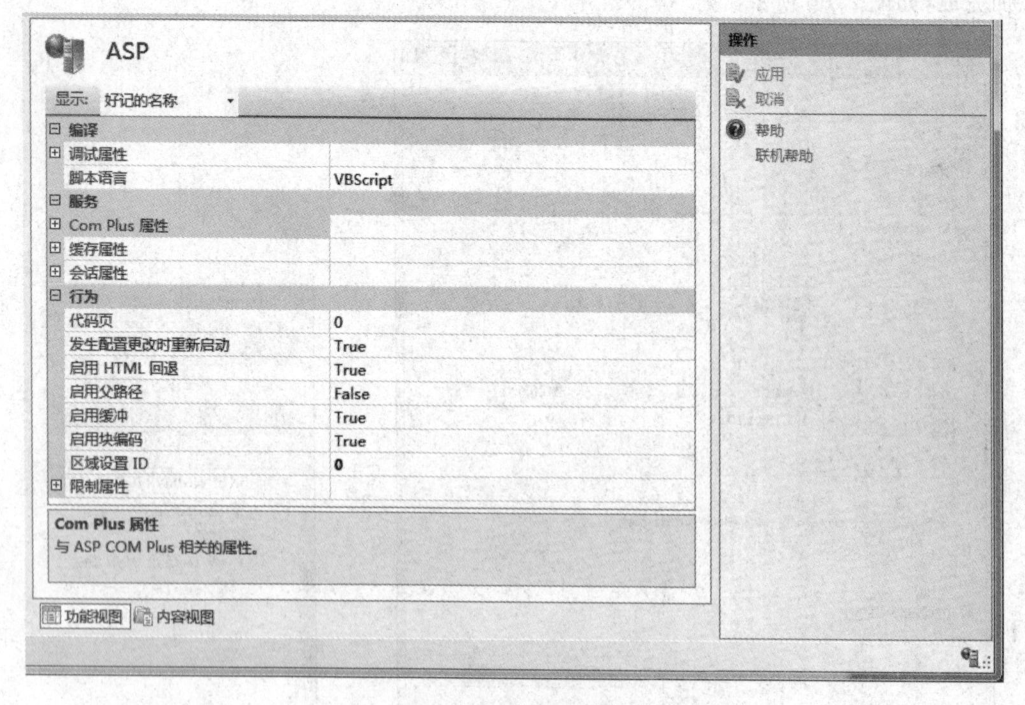

图 2.68　ASP 属性页

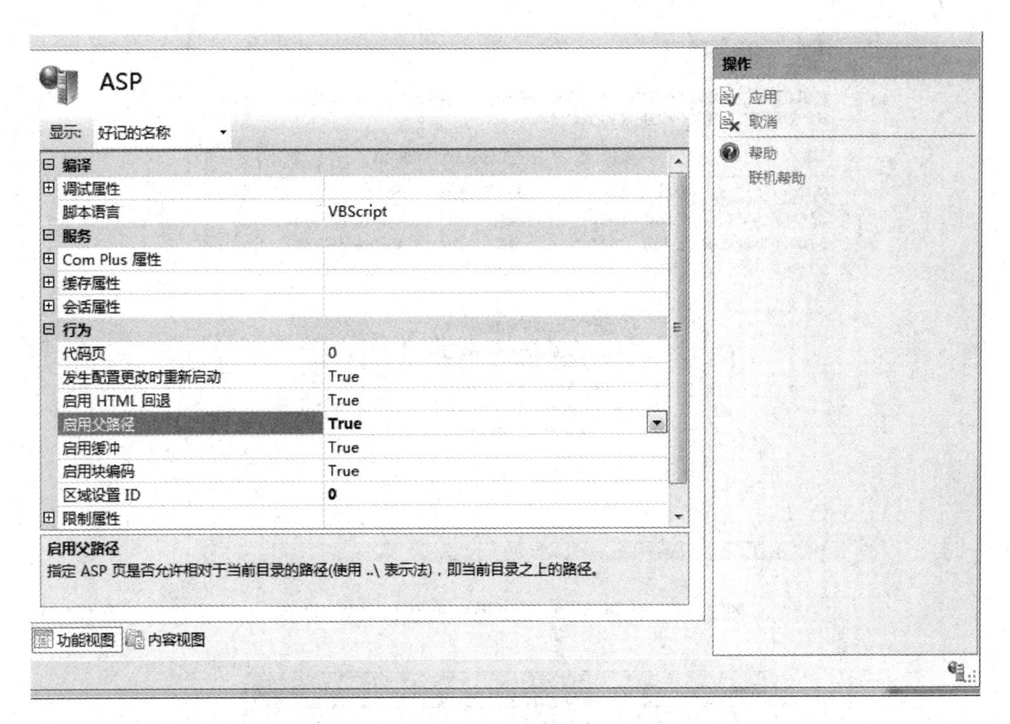

图 2.69　启用父路径

(12) 在"Internet 信息服务(IIS)管理器"窗口中单击左侧的"应用程序池"，打开如图 2.70 所示的"应用程序池"属性页。

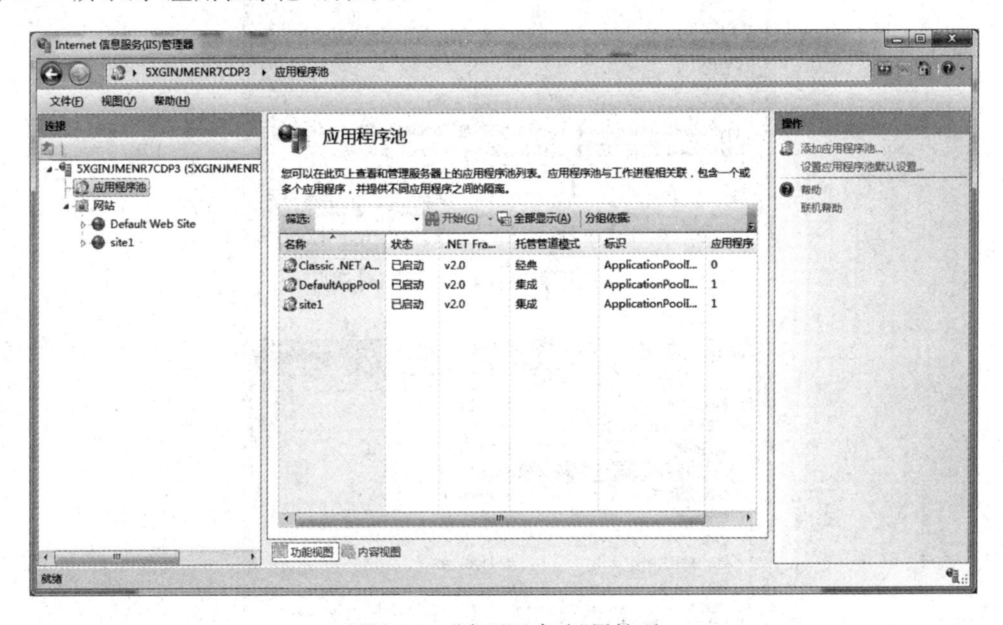

图 2.70　"应用程序池"属性页

(13) 在"应用程序池"属性页中右击，弹出快捷菜单，如图 2.71 所示。选择"设置应用程序池默认设置"命令，打开如图 2.72 所示的"应用程序池默认设置"对话框。将"(常规)"组中的"启用 32 位应用程序"设置为 True，如图 2.73 所示。单击"确定"按钮，完成保存。

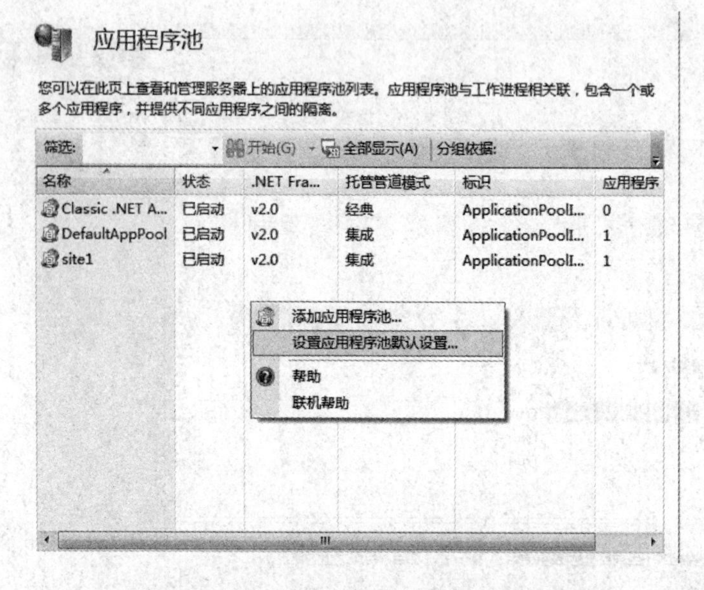

图 2.71　选择“设置应用程序池默认设置”命令

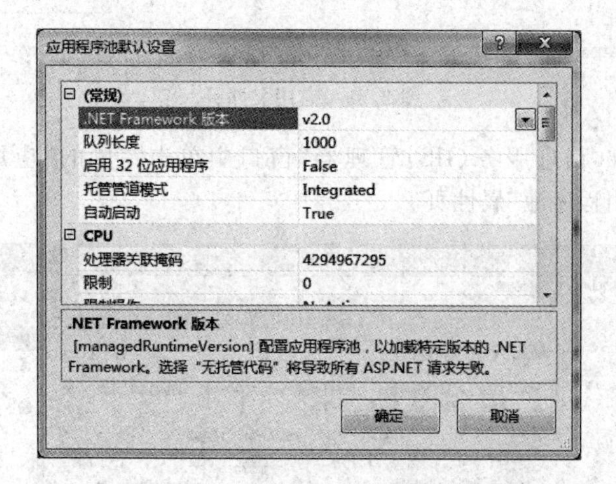

图 2.72　“应用程序池默认设置”对话框

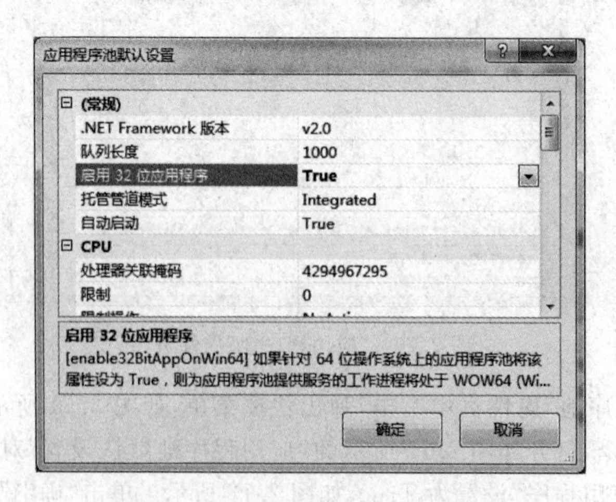

图 2.73　更改“启用 32 位应用程序”

(14) 若要检查网站是否创建成功,可打开浏览器,在地址栏中输入 http://192.168.1.102,按 Enter 键,如果显示如图 2.74 所示,表示网站可访问,网站创建成功;如果显示如图 2.75 所示,表示网站不可访问,网站创建不成功。

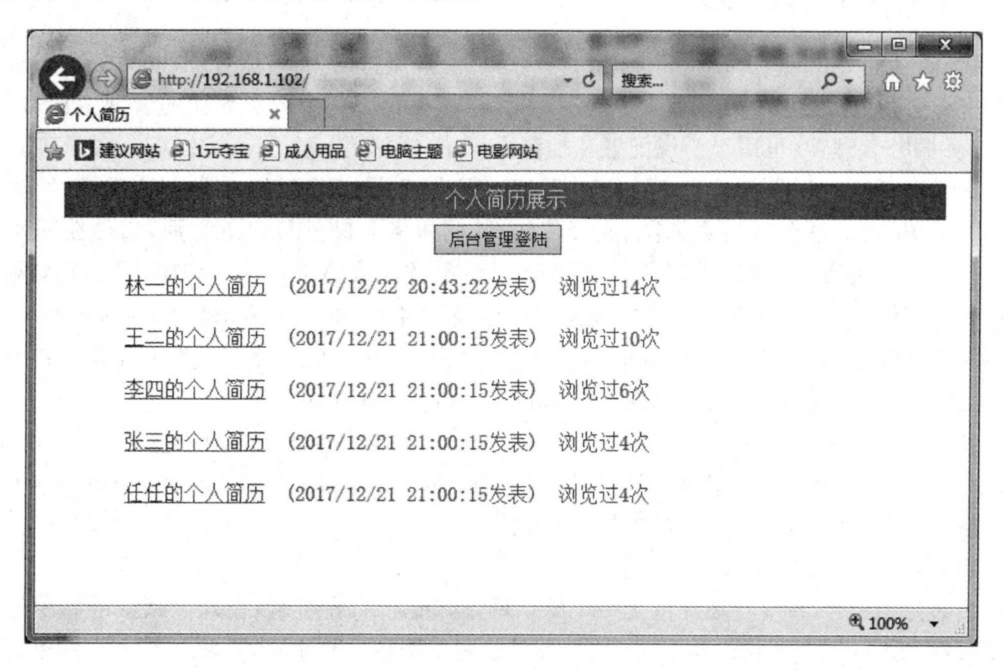

图 2.74　网站可访问

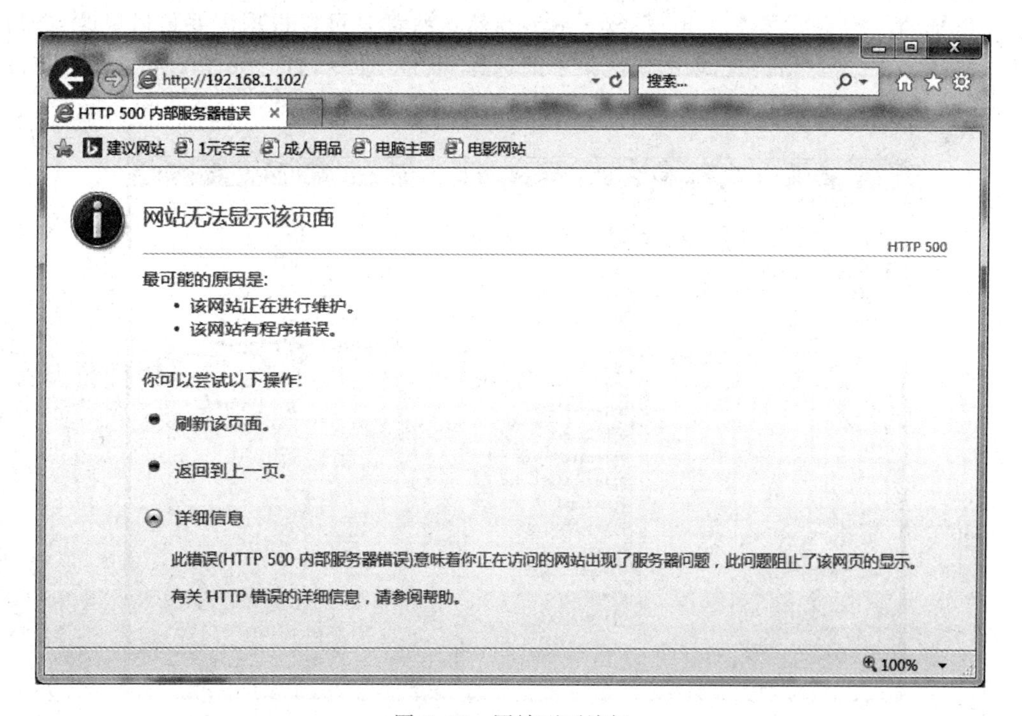

图 2.75　网站不可访问

二、知识学习

1. Internet 信息服务 IIS

IIS 的全称 Internet Information Server，是目前最流行的 Web 服务器产品之一，很多出名的中小型企业网站都是建立在 IIS 的平台上。IIS 提供了一个图形界面的管理工具，称为 Internet 服务管理器，可用于监视配置和控制 Internet 服务。

IIS 是一种 Web 服务组件，主要包括 WWW 服务器、FTP 服务器、NNTP 服务器和 SMTP 服务器，分别用于网页浏览、文件传输、新闻服务和邮件发送等方面，它使在网络上发布页面信息成为一件很容易的事情。要运行 ASP 程序或 ASP .NET 程序，需要为本地计算机安装 IIS 组件。Windows XP 操作系统中已经包含了 IIS 5.0，Windows Server 2005 操作系统中已经包含了 IIS 6.0，Windows 7 操作系统中也集成了 IIS 7.0。本地计算机安装上 IIS，就可以作为服务器，建立功能强大的 Internet 和 Intranet 站点了。

在 Windows XP、Windows 7 操作系统中安装 IIS 的操作流程已在本任务的"任务实现"中进行详细介绍，在此不再赘述。下面主要介绍在 Windows XP 操作系统和 Windows 7 操作系统中安装 IIS 出现的一些常用对话框选项。

(1) Windows XP 系统。

安装好 IIS 后，系统自动提供了一个默认网站，如图 2.76 所示，在这个默认网站中已提供了一些基本的站点文件。接下来，为这个默认网站准备一个主页，并将该主页文件放到默认网站的主目录下。如果没有改动，IIS 默认网站主目录的位置是在 C:\Inetpub\wwwroot 下，而系统默认的主页文件为 localstart. asp，当然这些都是可以根据需要再做更改。即在"默认网站"上右击，然后在出现的快捷菜单上选择"属性"命令，打开如图 2.77 所示的对话框。在这个对话框中可以对其中的各项参数进行重新设置。

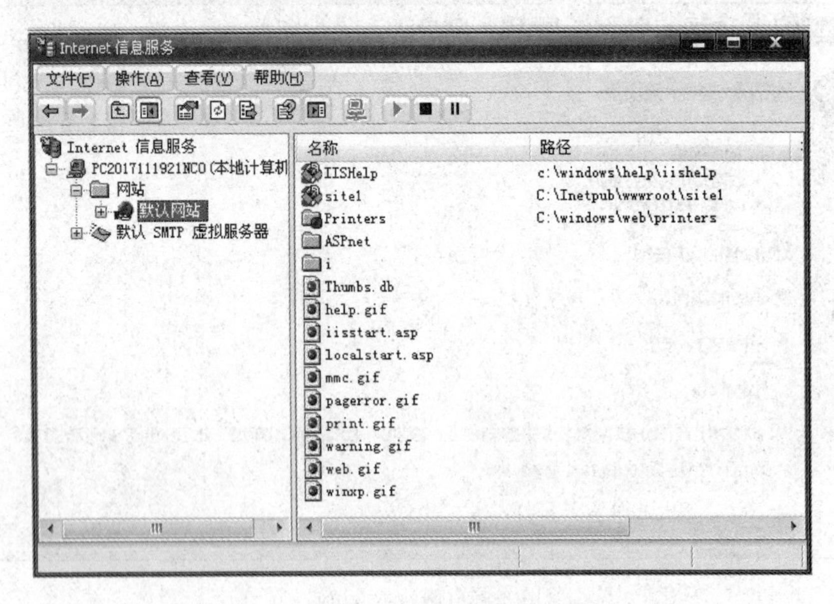

图 2.76　Windows XP 系统默认网站

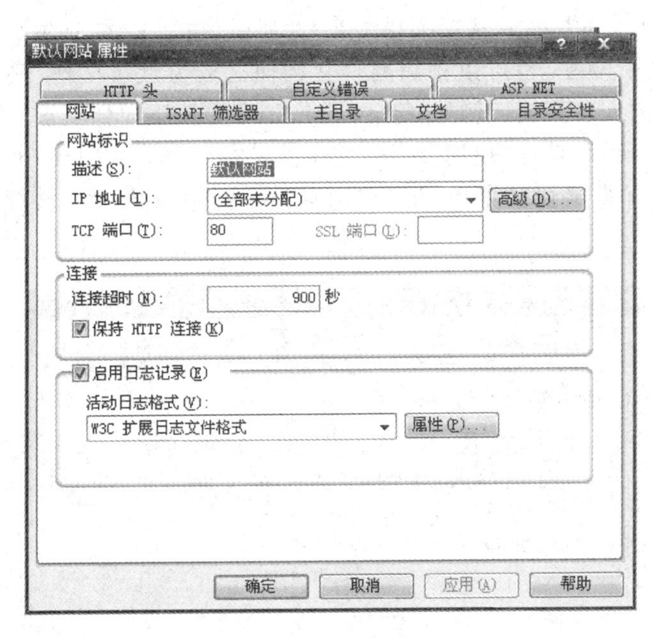

图 2.77　“默认网站 属性”对话框

① “网站”选项卡。在“网站标识”栏中可以输入网站的名称(默认名称为“默认网站”),设置 IP 地址(默认为未分配,如果本地计算机作为服务器,一般为本机网卡所设置的 IP 地址),设置 TCP 端口(默认为 80);在“连接”栏中可以设置访问网页连接超时时间(默认为 900 秒)和是否保持 HTTP 连接;是否要“启用日志记录”及活动日志格式的设置。

② “主目录”选项卡。“主目录”选项卡如图 2.78 所示。在“主目录”选项卡中可以设置连接到资源时的内容来源(默认为“此计算机上的目录”),设置本地路径(默认目录为 C:\inetpub\wwwroot)及访问权限(默认选中“读取”“记录访问”和“索引资源”)等。

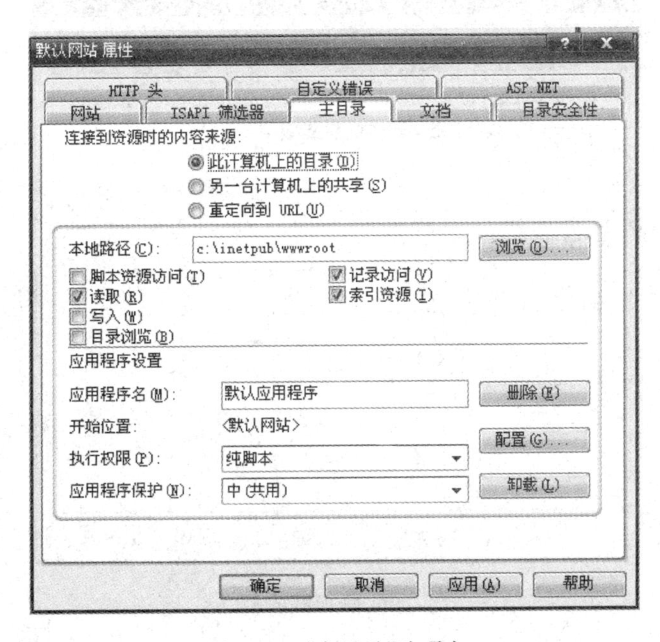

图 2.78　“主目录”选项卡

③“文档”选项卡。“文档”选项卡如图2.79所示。在“文档”选项卡中可以设置默认网站打开网页的先后顺序，也可以添加网页文档使之成为默认文档，默认文档常常称为首页，一般为网站的入口页面。例如，将gwmly.html文档添加到默认文档中并将其移到第一位，如图2.80所示，单击“应用”按钮，完成文档的添加。在“Internet信息服务”窗口中右击“默认网站”，弹出快捷菜单，选择“浏览”命令，显示添加的文档内容，如图2.81所示。

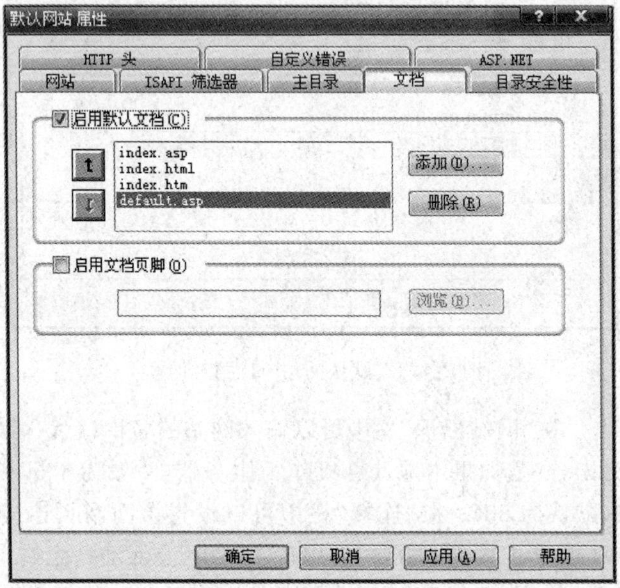

图2.79 “文档”选项卡

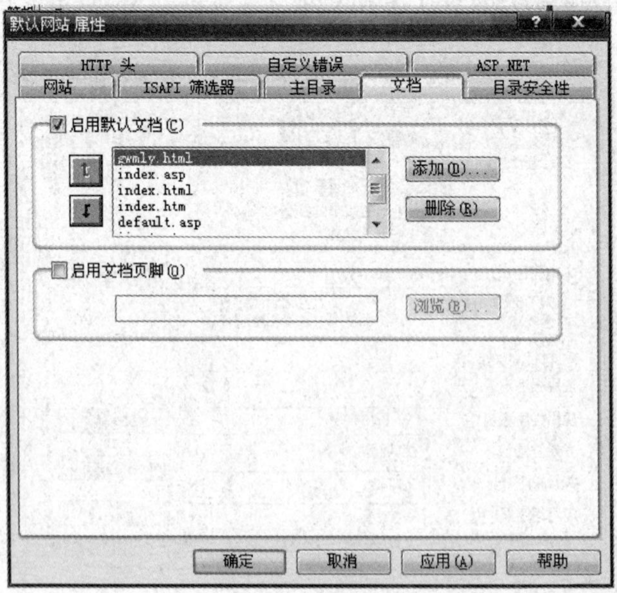

图2.80 添加默认文档

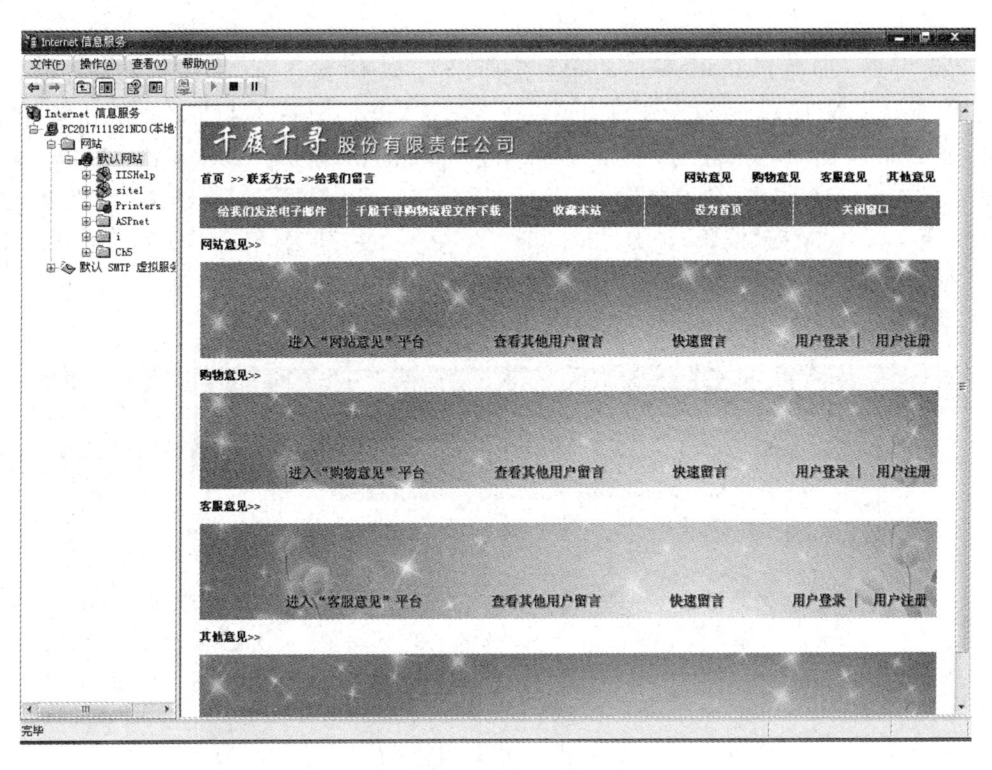

图 2.81　显示添加的文档

（2）Windows 7 系统。

安装好 IIS 后，系统自动提供了一个 Default Web Site 默认网站，如图 2.82 所示，在这个默认网站中已提供了一些基本的站点文件。接下来，为这个默认网站准备一个主页，并将该主页文件放到默认网站的主目录下。如果没有改动，IIS 默认网站主目录的位置是在

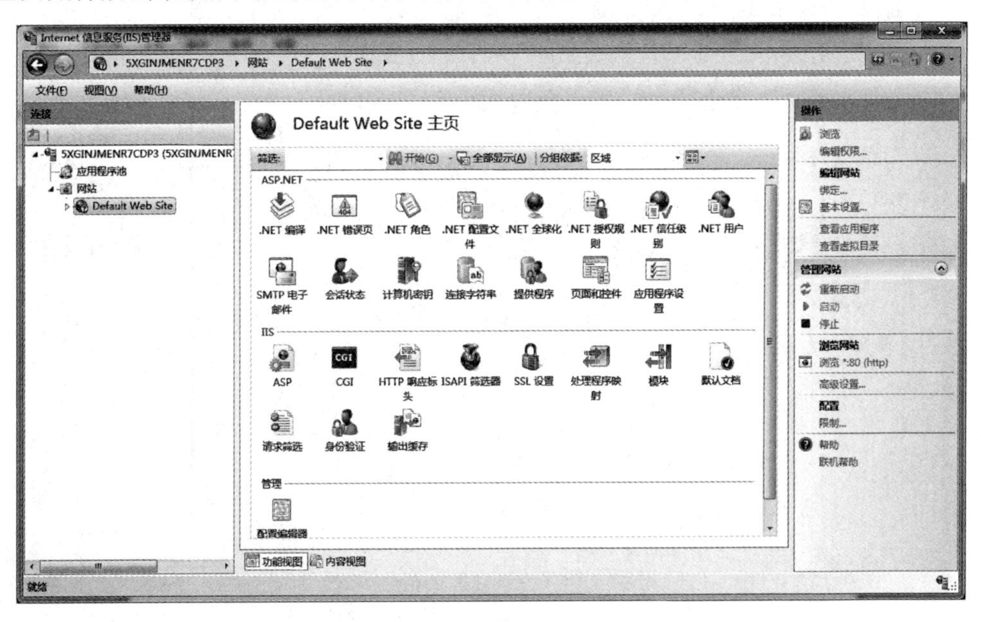

图 2.82　Windows 7 默认网站

C:\Inetpub\wwwroot 下,而系统默认的主页文件为 iisstart. htm,当然这些都是可以根据需要再做更改。即在 Default Web Site 主页的 IIS 下双击"默认文档"图标,打开如图 2.83 所示的"默认文档"窗口,在这个窗口中可以改变默认文档的顺序,也可以添加文档作为默认文档,新添加的文档默认放在第一位。例如,将 index. aspx 添加为默认文档,并浏览显示。首先,单击"操作"窗格中的"添加"按钮,打开如图 2.84 所示的"添加默认文档"对话框,输入 index. aspx,单击"确定"按钮,添加完成,如图 2.85 所示。其次,单击 Default Web Site 网站,返回 Default Web Site 主页,在"操作"窗格中的"浏览网站"下单击"浏览 * : 80(http)"按钮,显示添加文档 index. aspx 的内容,如图 2.86 所示。

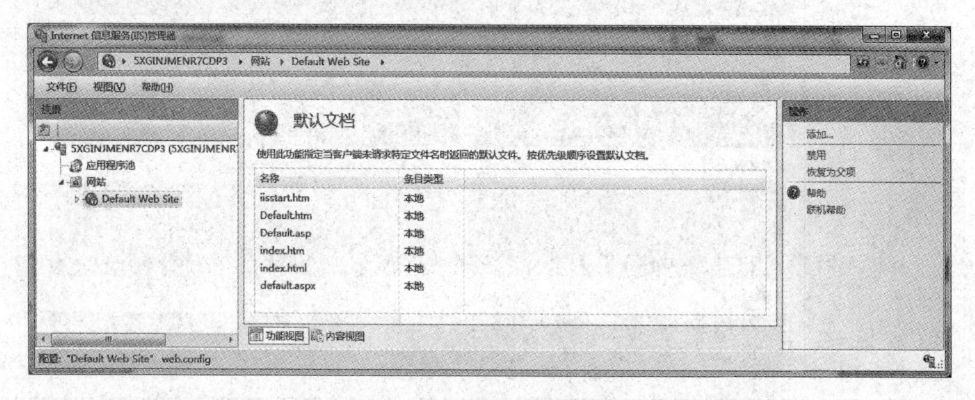

图 2.83 "默认文档"窗口

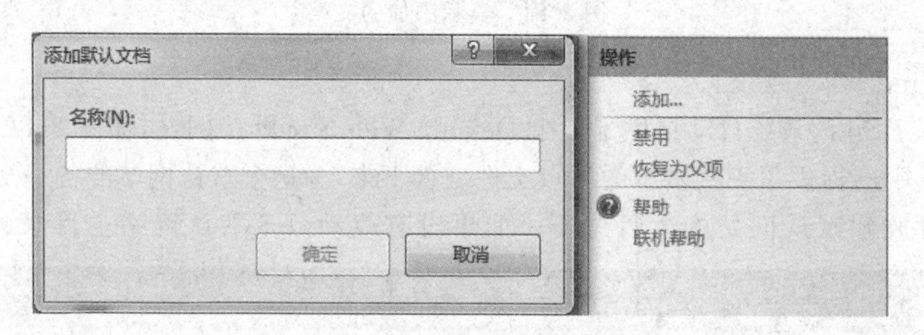

图 2.84 "添加默认文档"对话框

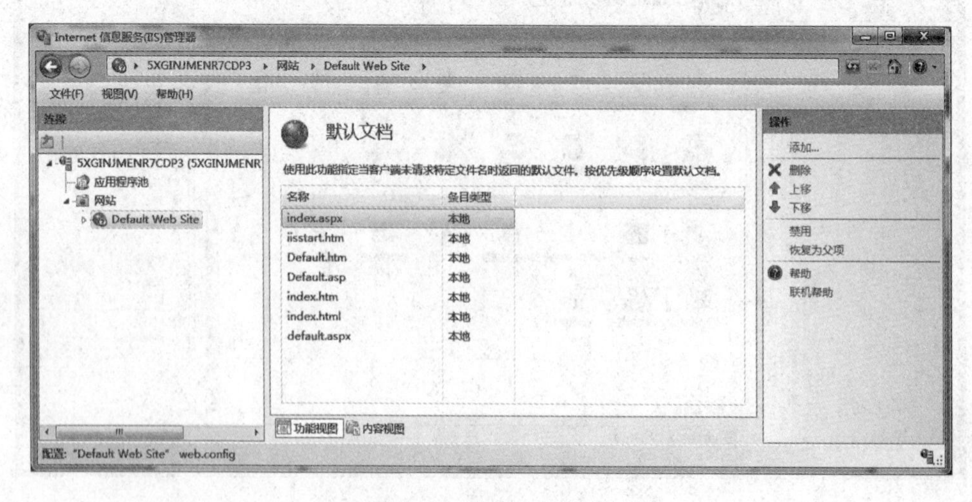

图 2.85 完成文档添加

图 2.86　显示添加文档内容

如果应用程序是在 Windows 7 32 位操作系统下开发的，而程序迁移到 Windows 7 64 位操作系统环境下运行，则需要在"应用程序池默认设置"中启用 32 位应用程序，即将"启用 32 位应用程序"的属性值改为 True。启用 32 位应用程序对话框如图 2.87 所示。

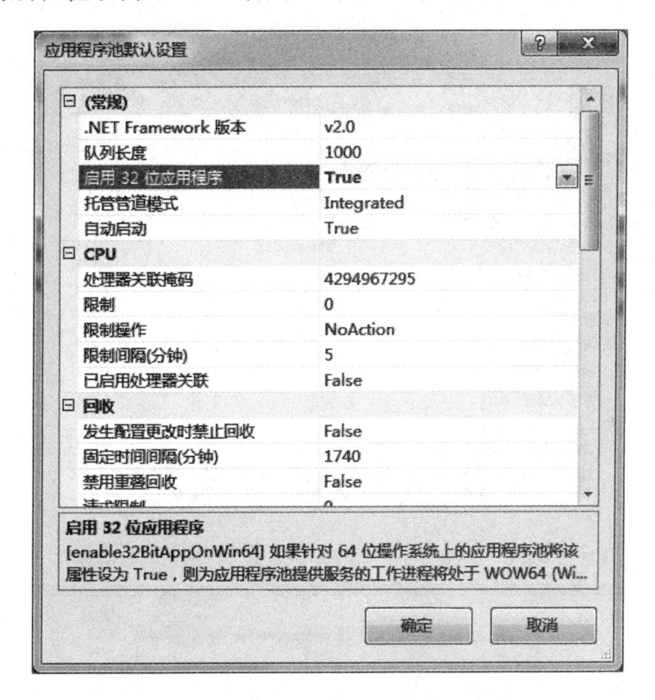

图 2.87　启用 32 位应用程序对话框

如果应用程序是在 .NET 4.0 环境下开发的，应将"应用程序池默认设置"中的 .NET Framework 版本改为 .NET 4.0 版本。图 2.88 所示为应用程序池 .NET Framework 2.0 版本。将其改为 .NET Framework 4.0 版本，如图 2.89 所示。

2. 虚拟目录

在本地计算机上创建网站，一般不会把网站保存在主目录下（安装 IIS 的默认位置），更多的情况是把网站放在其他目录下。例如将站点放在 D:\luo。此时，如果要发布网站，就需要建立虚拟目录。

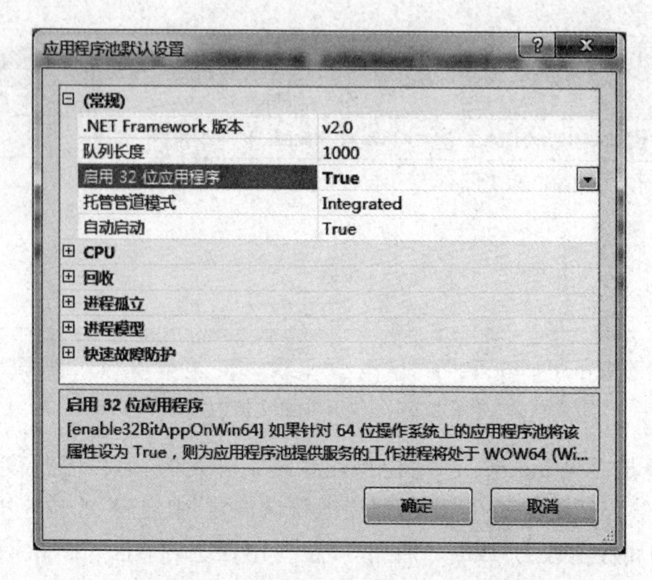

图 2.88 .NET Framework 2.0 版本

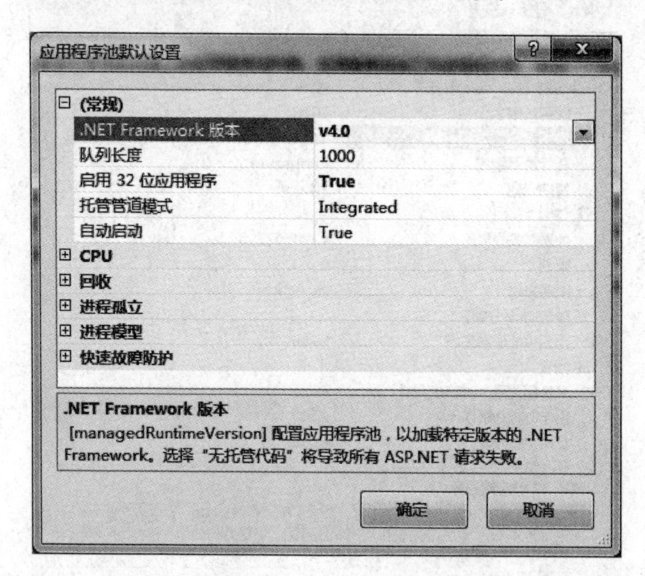

图 2.89 .NET Framework 4.0 版本

目录分为两种类型：一种是物理目录；另一种是虚拟目录。物理目录是位于计算机物理文件系统中的目录，它可以包含文件及其他目录。虚拟目录是在 IIS 中指定并映射到本地或远程服务器上的物理目录的目录名称。下面是 Windows 7 操作系统下建立虚拟目录的步骤。

(1) 打开"Internet 信息服务(IIS)管理器"窗口并右击 Default Web Site 站点，弹出快捷菜单，选择"添加虚拟目录"命令，弹出"添加虚拟目录"对话框，如图 2.90 所示，在"别名"文本框中输入 site1，在"物理路径"文本框中输入 F:\site1，如图 2.91 所示，或者单击物理路径右边的"…"按钮进行选择。

(2) 单击"确定"按钮，完成虚拟目录的创建，如图 2.92 所示。此时虚拟目录 site1 和物理路径 F:\site1 就建立了映射关系。

图 2.90　“添加虚拟目录”对话框

图 2.91　创建虚拟目录 site1

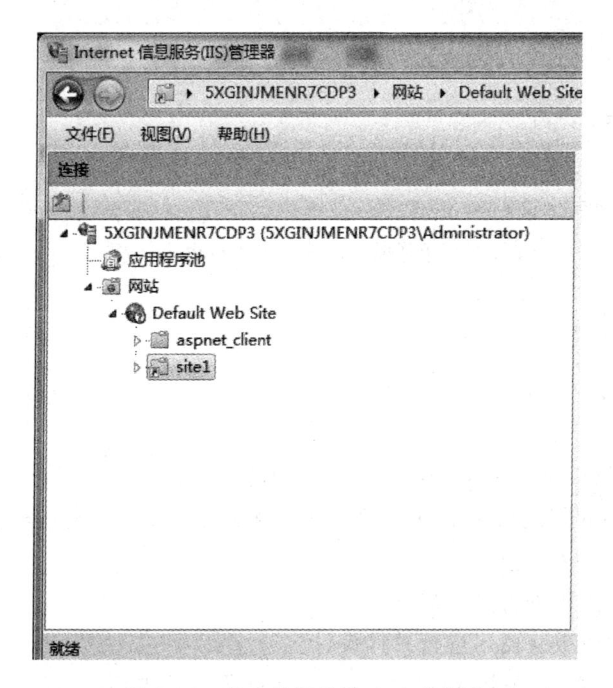

图 2.92　完成虚拟目录 site1 的创建

3. 访问网站

IIS 安装完成后，访问默认网站的地址为 http://localhost/网页文件名、http://127.0.0.1/网页文件名或者 http://本地计算机名/网页文件名。例如，访问默认网站 Default Web Site 下的 login.asp 文件，如图 2.93 所示。

创建虚拟目录后，访问网站的地址为 http://localhost/虚拟目录名/网页文件名、http://本地计算机 IP 地址/虚拟目录名/网页文件名或者 http://本地计算名/虚拟目录名/网页文件名。例如，访问虚拟目录 site1 下的 default.aspx 文件，如图 2.94 所示。

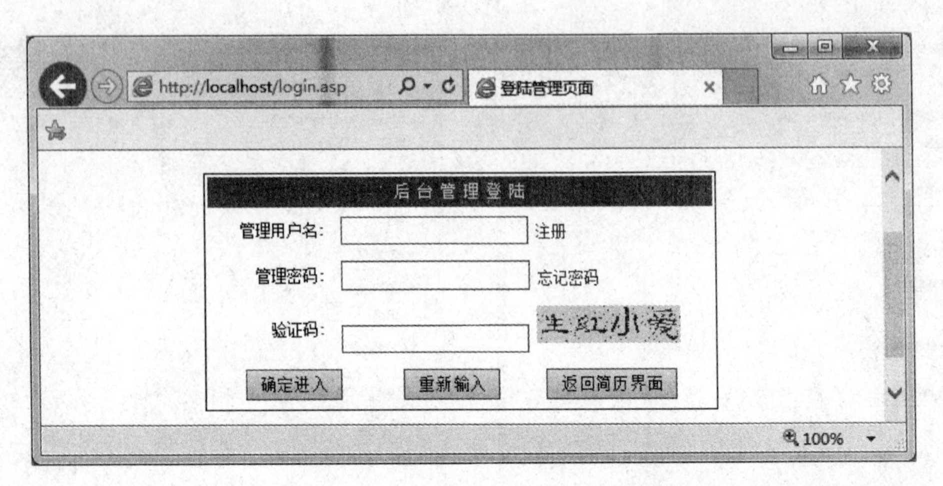

图 2.93 访问默认网站下的 login. asp 文件

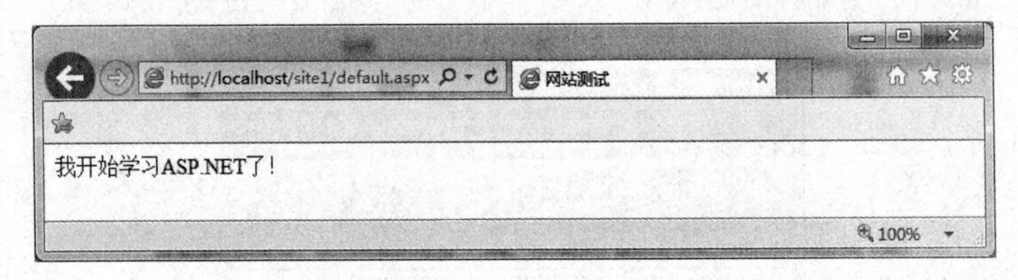

图 2.94 访问虚拟目录下的 default. aspx 文件

项目练习

一、实训题

1. 浏览酒圈网(http://www. jiuq. com)和梦露内衣(http://www. menglu. com)电子商务网站,分析它们的网站市场定位、竞争优势、网站内容规划和网站整体风格。

2. 设计一份网站调研报告。

3. 给一个服装商店进行栏目规划。

4. 给第 3 题中的服装商店进行总体设计。

5. 在自己的计算机(Windows 7 64 位)上配置 IIS 并建立虚拟目录,使用 http://localhost 访问默认网站和建立的虚拟目录。

二、练习题

1. 选择题

(1) 企业的 Logo 是指(　　)。

A. 网站标志　　B. 公司名字　　C. 导航栏　　D. 横幅广告

(2) 网站项目的可行性不包括(　　)。

A. 经济可行性　　B. 技术可行性

C. 社会环境可行性　　D. 地理位置

(3) 网站目录层次一般不要超过(　　)层。

A. 4　　B. 3　　C. 5　　D. 6

(4) 网站的前台设计功能不包括(　　)。

A. 商品分类　　B. 购物车　　C. 商品搜索栏　　D. 用户管理

(5) 网站正文的字体一般设置为(　　)。

A. 12px　　B. 14px　　C. 16px　　D. 18px

2. 填空题

(1) 一般建立网站的链接结构有________和________。

(2) 常见的版面布局结构有 T 字形结构、________、________、POP 形结构、变化型结构________和国字形结构。

(3) 网页正文的字体一般使用________,不要超过________字体。

(4) 可行性研究的目的是确定该网站是否________、是否________。

(5) 企业电子商务网站设计栏目的最基本任务是建立内容展示框架,具体要确定哪些是________栏目、哪些________栏目,并建立栏目的层次结构。

3. 简答题

(1) 简述电子商务网站调研的一般步骤。

(2) 简述电子商务网站的一般购物流程。

(3) 简述在 Windows XP 和 Windows 7 操作系统下安装 IIS 的基本步骤。

(4) 简述什么是虚拟目录,怎样访问虚拟目录。

(5) 如果应用程序在 Windows 7 32 位操作系统的 .NET 4.0 环境下开发,且 .NET Framework 版本为 .NET 4.0,要将其应用程序迁移到 Windows 7 64 位操作系统环境下运行,应如何设置 IIS 的选项?

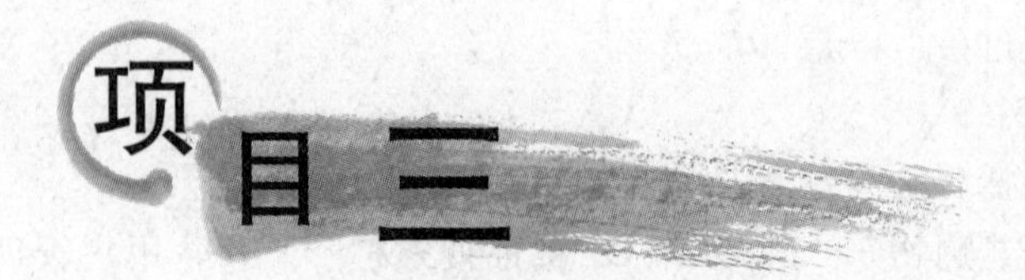

项目三 电子商务网站的平台搭建

项目学习目标

1. 了解电子商务网站Web服务器的配置方案；
2. 了解电子商务网站的开发方式与开发流程；
3. 掌握网站上传工具的使用。

项目任务

- **任务1　网络操作系统、开发技术与Web服务器的搭配**

本任务的目标是通过对不同操作系统，不同Web服务器软件等性能的比较和网站项目开发的实际情况，选择一种适合Web服务器的搭建平台。

- **任务2　网上书店网站的上传与浏览**

本任务的目标是使用上传工具软件对网站进行上传并访问浏览，同时熟悉对网站上传的操作流程。

任务1　网络操作系统、开发技术与Web服务器的搭配

一、任务实现

常见的操作系统与Web服务器的搭配有以下几种。

(1) 如果服务器安装的是Linux操作系统，开发语言是Java，建议使用Linux＋Apache＋Java＋MySQL方案。

(2) 如果服务器安装的是Linux操作系统，开发语言是JSP，建议使用Linux＋Apache＋JSP＋SQL Server方案。

(3) 如果服务器安装的是UNIX操作系统，开发语言是PHP，建议使用Unix＋WebSphere＋PHP＋MySQL方案。

(4) 如果服务器安装的是Windows系列操作系统，开发语言是ASP、ASP .NET或PHP，建议使用Windows Server 2003/2008＋IIS＋ASP/ASP .NET/PHP＋SQL Server方案。

二、知识学习

1. 服务器的选择方式

一个网站至少要有一台服务器用来存放和管理网站信息。那么网站需要什么样的服务器和放在什么地方，应根据实际情况来进行选择。服务器的选择方案有以下几种。

1）虚拟主机

虚拟主机即通常所谓的租用ISP(Internet Service Provider)硬盘空间，指在ISP的一台服务器上分出一定的磁盘空间，用户可以租用此部分空间作为一台虚拟主机，以供放置站点及应用组件，用户不用管理和维护租用的虚拟主机。虚拟主机一般适用于中小型企业。

2）服务器托管

服务器托管是指为了提高网站的访问速度，将用户的服务器及相关设备托管到具有完善机房设施、高品质网络环境、丰富带宽资源和运营经验以及可对用户的网络和设备进行实时监控的网络数据中心内，使系统达到安全、可靠、稳定、高效运行的目的。托管的服务器由客户自己进行维护，即由用户自行购买服务器设备并放到ISP运营商的IDC机房。服务器托管一般适用于大中型企业。

3）主机租用

主机租用是指由服务器租用公司提供硬件，负责基本软件的安装、配置，负责服务器上基本服务功能的正常运行，让用户独享服务器的资源，并服务其自行开发运行的程序。

4）自建主机

企业开展电子商务也可自己购买服务器，这种方式称为自建主机方式。自建主机需要配备专业人员，申请专线，购买服务器、路由器等硬件设备，并自行安装相应的网络操作系统，开发使用Web程序，设定Internet服务的各项功能，包括DNS服务器及WWW服务器、FTP服务器等相关设置。其优点是可以自由设置功能、自由使用软件，不受ISP的限制；缺点是需要有技术水平的管理人员，投入资金较大。

2. 网络操作系统

1）UNIX系统

UNIX操作系统是一个强大的多用户、多任务操作系统，支持多种处理器架构。按照操作系统的分类，它属于分时操作系统。它可以应用在从巨型计算机到普通PC等多种不同的平台上，是应用面最广、影响力最大的操作系统。

UNIX操作系统有商业版和免费版两种：商业版的UNIX操作系统需要收费，价格比Microsoft Windows正版贵；免费版的不收费，例如NetBSD等。

UNIX系统的特点如下。

- UNIX系统是一个多用户、多任务的分时操作系统。
- UNIX系统由操作系统内核、系统调用和应用程序组成。
- UNIX系统大部分是由C语言编写的，使得系统易读、易修改、易移植。
- UNIX提供了丰富的系统调用，整个系统的实现十分紧凑、简洁。

- UNIX 提供了功能强大的可编程 Shell 语言(外壳语言)作为用户界面。
- UNIX 系统采用树状目录结构,具有良好的安全性、保密性和可维护性。
- UNIX 系统采用进程对换(Swapping)的内存管理机制和请求调页的存储方式,实现了虚拟内存管理,大大提高了内存的使用效率。
- UNIX 系统具有多种通信机制功能。

2) Linux 系统

Linux 是一个可免费使用的多用户、多任务、支持多线程和多 CPU 的操作系统,功能类似于 UNIX 系统,能运行主要的 UNIX 系统工具软件、应用程序和网络协议,支持 32 位和 64 位硬件。Linux 继承了 UNIX 以网络为核心的设计思想,是一个性能稳定的多用户网络操作系统。

Linux 系统的特点如下。

- Linux 系统完全免费。
- Linux 系统是一个多用户、多任务的分时操作系统。
- Linux 系统具有字符界面和图形界面两种。
- Linux 系统可以运行在多种硬件平台上,易于移植。
- Linux 系统具有良好的安全性、保密性和可维护性。
- Linux 系统具有强大的网络功能。

3) Windows Server 2008

Windows Server 2008 是一个单用户多任务操作系统,是专为强化下一代网络、应用程序和 Web 服务的功能而设计,能够根据使用者的需要,以集中或分布的方式处理各种服务器角色。Windows Server 2008 具有更高的可靠性、安全性和实用性。

Windows Server 2008 的特点如下。

- 高可靠性:提供具有基本价值的 IT 架构,包括一个兼具内置的、传统的应用服务器功能和广泛的操作系统功能的应用系统平台,集成了信息工作基础架构,从而保护企业信息的安全。
- 高效性:提供灵活易用的工具。
- 连接性:提供集成的 Web 服务器 IIS 7.0 和流媒体服务。
- 虚拟化技术:可以帮助企业降低成本,提高硬件利用率,优化基础设施,并提高服务器可用性。
- 故障转移集群:(前身为服务器集群,是一组一起工作能使应用程序和服务达到高可用性的独立服务器)能简化集群,使其更安全,提高集群的稳定性。
- 强大的界面交互并与 Microsoft Office System 高度集成。集成任意数据,提供相关信息,提升信息的洞察力。

3. Web 服务器软件

Web 服务器也称为 WWW(World Wide Web,即万维网)服务器,是一个软件,用于管理 Web 页面,并使这些页面通过本地网络或 Internet 供访客浏览器使用。Web 服务器软件驻留于服务器上的程序,通过 Web 浏览器与客户进行交互。常用的 Web 服务器软件有以下几种。

1) IIS

IIS是Internet Information Services缩写。IIS是允许在公共Intranet或Internet上发布信息的Web服务器。IIS是目前最常用的Web服务器产品之一，很多企业网站都是建立在IIS的平台之上。IIS提供了一个图形界面的管理工具，称为Internet服务管理器，可用于监视配置和控制Internet服务。

IIS是一种Web服务组件，其中包括Web服务器、FTP服务器、NNTP服务器和SMTP服务器，分别用于网页浏览、文件传输、新闻服务和邮件发送等方面，使得在网络上发布页面信息成为很容易的事。

2) Apache

Apache的全称是Apache HTTP Server。Apache是一个开放源码的网页服务器，可以在大多数计算机操作系统中运行。由于其多平台和安全性被广泛使用，因此是最流行的Web服务器端软件之一。它快速、可靠并且可通过简单的API扩展，将Perl/Python等解释器编译到服务器中。它可以运行在UNIX、Linux、Windows等操作系统平台上。

3) Tomcat

Tomcat是一个免费的开放源代码的Web应用服务器，属于轻量级应用服务器，是开发和调试JSP程序的首选。当在一台计算机上配置好Apache服务器时，可利用它响应HTML页面的访问请求。实际上Tomcat是Apache服务器的扩展，运行时它是作为一个与Apache独立的进程单独运行的。

4) IBM WebSphere

WebSphere是电子商务时代最主要的软件平台，可用于开发、部署和整合新一代的电子商务应用。它支持简单的网页内容和商业网站页面的发布。WebSphere可以创建电子商务站点，并能把应用扩展到移动设备，通过整合已有的应用提供自动业务流程。

任务2　网上书店网站的上传与浏览

一、任务实现

1. 免费空间申请

(1) 打开浏览器，输入http://free.3v.do，按Enter键，打开如图3.1所示的免费空间申请网站。

(2) 单击导航栏中的“免费注册”按钮，进入注册页面，如图3.2所示。填写注册需要的相关信息，单击“提交”按钮，弹出注册成功对话框，如图3.3所示。单击“确定”按钮，进入如图3.4所示的会员信息页面。在“账户信息”栏中已列出注册的用户名(mysite1)和申请免费空间的域名(http://mysite1.usa3v.net)。

(3) 在会员信息页面中的左侧单击“FTP管理”按钮，显示出FTP信息，如图3.5所示。

(4) 单击“返回首页”按钮，在“会员登录”栏中输入注册的用户名、密码和系统自动提供的验证码，如图3.6所示。单击“登录”按钮，即可再进入会员信息页面，如图3.4所示。

图 3.1　free. 3v. do 网站

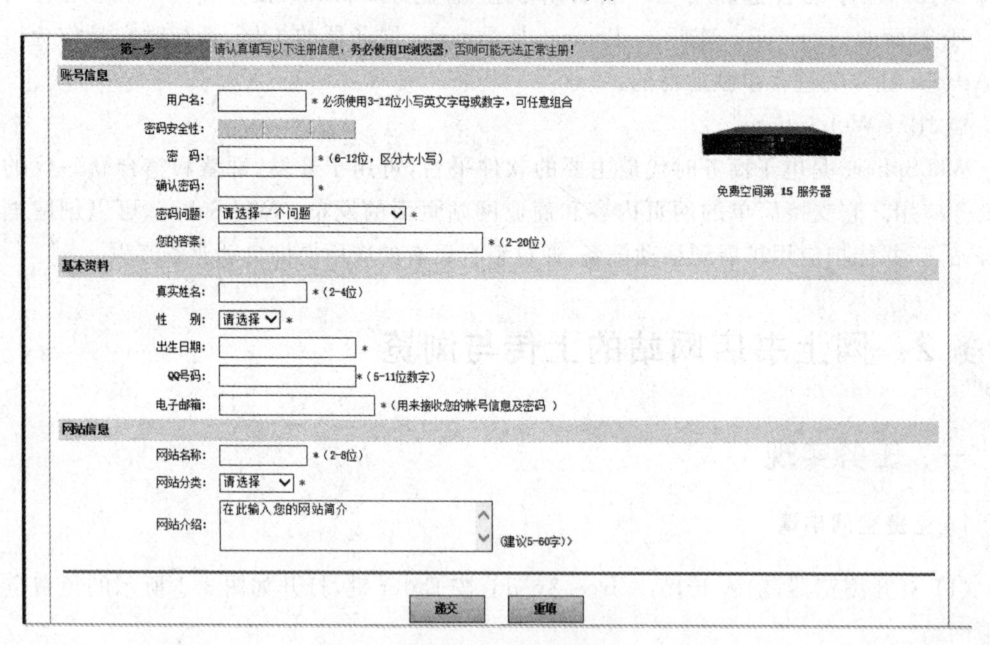

图 3.2　注册页面

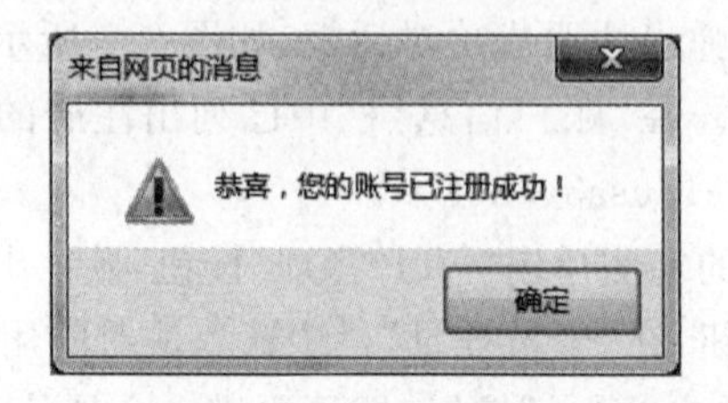

图 3.3　注册成功对话框

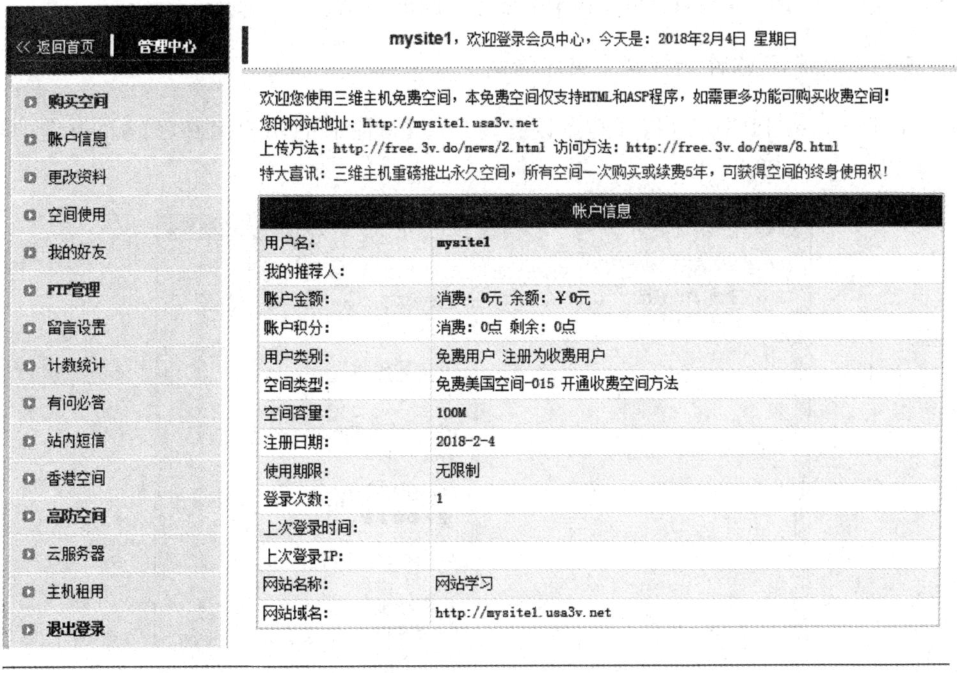

<< 返回首页 | 管理中心

购买空间
账户信息
更改资料
空间使用
我的好友
FTP管理
留言设置
计数统计
有问必答
站内短信
香港空间
高防空间
云服务器
主机租用
退出登录

mysite1，欢迎登录会员中心，今天是：2018年2月4日 星期日

欢迎您使用三维主机免费空间，本免费空间仅支持HTML和ASP程序，如需更多功能可购买收费空间！
您的网站地址：http://mysite1.usa3v.net
上传方法：http://free.3v.do/news/2.html 访问方法：http://free.3v.do/news/8.html
特大喜讯：三维主机重磅推出永久空间，所有空间一次购买或续费5年，可获得空间的终身使用权！

帐户信息	
用户名：	mysite1
我的推荐人：	
账户金额：	消费：0元 余额：¥0元
账户积分：	消费：0点 剩余：0点
用户类别：	免费用户 注册为收费用户
空间类型：	免费美国空间-015 开通收费空间方法
空间容量：	100M
注册日期：	2018-2-4
使用期限：	无限制
登录次数：	1
上次登录时间：	
上次登录IP：	
网站名称：	网站学习
网站域名：	http://mysite1.usa3v.net

图 3.4　会员信息页面

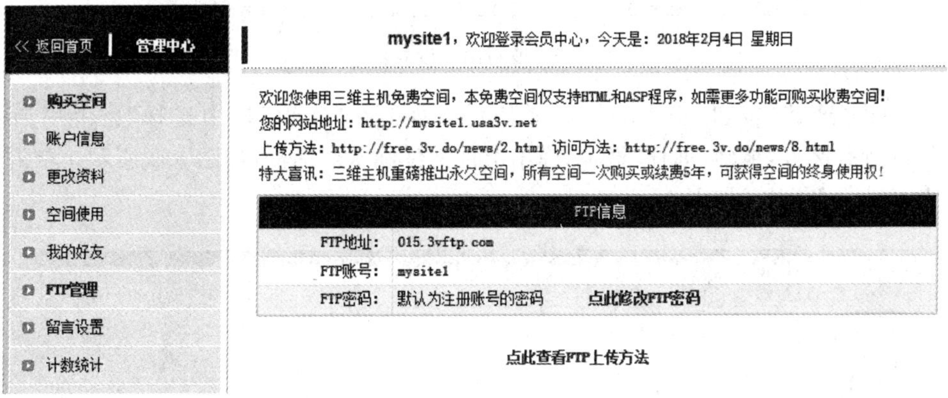

<< 返回首页 | 管理中心

购买空间
账户信息
更改资料
空间使用
我的好友
FTP管理
留言设置
计数统计

mysite1，欢迎登录会员中心，今天是：2018年2月4日 星期日

欢迎您使用三维主机免费空间，本免费空间仅支持HTML和ASP程序，如需更多功能可购买收费空间！
您的网站地址：http://mysite1.usa3v.net
上传方法：http://free.3v.do/news/2.html 访问方法：http://free.3v.do/news/8.html
特大喜讯：三维主机重磅推出永久空间，所有空间一次购买或续费5年，可获得空间的终身使用权！

FTP信息	
FTP地址：	015.3vftp.com
FTP账号：	mysite1
FTP密码：	默认为注册账号的密码　点此修改FTP密码

点此查看FTP上传方法

图 3.5　FTP 信息

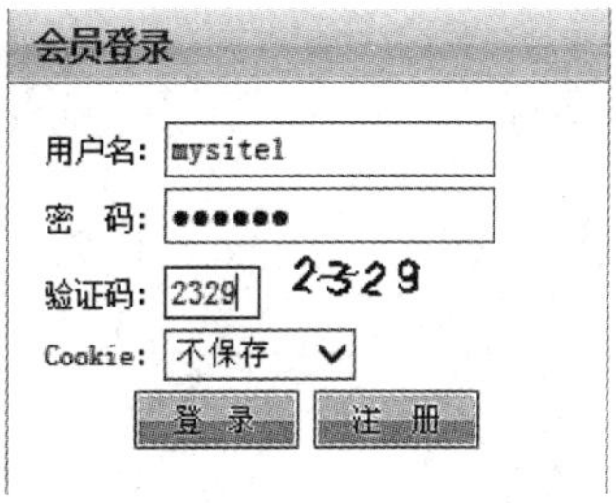

会员登录

用户名：mysite1
密　码：●●●●●●
验证码：2329　2329
Cookie：不保存
登　录　注　册

图 3.6　登录页面

(5) 通过以上步骤完成在 free.3v.do 免费空间的申请。

2. 使用 CuteFTP 软件上传网上书店网站

(1) 运行 CuteFTP 软件,打开站点设置窗口,填写注册的用户名和密码及申请的免费空间域名,如图 3.7 所示。

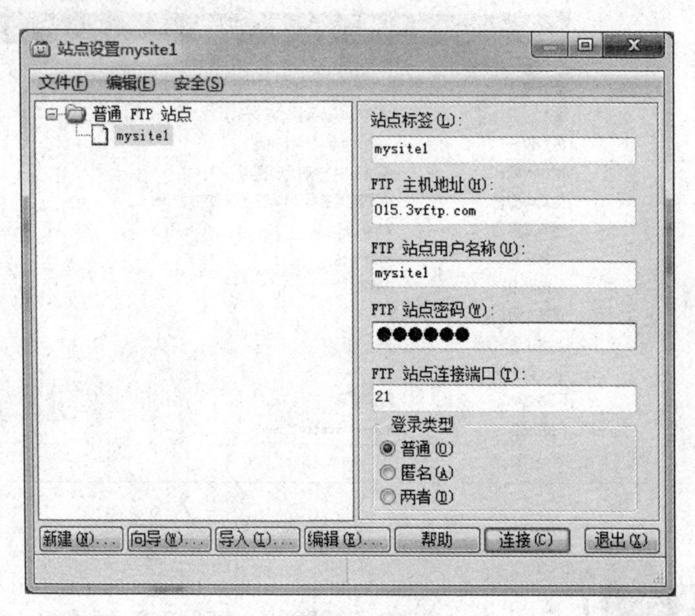

图 3.7 填写站点设置信息

(2) 单击"连接"按钮,进入如图 3.8 所示界面。在"本地"栏中选择"网上书店网站(shop)"的所有文件,拖到"远程"栏中,弹出上传文件确认对话框,如图 3.9 所示。单击"是"按钮,对文件进行上传,如图 3.10 所示。

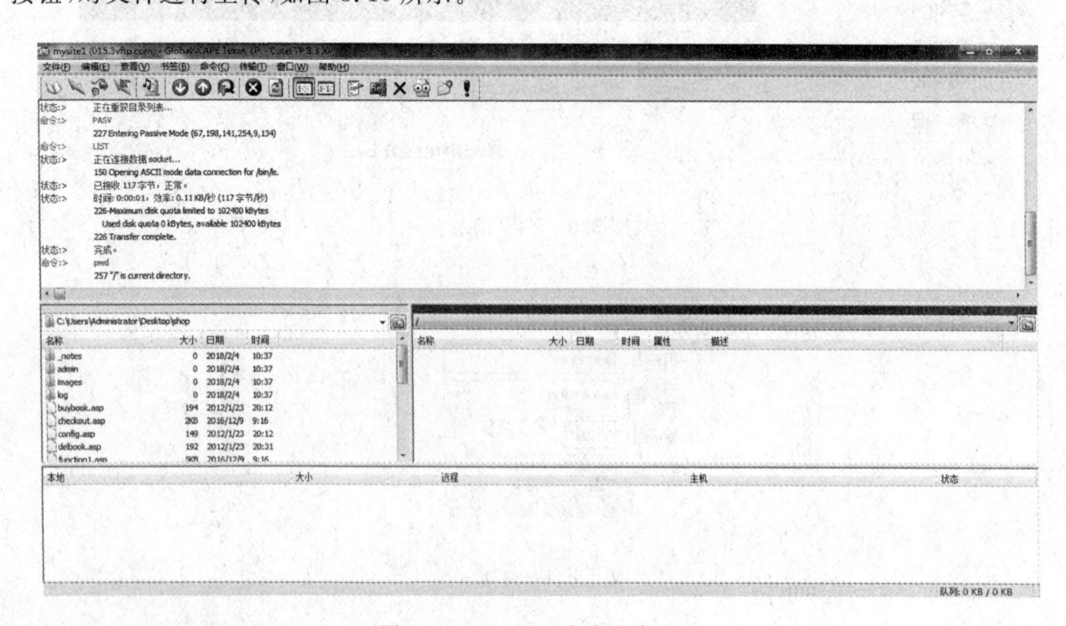

图 3.8 CuteFTP 成功连接界面

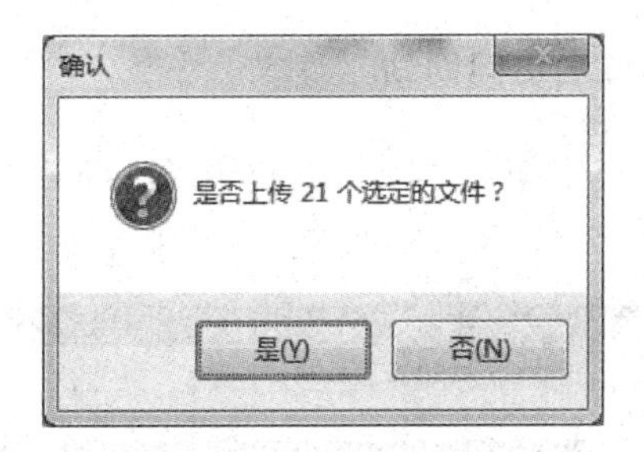

图 3.9　上传文件对话框

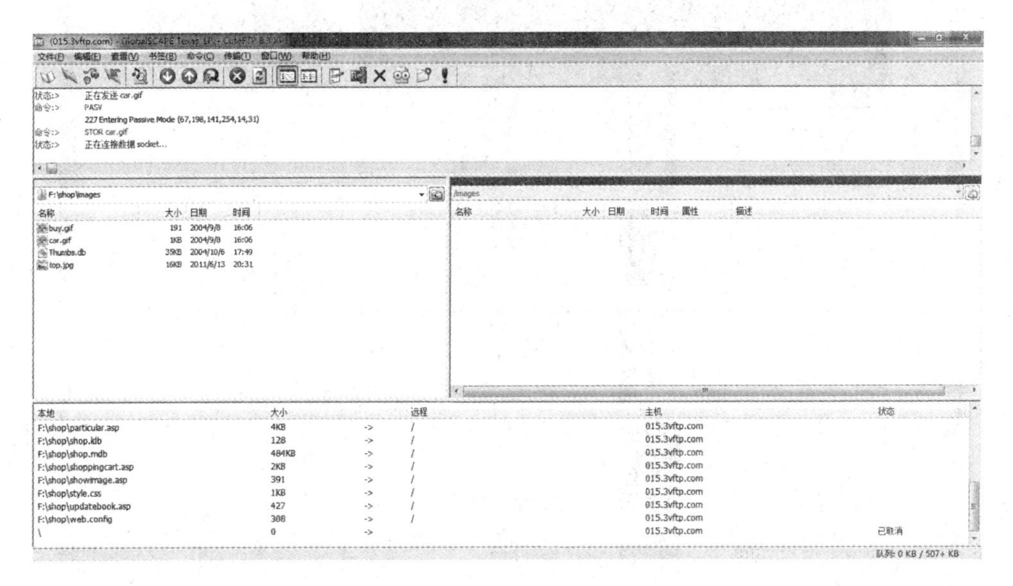

图 3.10　文件上传中

（3）文件上传完成，如图 3.11 所示。

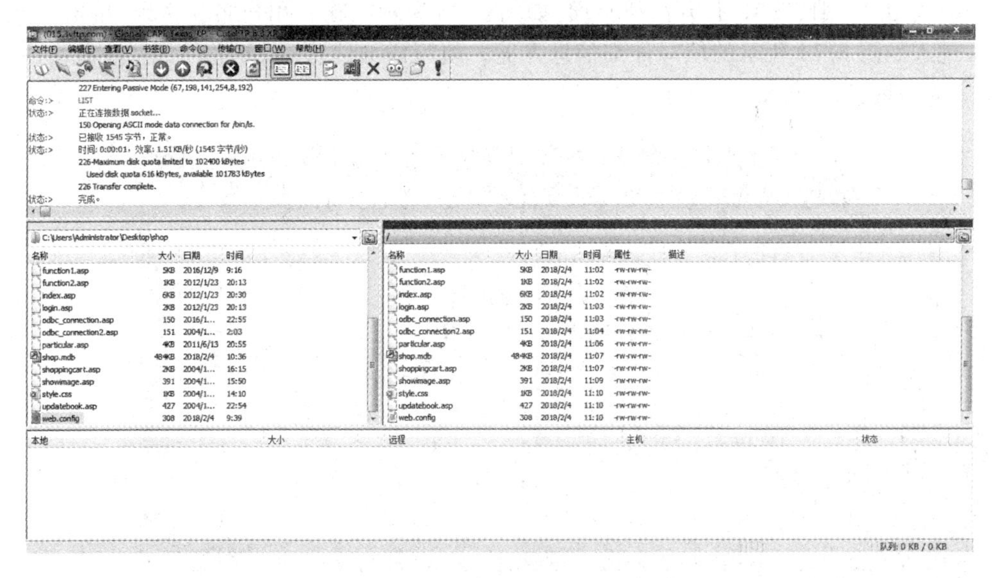

图 3.11　文件上传完成

3. 使用申请的免域空间域名访问网站

（1）打开浏览器，在地址栏中输入 http://mysite1. usa3v. net，按 Enter 键，打开“网上书店”网站首页，如图 3.12 所示。

图 3.12 “网上书店”网站首页

（2）单击“注册”按钮，打开注册页面，如图 3.13 所示。输入用户名和密码，单击“确定”按钮，进入如图 3.14 所示的填写详细信息界面。填写详细信息后，单击“确定”按钮，打开用户注册成功页面，如图 3.15 所示。

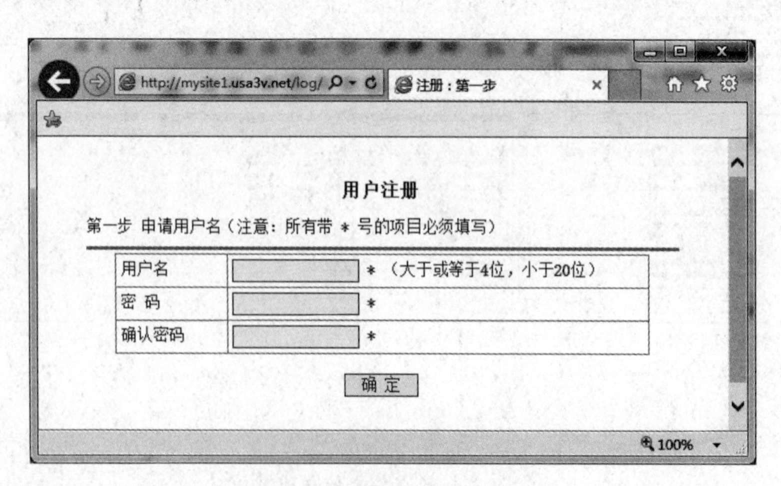

图 3.13 用户注册

http://mysite1.usa3v.net/log/r　注册：第二步

用户注册

第二步 填写详细信息

用户名	xiaoli
真实姓名	*
通讯地址	*
邮政编码	*
性别	◉男 ○女
电话	
E-mail	*
QQ号码	
个人简介	

确 定

100%

图 3.14　填写详细信息

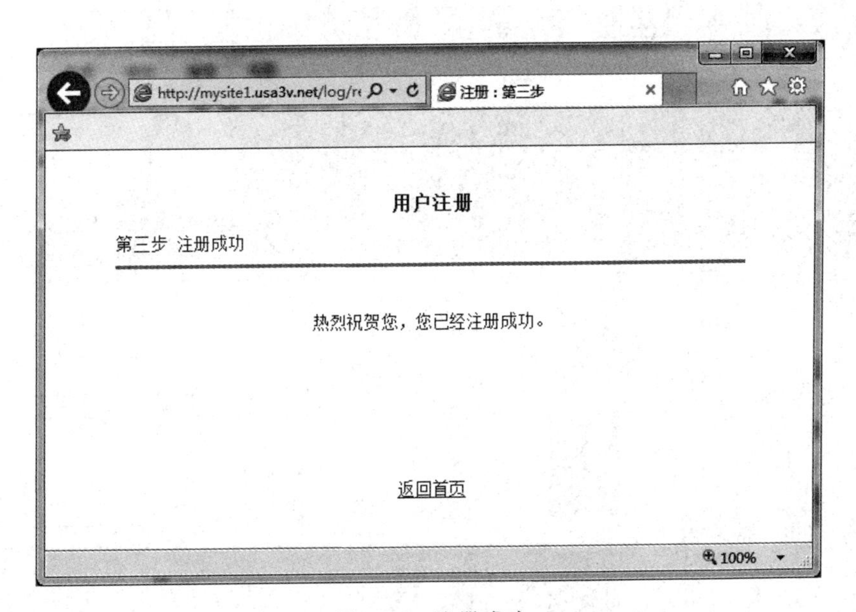

图 3.15　注册成功

(3) 单击“返回首页”按钮，进入网站首页，如图 3.16 所示。

(4) 在导航栏中单击“文学类”按钮，列出“文学类”书目，如图 3.17 所示。

图 3.16 注册后返回首页

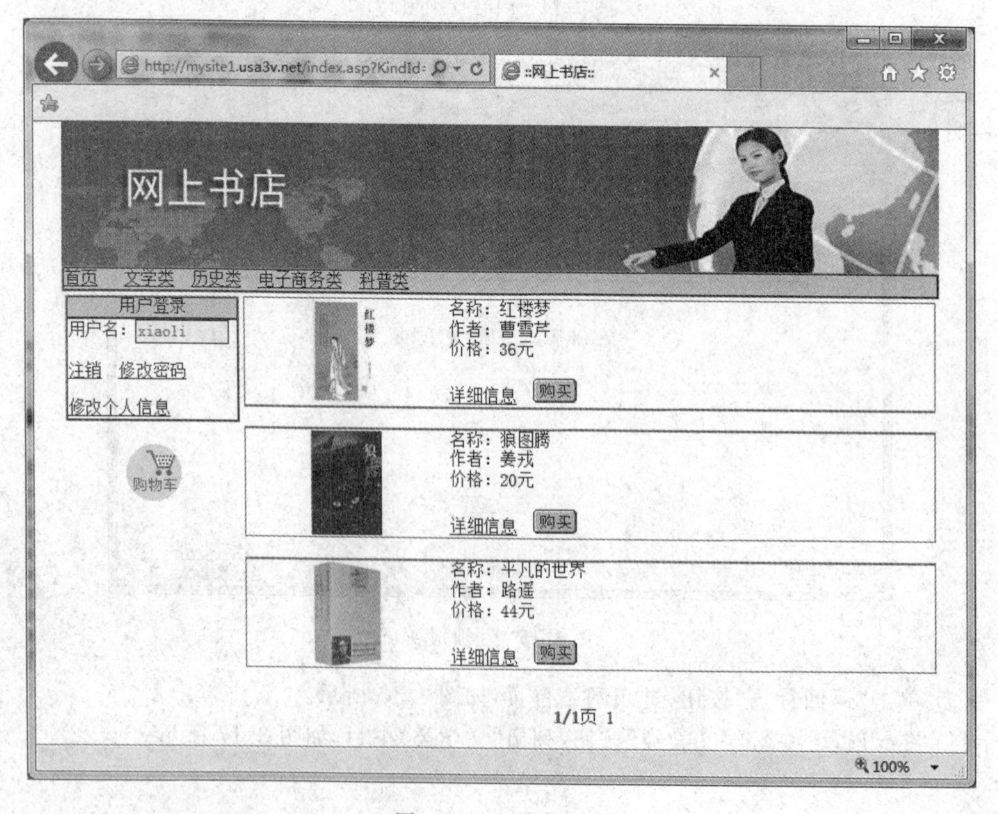

图 3.17 文学类书目

（5）单击“红楼梦”下的“详细信息”，打开如图 3.18 所示的页面。单击“购买”按钮，进入“购物车”页面，如图 3.19 所示。

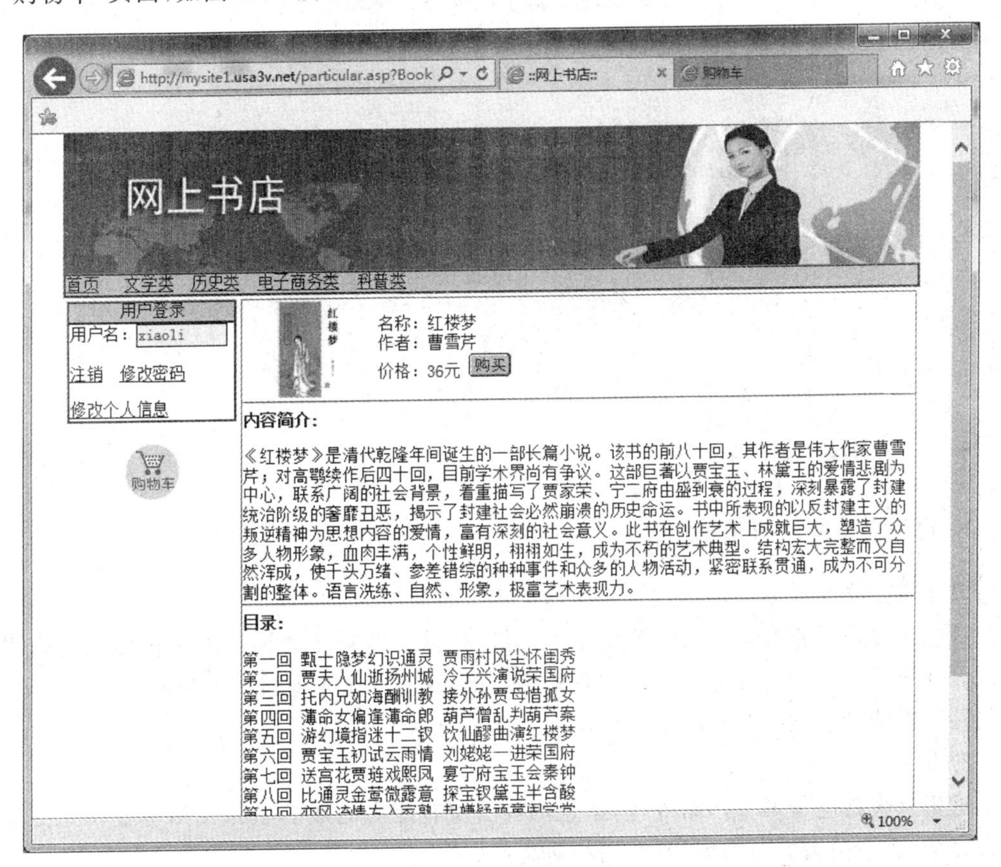

图 3.18　详细信息页面

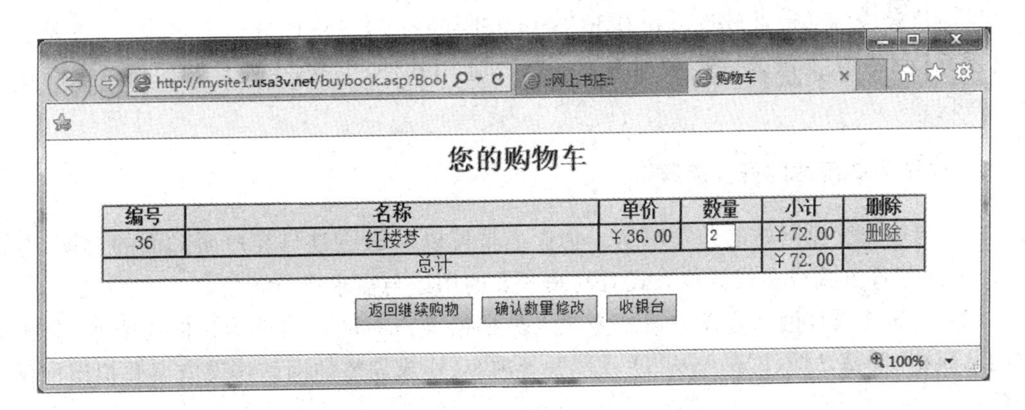

图 3.19　购物车信息

（6）在购物车页面中，对信息进行确认。单击“返回继续购物”按钮，可返回首页进行商品购买；单击“收银台”按钮，可对购买商品进行结算，如图 3.20 所示。

（7）单击“关闭窗口”按钮，返回网站首页。

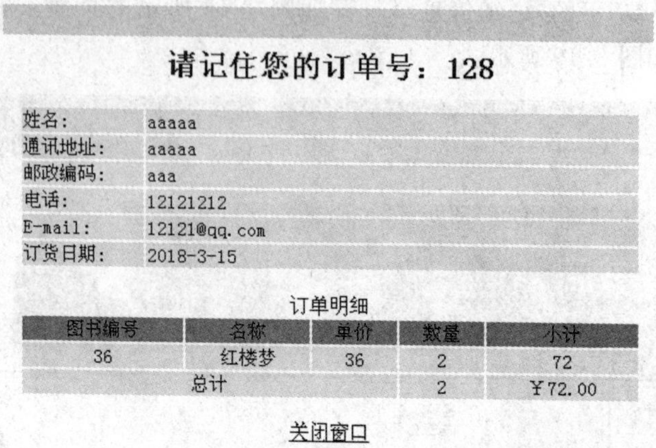

请记住您的订单号：128

姓名:	aaaaa
通讯地址:	aaaaa
邮政编码:	aaa
电话:	12121212
E-mail:	12121@qq.com
订货日期:	2018-3-15

订单明细

图书编号	名称	单价	数量	小计
36	红楼梦	36	2	72
总计			2	￥72.00

关闭窗口

图 3.20　结算

二、知识学习

1. 电子商务网站的开发方式

1）自主开发

自主开发是指企业有专门的开发技术人员，根据企业自己对网站的定位和功能需求而进行设计研发。这种开发方式的成本费用相对低，且有利于企业技术人员的锻炼和培养，对于网站后期的管理维护起到积极的作用。

2）外包

这里外包指电子商务网站外包，指企业自己没有能力完成的项目交给专业网站开发公司去完成，企业只需要付费就行，费用相对高些。

3）购买商业软件

目前比较成熟的商业软件公司有 ECShop、Shopex 等，费用比外包低，这种方式要求企业也要有技术团队支撑。另外，商业软件一般是通用软件，因此，企业自身的特色很难在软件上展现。

2. 电子商务网站的开发流程

（1）与客户交流网站的开发用途。企业人员可以采取通过与客户面对面的交谈、电话方式、电子邮件方式或在线订单方式对网站开发的用途与需求进行了解。

（2）为客户设计网站开发方案。企业人员根据客户对网站建设的目的与需求，分析确定网站风格、网站功能、网站结构、栏目设置等内容，形成完整的网站建设方案并拟出网站开发价格。

（3）与客户进一步商谈细节。企业人员与客户就网站开发建设的具体内容和要求进行详细商谈。

（4）双方签订合同并付预金。企业人员与客户采取电话、邮件、面谈等方式对合同签订事宜进行交流，双方对合同都认可后，客户需预付一部分开发费用。

（5）收集客户网站资料。企业人员向客户收集网站所需要的资料、文字、图片等，并填写ICP备案信息登记表。

(6) 设计主页方案及效果图。根据客户对网站的功能需求,初步设计出网站主页与效果图。

(7) 客户审核。初步设计的方案交给客户进行审核,如果客户满意,则按此方案进行开发;如果客户不满意,则需要更改,直至客户满意为止。

(8) 整体开发与测试。根据客户的需求方案进行整个网站的开发,并对功能进行测试。

(9) 向客户交付产品。将开发出来的网站并经过测试后,交给客户试用、检测,如果在试用阶段出现网站功能问题或错误,需要进行改正,直到客户满意为止。

(10) 客户确认。客户对网站验收合格,由客户在《网站建设验收确认单》上签字并盖章。

(11) 上传网站及结清余款。应客户委托,为客户注册域名,开通网站空间,将网站进行发布。客户通过访问网站无误后,结付余款。将网站开发所涉及的资料、文件、网站维护说明书等一同递交给客户。至此,网站开发过程结束。

3. 电子商务网站上传工具

网站上传也称网站发布,其流程如图3.21所示。

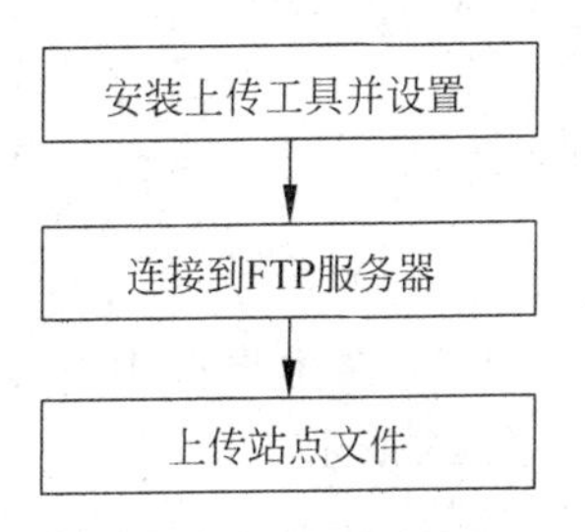

图3.21　网站上传流程

网站上传工具很多,既可以用Dreamweaver软件自带的上传功能,也可以利用专用的FTP上传工具软件,目前常用的FTP工具主要有CuteFTP、LeapFTP和FlashFxp等。

CuteFTP软件是一个非常好用的FTP工具,具有友好的用户界面、稳定的传输速度,支持断点续传和整个目录上传与下载,可以轻松地完成网站的发布任务。下面主要介绍CuteFTP软件的使用。

(1) 安装好CuteFTP软件后,在"开始"菜单中运行CuteFTP。图3.22所示是CuteFTP新建站点窗口。在窗口中输入站点标签、FTP主机地址、FTP站点用户名称、FTP站点密码。另外,对于端口号,在没有特别要求的情况下就使用默认的端口号21,不需要再设置,登录类型选择"普通",单击"连接"按钮,进入CuteFTP主界面,同时出现与服务器的连接状态信息。CuteFTP主界面如图3.23所示。

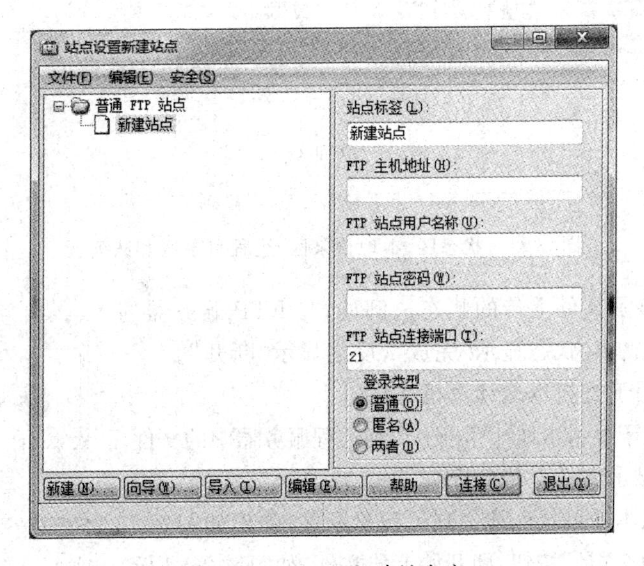

图3.22　CuteFTP新建站点窗口

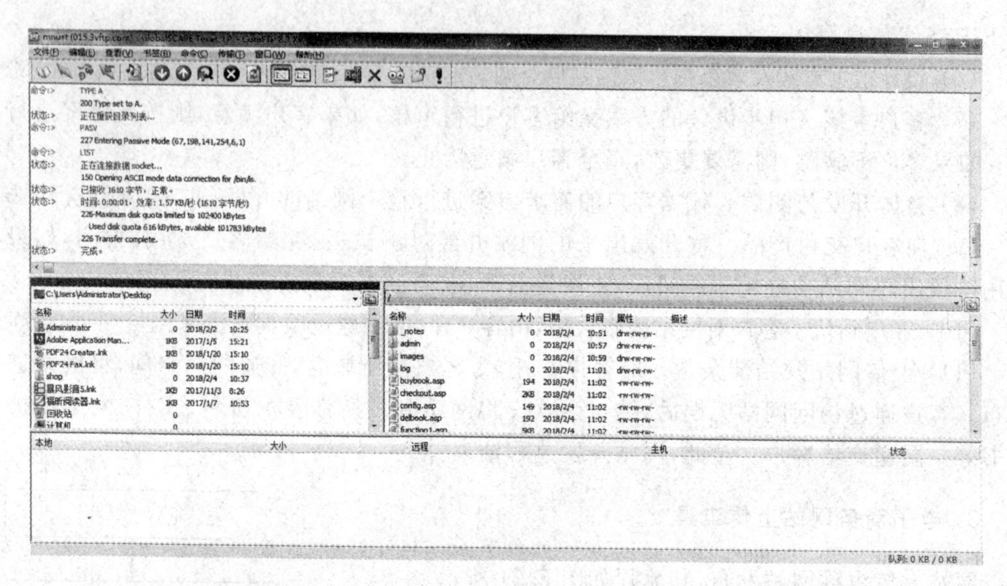

图 3.23　CuteFTP 主界面

(2) 在主界面中有 4 个区域，分别是状态区、本地目录区、远程目录区和队列区，如图 3.24 所示。

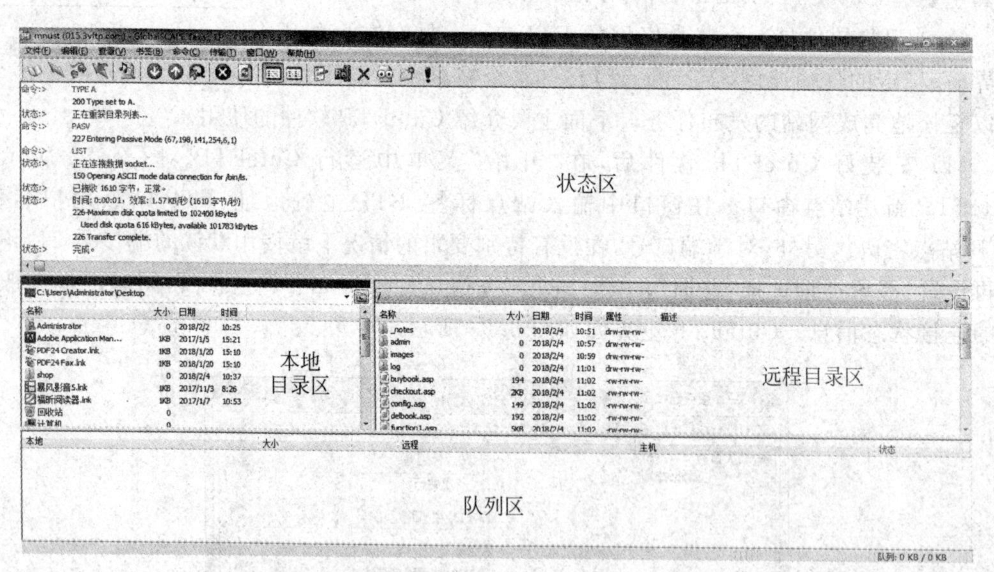

图 3.24　状态区、本地目录区、远程目录区和队列区

状态区用于显示文件上传的状态。例如，与 FTP 服务器的连接状态，当连接成功，状态显示“完成”，反之显示“断开”。

本地目录区用于查找本地计算机文件。

远程目录区用于显示本地计算机上传到远程服务器中的文件。

队列区用于显示文件上传的序列。

(3) 将文件从本地目录区拖曳到远程目录区，弹出如图 3.25 所示的对话框。单击“是”按钮，即开始上传文件，如图 3.26 所示。

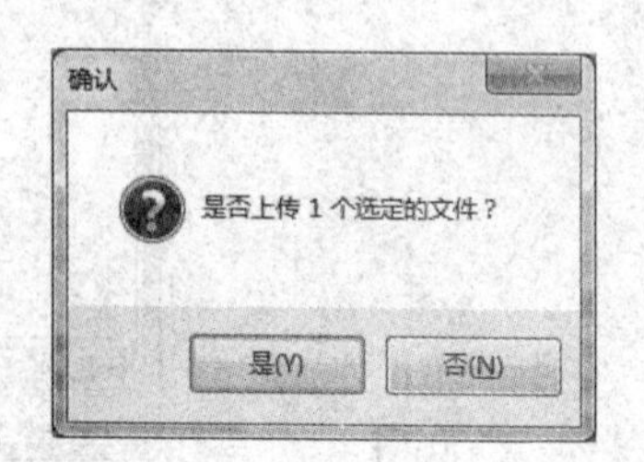

图 3.25　上传文件确认对话框

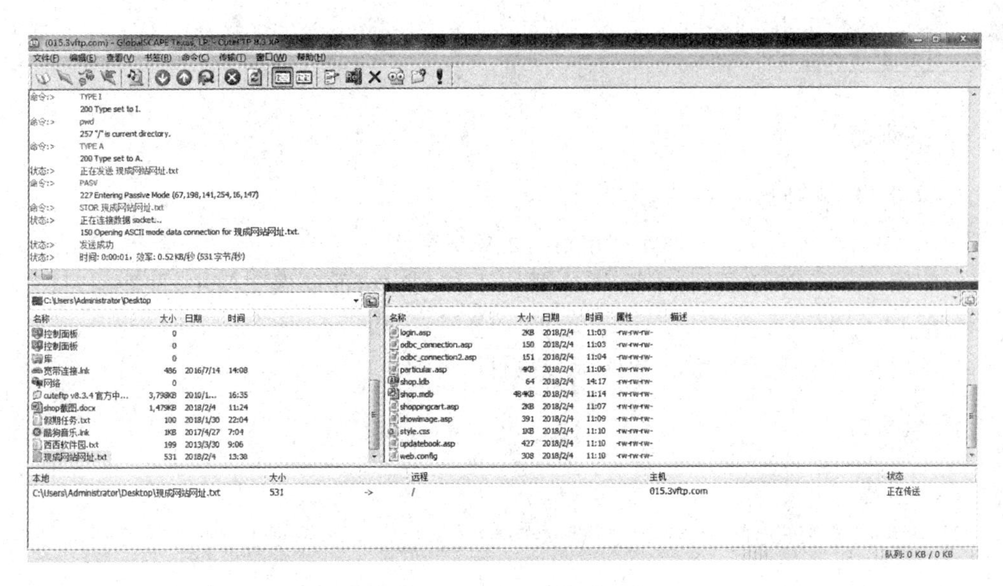

图 3.26　文件上传过程

(4) 将文件从远程目录区拖曳到本地目录区，弹出如图 3.27 所示的对话框。单击“是”按钮，即开始下载文件，如图 3.28 所示。

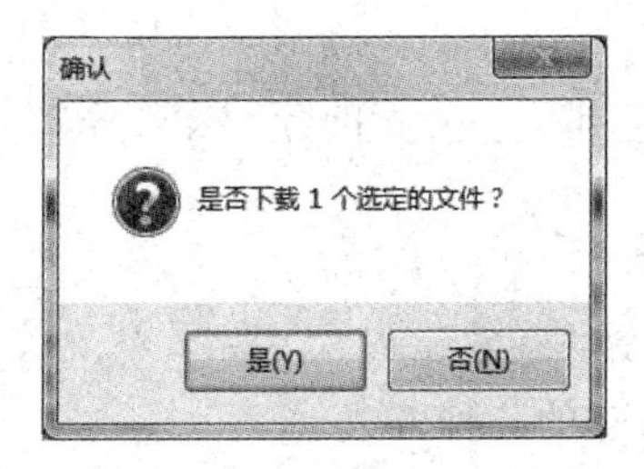

图 3.27　下载文件确认对话框

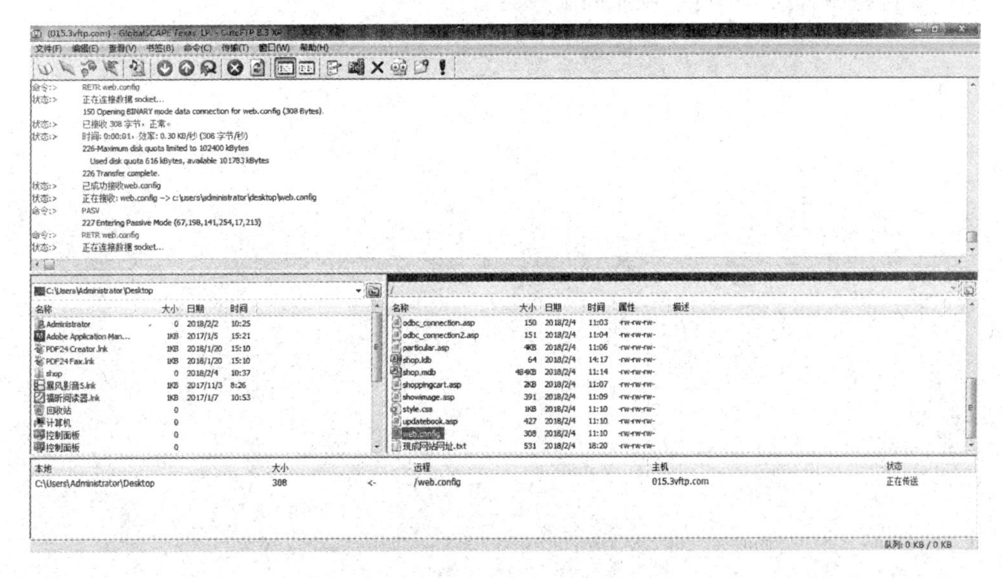

图 3.28　文件下载过程

项目练习

一、实训题

1. 创建一个本地静态 Web 站点。

2. 在 http://free.3v.do 网站中申请一个免费空间。

3. 使用 CuteFTP 工具,将本地 Web 站点上传到申请的免费空间中,并能通过浏览器进行访问。

4. 使用 CuteFTP 工具修改 Web 站点文件。

二、练习题

1. 填空题

(1) 为将站点发布到 Internet 上,需要申请________,为了便于访问,一般还需要注册一个________。

(2) 为了将站点发布到服务器上,需要借助________工具软件,这类工具中具有代表性的是________和________。

(3) 电子商务网站的开发方式有________、________和________三种。

(4) Web 服务器也称为________。

(5) UNIX 是一个________和________的分时操作系统。

2. 简答题

(1) 什么是虚拟主机?

(2) 简述电子商务网站开发的基本流程。

(3) 简述 Web 软件平台搭建的几种方式。

(4) 选择网络操作系统时,应该考虑哪些因素?

(5) 如何将测试成功的网站发布到服务器上?

项目四

HTML5+CSS3技术

项目学习目标

1. 学习 HTML5 相关知识；
2. 掌握实现 CSS3 特效方法；
3. 了解购物类网站设计制作流程；
4. 了解 Web 前端开发技术。

项目任务

- **任务 1　使用 HTML5 语言设计简单在线购物网站页面**

本任务的目标是了解 HTML 这一网站设计的基本语言，熟练掌握 HTML 语言的基本概念和编写格式。

- **任务 2　制作购物网站的导航栏**

本任务的目标是熟练掌握网页的超链接和 CSS3 相关知识的应用。

- **任务 3　设计在线购物类网站网页**

本任务的目标是掌握将 HTML5 和 CSS3 有机结合起来对网站的页面进行设计，从而了解和学习网站的整体开发过程。

任务 1　使用 HTML5 语言设计简单在线购物网站页面

一、任务实现

在线购物网站页面效果如图 4.1 所示。

(1) 打开记事本，在其中输入如下代码：

```
<!DOCTYPE html>
<html>
<head>
<title>在线购物网站产品展示效果</title>
</head>
<body>
<p><img src="images/01.jpg" width="400" height="300"/><img src="images/02.jpg"
```

```
width = "400" height = "300"/>< img src = "images/03. jpg" width = "400" height = "300"/>< br />
飞利浦复古电动剃须刀                   
              bikeboy 骑行眼镜户外运动登山跑步防风沙太阳镜  
    JCare 葡萄籽咀嚼片 800mg×90 片三盒特惠礼包 </p>
< hr/>
< p > < img src = "images/04. jpg" width = "400" height = "300"/> < img src = "images/05. jpg" width
= "400" height = "300"/>< img src = "images/06. jpg" width = "400" height = "300"/>< br />
雅诗兰黛即时修护礼盒四件套                      
    安溪铁观音清香型茶叶                   
          美丽加芬蜗牛新生特惠超值礼包</p>
< hr />
</body >
</html >
```

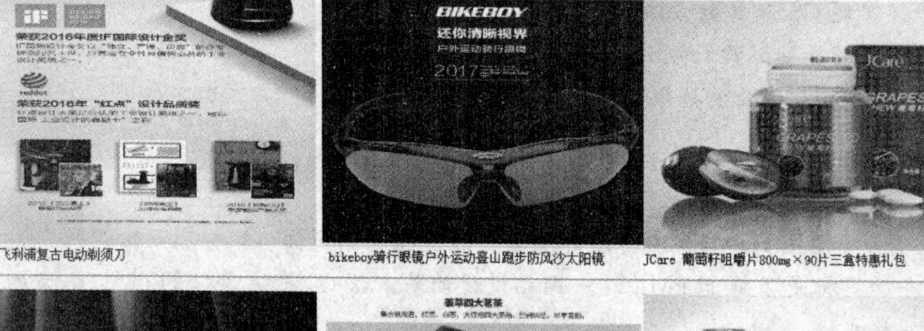

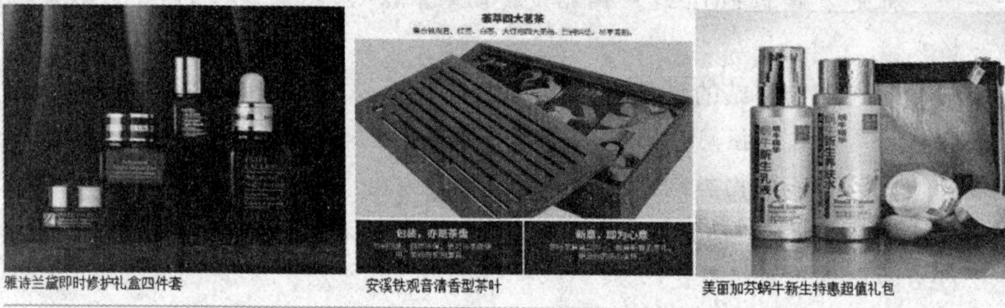

图 4.1　在线购物网站页面效果

(2) 代码输入完成后,将其另存为“在线购物网站. html”。

(3) 在“在线购物网站. html”文件的当前路径中建立文件夹 images。

(4) 在文件夹 images 里面保存图片 01. jpg、02. jpg、03. jpg、04. jpg、05. jpg、06. jpg。

(5) 使用浏览器打开“在线购物网站. html”文件。

二、知识学习

1. HTML5 简介

1) HTML 语言

HTML 是英文 Hyper Text Markup Language 的缩写,即超文本标记语言,它是用于描述网页文档的一种标记语言。

HTML 诞生于 20 世纪 90 年代初，用于指定构建网页的元素，这些元素中的大多数都用于描述网页内容，如标题、段落、列表、指向其他网页的链接等。

2）HTML5 语言

HTML5 自从 2010 年正式推出以来，就以一种惊人的速度被迅速推广，世界各知名浏览器厂商都对 HTML5 有很好的支持。2012 年 12 月，W3C 宣布凝结了大量网络工作者心血的 HTML5 规范正式定稿。W3C 在发言稿中称："HTML5 是开放的 Web 网络平台的奠基石。"支持 HTML5 的浏览器包括 Firefox（火狐浏览器）、IE9 及其更高版本、Chrome（Google 浏览器）、Safari、Opera 等；国内的傲游浏览器（Maxthon），以及基于 IE 或 Chromium（Chrome 的工程版或称实验版）所推出的 360 浏览器、搜狗浏览器、QQ 浏览器、猎豹浏览器等国产浏览器同样具备支持 HTML5 的能力。

3）HTML5 的新特性

（1）语义特性。

HTML5 赋予网页更好的意义和结构。

（2）本地存储特性。

基于 HTML5 开发的网页 APP 拥有更短的启动时间、更快的联网速度，这些全得益于 HTML5 APP Cache，以及本地存储功能。

（3）设备访问特性。

从 Geolocation 功能的 API 文档公开以来，HTML5 为网页应用开发者提供了更多功能上的优化选择，带来了更多体验功能的优势。HTML5 提供了前所未有的数据与应用接入开放接口，使外部应用可以直接与浏览器内部的数据直接相连，例如视频影音可直接与 Microphones 及摄像头相连。

（4）连接特性。

更有效的连接工作效率，使得基于页面的实时聊天、更快速的网页游戏体验、更优化的在线交流得到了实现。HTML5 拥有更有效的服务器推送技术，Server-Sent Event 和 WebSockets 就是其中的两个特性，这两个特性能够帮助人们实现将数据从服务器端"推送"到客户端的功能。

（5）网页多媒体特性。

支持网页端的 Audio、Video 等多媒体功能，与网站自带的 APP、摄像头、影音功能相得益彰。

（6）三维、图形及特效特性。

基于 SVG、Canvas、WebGL 及 CSS3 的 3D 功能，用户会惊叹于在浏览器中所呈现的惊人视觉效果。

（7）性能与集成特性。

没有用户会永远等待你的 Loading——HTML5 会通过 XMLHttpRequest2 等技术，解决以前的跨域等问题，帮助你的 Web 应用和网站在多样化的环境中更快速地工作。

4）HTML5 的开发工具简介

HTML 文档编辑工具，如记事本、Nodepad++、EditPlus 等文本编辑器，一般用于简单的网页或应用程序开发；Dreamweaver 是可视化网页开发工具，它面向专业和非专业的网页设计人员；集成开发环境 WebStorm、Eclipse 等，提供对 HTML5、CSS3、JavaScript 的支持，能显著提高开发效率。

(1) HTML 文档编辑工具 Nodepad++。

Nodepad++是一款绿色开源软件，作为文本编辑器，拥有撤销与重做、英文拼字检查、自动换行、列数标记、搜索替换、多文档编辑、全屏幕浏览功能。此外，它还支持大部分正则表达式、代码补齐、宏录制等功能。

(2) 可视化网页开发工具 Dreamweaver。

Dreamweaver 是一款所见即所得的网页编辑器，是美国 Macromedia 公司开发的集网页制作和网站管理于一身的所见即所得的网页编辑器，它是第一套针对专业网页设计师而特别开发的视觉化网页开发工具，利用它可以轻而易举地制作出跨越平台和跨越浏览器限制且充满动感的网页。

(3) 集成开发环境 WebStorm。

WebStorm 2016 是一款由 JetBrains 公司推出的 WebStorm 系列 JavaScript 开发工具，拥有智能的代码补全、代码格式化、HTML 提示以及代码检查和快速修复等编译功能。

2. HTML5 的文档结构元素

HTML 文档就是对一个文档的描述，有一个固定的结构，分为许多个部分，每个部分都包含一个或者多个元素。有些元素用于描述文档的基本信息，有些则描述文档结构。下面就是一个基本的 HTML 文档的结构：

```
<!DOCTYPE html>
<html lang="en">
<head>
    <meta charset="utf-8" />
    <title>Your page title</title>
</head>
<body>

</body>
</html>
```

该 HTML 文档描述了一个空白页，这些基础部分确定了 HTML 文档的轮廓以及浏览器的初始环境。在上面的 HTML 文档结构描述中，第一行是文档类型声明，表明该文档符合 HTML5 规范，按 HTML5 标准来解析该文档。<html>和</html>标记表示该文档是 HTML 文档。<head>和</head>标记表示该文档是文档头部信息，一般包括标题和主题信息，该部分信息不会显示在页面正文中。<body>和</body>标记是网页的主体信息，是显示在页面上的内容。

1) HTML 元素

HTML 共包含 91 个元素，这些元素都是针对特定内容、结构或特性定义的。具体分为结构元素、内容元素和修饰元素 3 大类。

(1) 结构元素用于构建网页文档的结构，多指块状元素，具体说明如表 4.1 所示。

表 4.1 结构元素

元素名称	说 明	元素名称	说 明
div	在文档中定义一块区域，即包含框、容器	dd	对定义的词条进行解释
span	在文本中定义一块区域，即行内包含框	del	定义删除的文本
ol	根据一定的规则排序的列表	ins	定义插入的文本
ul	没有排序的列表	h1～h6	标题 1～标题 6，定义不同级别的标题
li	每条列表项	p	定义段落结构
dl	以定义的方式进行的列表	hr	定义水平线
dt	定义列表中的词条		

(2) 内容元素定义了元素在文档中表示内容的语义，一般指文本格式化元素，它们都是行内元素，具体说明如表 4.2 所示。

表 4.2 内容元素

元素名称	说 明	元素名称	说 明
a	定义超链接	tt	定义打印机字体
abbr	定义缩写词	code	定义计算机源代码
acronym	定义取首字母的缩写词	pre	定义预定义格式文本，保留源代码格式
address	定义地址	blockquote	定义大块内容引用
dfn	定义条目	cite	定义引文
kbd	定义键盘中的按键	q	定义引用短语
samp	定义样本	strong	定义重要文本
var	定义变量	em	定义文本为重要

(3) 修饰元素定义了文本的显示效果，具体说明如表 4.3 所示。

表 4.3 修饰元素

元素名称	说 明	元素名称	说 明
b	定义粗体	sup	定义文本上标
i	定义斜体	sub	定义文本下标
big	定义文本增大	bdo	定义文本显示方向
small	定义文本缩小	br	定义换行

2) HTML 属性

HTML 元素包含的属性众多，可以分为核心属性、语言属性、键盘属性、内容属性和其他属性等。

(1) 核心属性主要包括以下 3 个，这 3 个属性为大部分元素所拥有。

class：定义类规则或样式规则。

id：定义元素的唯一标识。

style：定义元素的样式声明。

以下这些元素不拥有核心属性：html、head、title、base、meta、param、script、style，这些元素一般位于文档头部区域，用来定义网页元信息。

(2) 语言属性主要用来定义元素的语言类型，包括以下 2 个属性。

lang：定义元素的语言代码或编码。

dir：定义文本方向，包括 ltr 和 rtl 取值，分别表示从左向右和从右向左。

以下这些元素不拥有语言属性：frameset、frame、iframe、br、hr、base、param、script。

(3) 键盘属性定义元素的键盘访问方法，包括以下 2 个属性。

accesskey：定义访问某元素的键盘快捷键。

tabindex：定义元素的 Tab 键索引编号。

(4) 内容属性定义元素(包括内容)的附加信息，这些信息对于元素来说具有重要补充作用，避免元素本身因包含信息不全而被误解。内容属性包括以下 5 个属性。

alt：定义元素的替换文本。

title：定义元素的提示文本。

longdesc：定义元素包含内容的大段描述信息。

cite：定义元素包含内容的引用信息。

datetime：定义元素包含内容的日期和时间。

(5) 其他属性定义元素的相关信息，这类属性也有很多，这里仅列举 2 个比较实用的属性。

rel：定义当前页面与其他页面的关系。

rev：定义其他页面与当前页面之间的链接关系。

3) HTML5 元素

HTML5 在 HTML 的基础上新增了很多新元素，根据标记内容的类型不同，这些新元素被分成了结构元素、功能元素和表单元素 3 种类型。

(1) 结构元素用于构建网页文档的结构，具体说明如表 4.4 所示。

表 4.4 结构元素

元素名称	说明
header	表示页面中一个内容块或整个页面的标题
footer	表示整个页面或页面中一个内容块的脚注
section	表示页面中的一个内容的区块
article	表示页面中的一块与上下文不相关的独立内容
aside	表示 article 元素的内容之外与 article 元素内容相关的辅助信息
nav	表示页面中导航链接的部分
main	表示网页中的主要内容
figure	表示一段独立的流内容

(2) 功能元素是根据页面内容功能的需要新增的专用元素，具体说明如表 4.5 所示。

表 4.5 功能元素

元素名称	说明
hgroup	用于对整个页面或页面中一个内容区块的标题进行组合
figure	表示一段独立的流内容，一般表示文档主题流内容中的一个独立单元
video	定义视频，例如电影片段或其他视频流
audio	定义音频，例如音乐或其他音频流

续表

元素名称	说明
embed	用来插入各种多媒体，格式可以是 MIDI、WAV、AIFF、AU、MP3 等
mark	主要用来在视觉上向用户呈现需要突出显示或高亮显示的文字
time	表示日期或时间，也可以同时表示两者
canvas	表示图形，如图表和其他图像
outpu	表示不同类型的输出，例如脚本的输出
source	为媒介元素定义媒介资源
menu	表示菜单列表。当希望列出表单控制时使用该标签
ruby	表示 ruby 注释
rt	表示字符的解释或发音
rp	在 ruby 解释中使用，以定义不支持 ruby 元素的浏览器所显示的内容
wbr	表示软换行
command	表示命令按钮，如单选按钮、复选框或按钮
details	表示用户要求得到并且可以得到的细节信息，可与 summary 元素配合使用
datalist	可选数据的列表，与 input 元素配合使用，可以制作出输入值的下拉列表
datagrid	表示可选数据的列表，它以树形列表的形式来显示
keygen	表示生成密钥
progress	表示运行中的进程，可以使用 progress 来显示 JavaScript 中耗费时间的函数的进程
email	表示必须输入 E-mail 地址的文本输入框
url	表示必须输入 URL 地址的文本输入框
numbe	表示必须输入数值的文本输入框
range	表示必须输入一定范围内数字值的文本输入框
date	表示多个可供选取日期和时间的新型输入文本框

(3) 表单元素主要是通过 type 属性为 input 元素新增的类型，具体说明如表 4.6 所示。

表 4.6 表单元素

元素名称	说明	元素名称	说明
tel	表示必须输入电话号码的文本框	month	表示月份的文本框
search	表示搜索文本框	week	表示周的文本框
url	表示必须输入 URL 地址的文本框	time	表示时间的文本框
email	表示必须输入电子邮件地址的文本框	number	表示必须输入数字的文本框
datetime	表示日期和时间的文本框	range	表示范围的文本框
date	表示日期的文本框	color	表示颜色的文本框

3. HTML5 文本

所有信息描述都应基于语义来确定。例如，结构的划分、属性的定义等。设计一个好的语义结构会增强信息的可读性和扩展性，同时也降低了结构的维护成本，为跨平台信息交流和阅读打下基础。

1) 标题文本

< h1 >~< h6 >标签可定义标题，其中< h1 >定义最大的标题，< h6 >定义最小的标题。由于 h 元素拥有确切的语义，因此用户要慎重地选择恰当的标签层级来构建文档的结构，不

能使用标题标签来改变同一行中的字体大小。

2）段落文本

<p>标签定义段落文本，在段落文本前后会创建一定距离的空白，浏览器会自动添加这些空间，用户可以根据需要使用CSS重置这些样式。传统用户习惯使用<div>或
标签来为文本分段，这样会带来歧义，妨碍了搜索引擎对信息的检索。

3）引用文本

<q>标签定义短的引用，浏览器经常在引用的内容周围添加引号；<blockquote>标签定义块引用，其包含的所有文本都会从常规文本中分离出来，左、右两侧会缩进显示，有时会显示斜体。

从语义角度分析，<q>标签与<blockquote>标签是一样的，不同之处在于它们的显示和应用。<q>标签用于简短的行内引用。如果需要从周围内容分离出来比较长的部分，应使用<blockquote>标签。

4）强调文本

<em>标签用于强调文本，其包含的文字默认显示为斜体；<strong>标签也用于强调文本，但它强调的程度更强一些，其包含的文字通常以粗体进行显示。

5）格式文本

格式文本多种多样，如粗体、斜体、大号、小号、下画线、预定义、高度、反白等效果。为了排版需要，HTML5 继续支持 HTML4 中部分纯格式标签，具体说明如下。

<b>：定义粗体文本。

<i>：定义斜体文本。

<big>：定义大号字体。

<small>：定义小号字体。

<sup>：定义上标文本。

<sub>：定义下标文本。

6）输入文本

HTML 元素提供了如下输出信息的标签。

<code>：表示代码字体，即显示源代码。

<pre>：表示预定义格式的源代码，即保留源代码显示中的空格大小。

<tt>：表示打印机字体。

<kbd>：表示键盘字体。

<dfn>：表示定义的术语。

<var>：表示变量字体。

<samp>：表示代码范例。

7）缩写文本

<abbr>标签可以定义简称或缩写，通过对缩写进行标记，能够为浏览器、拼写检查和搜索引擎提供有用的信息。<acronym>标签可以定义首字母缩写。

8）标记文本

<mark>标签定义带有记号的文本，表示页面中需要突出显示或高度显示的信息、对当前用户具有参考作用的一段文字。通常在引用原文的时候使用 mark 元素，目的是引起当

前用户的注意。mark 元素是对原文内容进行补充，它应该用在一段原文作者不认为是重要的，但是现在为了与原文不相关的其他目的而需要突出显示或者高度显示的文字上面。所以 mark 元素通常能够对当前用户具有很好的帮助作用。

最能体现 mark 元素作用的应用：在网页中检索某个关键词时，呈现的检索结果。现在许多搜索引擎都用其他方法实现 mark 元素的功能。

9）联系文本

< address >标签定义文档或文章的作者、拥有者的联系信息。其包含文本通常显示为斜体，大部分浏览器会在 address 元素前后添加折行。

4. HTML5 超链接

Web 上的网页都是相互链接的，在浏览网页时，单击一张图片或者一段文字就可以跳转到其他页面，这些功能就是通过超链接来实现的。在 HTML 中，掌握超链接的设置方法对网页制作也是至关重要的。

1）超链接标记

在 HTML 文件中，超链接通常使用标记< a >来定义，链接对象通过标记中的 href 属性来设置。通常，可以将当前文档称为链接源，href 的属性值便是目标文件。定义超链接的语法格式如下：

```
<a href = "url" target = "target.windows">链接标题</a>
```

链接标题可以是文字、图像或其他网页元素。

- href 属性定义了链接标题所指向的目标文件的 URL 地址。
- target 属性指定用于打开链接的目标窗口，默认方式是原窗口，其属性值如表 4.7 所示。

表 4.7　超链接属性 target 的值及说明

属　性　值	说　　明
parent	当前窗口的上级窗口，一般在框架中使用
black	在新窗口中打开
self	在同一窗口中打开，和默认值一致
top	在浏览器的整个窗口中打开，忽略任何框架

2）超链接类型

在 HTML 文件中，超链接可以分为内部链接、外部链接和书签链接。内部链接指的是网站内部文件之间的链接，即在同一个站点下不同网页页面之间的链接；外部链接是指网站内的文件链接到站点以外的文件；书签链接是在一个文档内部的链接，适用于文档比较长的情况。

3）超链接路径

HTML 文件中提供了 3 种超链接路径：绝对路径、相对路径和根路径。

绝对路径指文件的完整路径，包括文件传输协议 HTTP、FTP 等，一般用于网站的外部链接，例如 http://www.mnust.cn 和 http://www.sina.com.cn。

相对路径指相对于当前文件的路径，它包含了从当前文件指向目的文件的路径，适用于网站的内部链接。只要处于站点文件夹内，即使不属于同一个文件目录下，相对路径建立的链接也适用。采用相对路径建立两个文件之间的相互关系，可以不受站点和服务器位置的影响。表 4.8 所示为相对路径的使用方法。

表 4.8　相对路径的使用方法

相对位置	输入方法	举　例
同一目录	直接输入要链接的文档名	index. html
链接上一目录	先输入“../”，再输入目录名	../images/pic. jpg
链接下一目录	先输入目录名，后输入“/”	Videos/v1. mov

根路径的设置以“/”开头，后面紧跟文件路径，例如/download/index. html。根路径的设置也适用于内部链接的建立，一般情况下不使用根路径。根路径只有在配置好的服务器环境中才能使用。

任务 2　制作购物网站的导航栏

一、任务实现

网站的每个页面基本都需要一个导航栏，作为浏览者页面跳转的入口。导航栏一般是由超链接创建的。导航栏的样式可以采用 CSS 来设置。

结合前面学习的知识，创建一个实用的导航栏，具体操作步骤如下。

(1) 分析需求。

一个导航栏，通常需要创建一些超链接，然后对这些超链接进行修饰。这些超链接可以横排，也可以竖排。超链接上可以导入背景图片，文字上可以加下画线等。根据实际需求进行设计，其效果如图 4.2 所示。

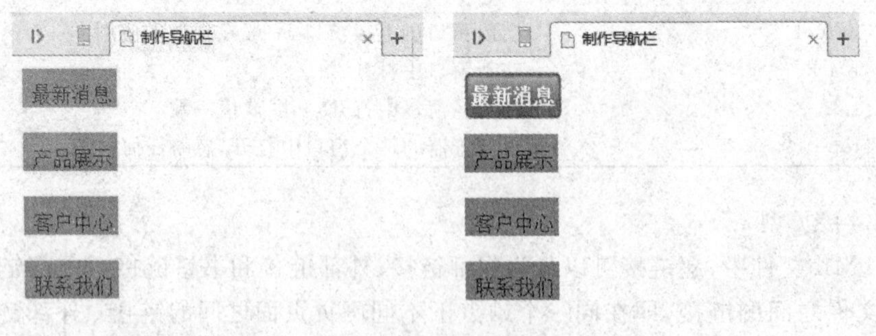

图 4.2　导航栏效果图

(2) 使用记事本或其他网站编辑软件，输入下列代码：

```
<!DOCTYPE html>
<html>
<head>
<title>制作导航栏</title>                    /*网页标题*/
```

```
</head>
<body>
<a href="#">最新消息</a>                  /*第1个超链接*/
<a href="#">产品展示</a>                  /*第2个超链接*/
<a href="#">客户中心</a>                  /*第3个超链接*/
<a href="#">联系我们</a>                  /*第4个超链接*/
</body>
</html>
```

(3) 输入代码后，文件保存为“导航栏.html”，效果如图4.3所示。页面中有4个超链接，其排列方式为横排，颜色为蓝色，文字带有下画线。

(4) 添加CSS代码，修饰超链接的基本样式。CSS代码如下：

```
<style type="text/css">
<!--
a, a:visited {
display: block;
font-size: 16px;
height: 50px;
width: 80px;
text-align: center;
line-height: 40px;
color: #000000;
background-image: url(20.jpg);
background-repeat: no-repeat;
text-decoration: none;
}
-->
</style>
```

以上代码输入到<head>和</head>代码之间。效果如图4.4所示。可以看到，页面中的4个超链接排列方式变为竖排，并且每个超链接都导入了一张背景图片，超链接高度为50px，宽度为80px，文字颜色为黑色，不带下画线。

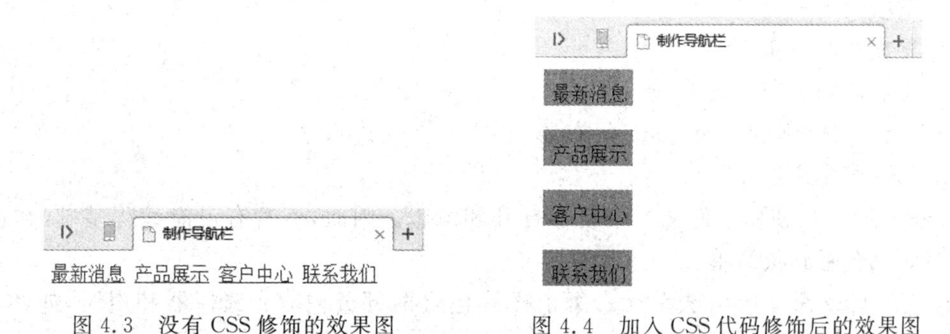

图4.3 没有CSS修饰的效果图　　图4.4 加入CSS代码修饰后的效果图

(5) 在CSS代码中添加修饰超链接的鼠标悬浮样式，代码如下：

```
a:hover {
font-weight: bolder;
color: #FFFFFF;
```

```
text-decoration: underline;
background-image: url(hover.gif);
}
```

代码添加完后，刷新页面，就可以看到，当鼠标放在导航栏上的一个超链接上时，其背景图片发生了变化且文字带有下画线。

二、知识学习

1. CSS3 简介

CSS(Cascading Style Sheets，层叠样式表)是一种用来表现 HTML(标准通用标记语言的一个应用)或 XML(标准通用标记语言的一个子集)等文件样式的计算机语言。CSS 不仅可以静态地修饰网页，还可以配合各种脚本语言动态地对网页各元素进行格式化。

CSS3 对于 Web 开发者来说不只是新技术，更重要的是这些全新概念的 Web 应用给我们带来更多无限的可能，也极大地提高了开发效率。我们将不必再依赖图片或者 JavaScript 去完成圆角、多背景、用户自定义字体、3D 动画、渐变、盒阴影、文字阴影、透明度等提高 Web 设计质量的特色应用。

1）CSS3 新特性

CSS3 新特性非常多，这里简单列举被浏览器广泛支持的实用特性。

- 完善选择器。
- 完善视觉效果。
- 完善盒模型。
- 增强背景功能。
- 增加阴影效果。
- 增加多列布局与弹性盒模型布局。
- 完善 Web 字体和 Web Font 图标。
- 增强颜色和透明度功能。
- 新增圆角和边框功能。
- 增加变形操作。
- 增加动画和交互效果
- 完善媒体特性与 Responsive 布局。

2）CSS 基本用法

CSS 代码可以使用任何文本编辑器打开和编辑。因此，不管有没有编程基础，初次接触 CSS 时也会感到很简单。

样式是 CSS 最小的语法单元。每个样式包含两部分内容：选择器和声明，如图 4.5 所示。

选择器：告诉浏览器该样式将作用于页面中哪些对象，这些对象可以是某个标签、所有网页对象、指定 Class 或 ID 值等。

声明：可以为一个或者多个，这些声明命令浏览器如何去渲染选择器指定的对象。

属性：CSS 提供的设置好的样式选项。

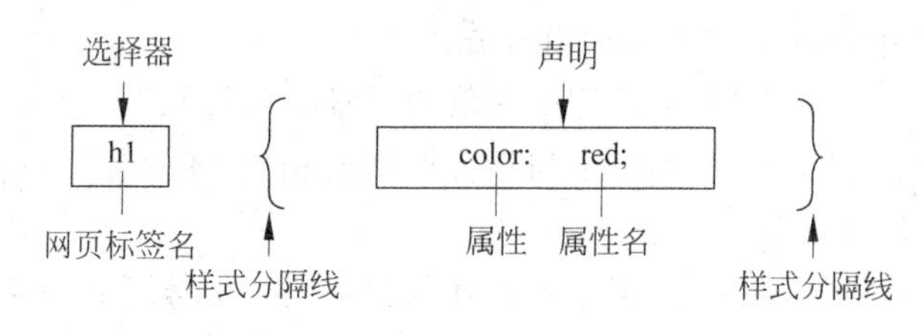

图 4.5 CSS 样式基本结构

属性值：用来显示属性效果的参数。

3）CSS 样式应用的方法

CSS 样式应用的方法主要包括 4 种：行内样式、内嵌式、链接式和导入式。

行内样式就是把 CSS 样式直接放在代码行内的标签中，一般都放在标签的 style 属性中。由于行内样式直接插入标签中，故是一种最直接的方式，同时也是修改最不方便的样式。

内嵌式通过将 CSS 写在网页源文件的头部，即在< head >与</head >之间，通过使用 HTML 标签中的< style >标签将其包围，其特点是该样式只能在此页面使用，解决行内样式多次书写的弊端。

链接式是通过 HTML 的< link >标签，将外部样式表文件链接到 HTML 文档中，这是网络上网站应用最多的一种方式，同时也是最实用的方式。这种方式将 HTML 文档与 CSS 文件完全分离，实现结构层和表示层的彻底分离，增强网页结构的扩展性和 CSS 样式的可维护性。

导入式使用@import 命令导入外部样式表。

4）CSS3 选择器分类

CSS3 选择器分为 5 大类：基本选择器、组合选择器、伪类选择器、伪元素和属性选择器。下面介绍前 3 大类。

(1) 基本选择器包括标签选择器、类选择器、ID 选择器和通配选择器。

- 标签选择器：一个完整的 HTML 页面由很多不同的标签组成，而标签选择器则决定哪些标签采用相应的 CSS 样式。
- 类选择器：即 Class 选择器，根据类名来选择，而这个类名是自定义的，但在定义这个类名的时候也应该尽量能反映被设置元素的实际功能。例如，如果用于显示一张图片，可以命名为 showImg；如果将一个字体字号设置为 16px，应该取名为 f16 或 fz16。同一个类名的选择器理论上可以被任意多的标签元素使用。在 CSS 中，定义类名选择器应该以“.”作为开头，否则，浏览器将视为自定义的标签名。
- ID 选择器：和类选择器一样，名称也是自定义的，命名原则也应该尽量能反映该元素的实际功能，或者一些唯一的特质。但和类选择器不同的是，它应该是页面里唯一的，即同一个页面内只能出现一个 ID；否则，不仅违反了 ID 命名的基本规则，也会在 JavaScript（其他 JavaScript 框架皆是如此）进行操作时，始终都只能获取到第一个 ID，之后的相同 ID 的元素则不会生效。定义一个 ID 选择器应该以“#”开头。
- 通配选择器：匹配文档中的所有元素。它是最基本的选择器，不过很少使用，因为匹配过于广泛，因此不便单独去设置某一类特定元素的样式。

（2）组合选择器中包含了如下 4 种组合方式。

- 后代选取器(以空格分隔)：匹配所有值的元素的后代元素。
- 子元素选择器(以大于号分隔)：与后代选择器相比，子元素选择器只能选择作为某元素的子元素的元素。
- 相邻兄弟选择器(以加号分隔)：可选择紧接在另一元素后的元素，且二者有相同的父元素。如果需要选择紧接在另一个元素后的元素，而且二者有相同的父元素，可以使用相邻兄弟选择器。
- 普通兄弟选择器(以破折号分隔)：选取所有指定元素之后的相邻兄弟元素。

（3）伪类选择器包括伪类和伪对象选择器。伪类选择器以冒号(:)作为前缀标识符。冒号前可以添加选择符，限定伪类应用的范围，冒号后为伪类和伪对象名，冒号前后没有空格，否则将错认为类选择器。伪类选择器是 CSS 中已经定义好的选择器，不能随便命名。CSS3 的伪类选择器主要包括 4 种：动态伪类、结构伪类、否定伪类和状态伪类。这些伪类并不存在于 HTML 中，而只有当用户和网站交互的时候才能体现出来。

- 动态伪类包含两种：第一种是我们在链接中常看到的锚点伪类，如“:link”“:visited”；另外一种被称作用户行为伪类，如“:hover”“:active”和“:focus”。
- 结构伪类是 CSS3 新设计的选择器，它利用文档结构树实现元素过滤，通过文档结构的相互关系来匹配特定的元素，从而减少文档内 class 属性和 ID 属性的定义，使得文档更加简洁。
- 否定伪类“:not()”是 CSS3 的新选择器，类似 jQuery 中的“:not()”选择器，主要用来定位不匹配该选择器的元素。
- 状态伪类主要针对表单进行设计，由于表单是 UI 设计的灵魂，因此吸引了广大用户的关注。UI 是 User Interface(用户界面)的缩写，UI 元素的状态一般包括可用、不可用、选中、未选中、获取焦点、失去焦点、锁定、待机等。

2. 使用 CSS3 美化网页文本

文本在网页中的作用如下：

- 有效地传递页面信息；
- 使用 CSS 样式美化过的页面文本，页面更漂亮、美观、吸引客户；
- 可以很好地突出页面的主题内容，使用户第一眼可以看到页面的主要内容；
- 具有良好的用户体验。

常见的字体属性包括字体、字号、字体风格、字体颜色等。

（1）CSS 使用 font-family 属性来定义字体类型，另外使用 font 属性也可以定义字体类型。font-family 是字体专用类型属性，用法如下：

```
font - family:name
font - famile:ncursive|fantasy|monospace|serif|sans - serif
```

font 是一个复合属性，可以设置的字体属性如下：

```
font:font - style || font - variant||font - weight||font - size||line - height||font = family
font:caption|icon|menu|message - box|small - caption|status - bar
```

CSS 提供了 5 类通用字体。所谓通用字体就是一种备用机制，即指定的所有字体都不可用时，能够在用户系统中找到一个类似字体进行替代显示。这 5 类通用字体说明如下。

serif：衬线字体。

sans-serif：无衬线字体。

cursive：草体。

fantasy：奇异字体。

monospace：等宽字体。

(2) CSS 使用 font-size 属性来定义字体大小，用法如下：

```
<p style = "font - size:20px"> helloworld </p>
```

该语句定义字体大小为 20px。

```
<p style = "font - size:30px"> helloworld </p>
```

该语句定义字体大小为 30px。

(3) CSS 使用 color 属性来定义字体颜色，用法如下：

```
<p style = "color:red"> helloworld </p>
```

该语句定义字体颜色为红色。

```
<p style = "color:blue"> helloworld </p>
```

该语句定义字体颜色为蓝色。

(4) CSS 使用 font-weight 属性来定义字体粗细。

(5) CSS 使用 font-style 属性来定义字体为斜体，用法如下：

```
<p style = "font - style:normal"> helloworld </p>
<p style = "font - style:italic"> helloworld </p>
<p style = "font - style:oblique"> helloworld </p>
```

3. 使用 CSS3 美化图像

图像格式众多，但网页图像常用格式只有 3 种：GIF、JPEG 和 PNG。其中 GIF 和 JPEG 图像格式在网络上使用广泛，能够支持所有浏览器。

1) 图片缩放

在 HTML 语言中，通过 img 的描述标记 width 和 height 可以设置图片的大小，从而实现对图片的缩放效果。

(1) 通过描述标记 width 和 height 缩放图片。

例 4.1 通过描述标记 width 和 height 缩放图片。

```
<!DOCTYPE html >
< html >
< head >
< title >缩放图片</title >
</head >
< body >
```

```
<img src = "01.jpg" width = 200 height = 120 > / * width 为 200px 和 height 为 120px * /
</body>
</html>
```

(2) 使用 CSS3 中的 max-width 和 max-height 缩放图片。

max-width 和 max-height 分别用来设置图片宽度最大值和高度最大值。在定义图片大小时,如果图片默认尺寸超过了定义的大小,就以 max-width 所定义的宽度值显示,而图片高度将同比例变化。如果定义的是 max-height,以此类推。

其语法格式举例如下:

```
img {
      max - height:180px;
   }
```

例 4.2 使用 CSS3 中的 max-width 和 max-height 缩放图片。

```
<!DOCTYPE html >
< html >
< head >
< title>缩放图片</title >
< style >
img{
      max - height:300px;
   }
</style >
</head >
< body >
< img src = "01.jpg" >
</body >
</html >
```

(3) 使用 CSS3 中的 width 和 height 缩放图片。

在 CSS3 中,可以使用 width 和 height 属性来设置图片的宽度和高度,从而实现对图片的缩放效果。

例 4.3 使用 CSS3 中的 width 和 height 缩放图片。

```
<!DOCTYPE html >
< html >
< head >
< title>缩放图片</title>
</head >
< body >
< img src = "01.jpg" >
< img src = "01.jpg" style = "width:150px;height:100px" >
</body >
</html >
```

2) 设置图片的对齐方式

一个凌乱的图文网页,是每一个浏览者都不喜欢看到的。而一个图文并茂、排版格式整洁简约的页面,更容易让网页浏览者接受。可见,图片的对齐方式是非常重要的。下面介绍如何使用CSS3属性定义图片的对齐方式。

(1) 图片横向对齐,就是在水平方向上进行对齐。其对齐样式和文字对齐比较相似,都有3种对齐方式,分别为“左”“右”和“中”。

要定义图片的对齐方式,不能在样式表中直接定义图片样式,需要在图片的上一个标记级别(即父标记)定义对齐方式,让图片继承父标记的对齐方式。之所以这样定义,是因为img(图片)本身没有对齐属性,需要使用CSS继承父标记的text-align属性来定义对齐方式。

例4.4　设置图片横向对齐。

```
<!DOCTYPE html>
<html>
<head>
<title>图片横向对齐</title>
</head>
<body>
<p style="text-align:left"><img src="02.jpg" style="max-width:140px;">图片左对齐</p>
<p style="text-align:center"><img src="02.jpg" style="max-width:140px;">图片居中对齐</p>
<p style="text-align:right"><img src="02.jpg" style="max-width:140px;">图片右对齐</p>
</body>
</html>
```

效果如图4.6所示,网页上显示了3张图片,大小一样,但对齐方式分别是左对齐、居中对齐和右对齐。

图4.6　横向对齐方式

(2) 纵向对齐就是垂直对齐,即在垂直方向上与文字进行搭配使用。通过对图片的垂直方向上的设置,可以设定图片和文字的高度一致。在CSS3中,对图片进行纵向设置时,通常使用 vertical-align 属性来定义。

vertical-align 属性设置元素的垂直对齐方式，即定义行内元素的基线相对于该元素所在行的基线的垂直对齐。允许指定负长度值和百分比值，负值会使元素降低。在表单元格中，这个属性会设置单元格内容的对齐方式，其详细信息如表 4.9 所示。其语法格式为：

```
vertical-align:baseline|sub|super|top|text-top|middle|bottom|text-bottom|length
```

表 4.9 vertical-align 属性

参数名称	说明
baseline	将支持 vertical-align 属性的对象的内容与基线对齐
sub	垂直对齐文本的下标
super	垂直对齐文本的上标
top	将支持 vertical-align 属性的对象的内容与对象顶端对齐
text-top	将支持 vertical-align 属性的对象的文本与对象顶端对齐
middle	将支持 vertical-align 属性的对象的内容与对象中部对齐
bottom	将支持 vertical-align 属性的对象的内容与对象底端对齐
text-bottom	将支持 vertical-align 属性的对象的文本与对象底端对齐
length	由浮点数和单位标识符组成的长度值或者百分数

例 4.5 设置图片的纵向对齐。

```
<!DOCTYPE html>
<html>
<head>
<title>图片纵向对齐</title>
<style>
img{
max-width:100px;
}
</style>
</head>
<body>
<p>纵向对齐方式:baseline<img src=02.jpg style="vertical-align:baseline"></p>
<p>纵向对齐方式:bottom<img src=02.jpg style="vertical-align:bottom"></p>
<p>纵向对齐方式:middle<img src=02.jpg style="vertical-align:middle"></p>
<p>纵向对齐方式:sub<img src=02.jpg style="vertical-align:sub"></p>
<p>纵向对齐方式:super<img src=02.jpg style="vertical-align:super"></p>
<p>纵向对齐方式:数值定义<img src=02.jpg style="vertical-align:20px"></p>
</body>
</html>
```

效果如图 4.7 所示，网页上显示了 6 张图片，垂直方向上分别是 baseline、bottom、middle、sub、super 和数值定义。

4. 使用 CSS3 美化超链接

一般情况下，超链接是由<a>和</a>标记组成的，超链接可以是文字或图片。添加了超链接的文字具有自己的样式，从而与其他文字有区别，其中默认链接样式为蓝色文字、有

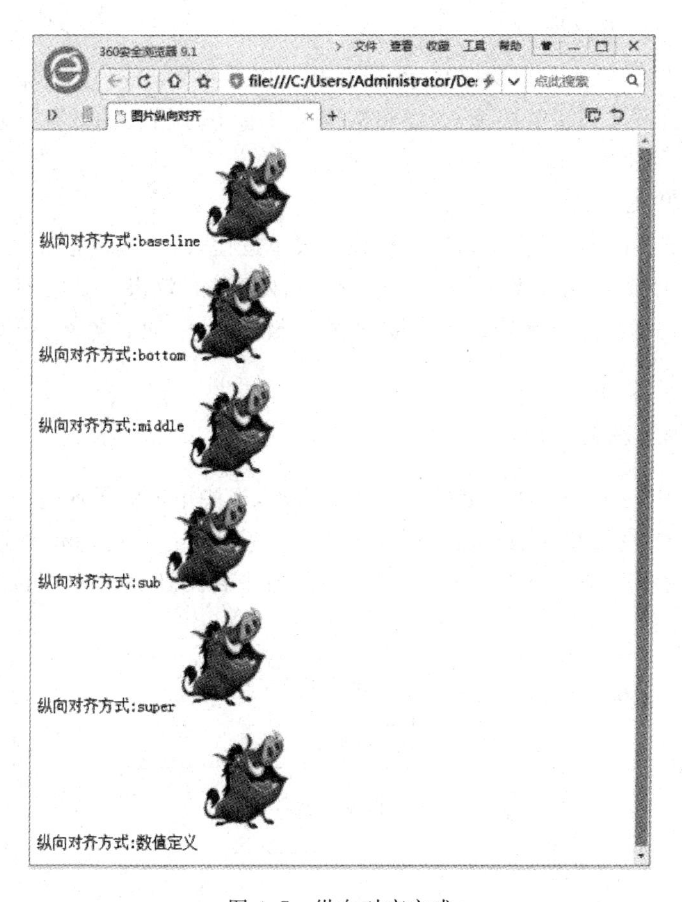

图 4.7 纵向对齐方式

下画线。不过，通过 CSS3 属性可以修饰超链接，从而实现美观的效果。

1）改变超链接的基本样式

通过 CSS3 的伪类，可以改变超链接的基本样式。使用伪类可以很方便地为超链接定义在不同状态下的样式效果，伪类是 CSS 本身定义的一种类。

对于超链接伪类，其详细信息如表 4.10 所示。

表 4.10 超链接伪类

伪　　类	用　　途
a:link	定义 a 对象在未被访问前的样式
a:hover	定义 a 对象在鼠标悬停时的样式
a:active	定义 a 对象被用户激活时的样式(在鼠标单击与释放之间发生的事件)
a:visited	定义 a 对象在链接地址已被访问过时的样式

2）设置带有提示信息的超链接

在网页显示的时候，有时一个超链接并不能说明这个链接背后的含义，通常还要为这个链接加上一些介绍性信息，即提示信息。此时可以通过超链接 a 提供描述标记 title，达到这个效果。title 属性的值即为提示内容，当浏览器的光标停留在超链接上时，会出现提示内容，并且不会影响页面排版的整洁。

3）设置超链接的背景图

一个普通超链接，要么是以文字显示，要么是以图片显示，显示方式很单一。此时可以将图片作为背景图添加到超链接里，这样超链接会具有更加精美的效果。超链接如果要添加背景图片，通常使用 background-image 来完成。

4）设置超链接的按钮效果

为了增强超链接的效果，会将超链接模拟成表单按钮，即当鼠标指针移到一个超链接上时，超链接的文章或图片就会像被按下一样，有一种凹陷的效果。其实现方式通常是利用 CSS 中的 a:hover，当鼠标指针经过超链接时，将超链接向下、向右各移 1px，这时候，显示效果就像按钮被按下一样。

5. CSS3 盒模型基础

HTML 文档中的每个元素都被描绘成矩形盒子，这些矩形盒子通过一个模型来描述其占用空间，这个模型称为盒模型。盒模型通过 4 个边界来描述：margin(外边距)、border(边框)、padding(内边距)、content(内容区域)。盒模型中各个属性的空间位置关系如图 4.8 所示。

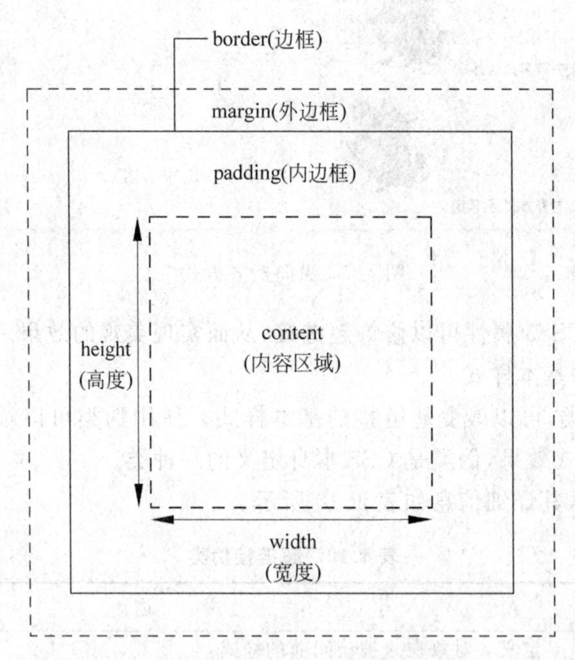

图 4.8　盒模型中各个属性的空间位置关系

图 4.8 中最内部的框是元素(element)的实际内容，也就是元素框，紧挨着元素框外部的是内边距(padding)，其次是边框(border)，最外层是外边距(margin)，整个构成了框模型。通常我们设置的背景显示区域，就是内容区域、内边距、边框这一块范围。而外边距(margin)是透明的，不会遮挡周边的其他元素。

那么，元素框的总宽度＝element 的宽度＋padding 的左、右边距的值＋margin 的左、右边距的值＋border 的左、右宽度；

元素框的总高度＝element 的高度＋padding 的上、下边距的值＋margin 的上、下边距的值+border 的上、下宽度。

1）内容

内容是盒子里的“物品”，是盒模型中必须有的部分，可以是网页上的任何元素，如文本、图片、视频等各种信息。内容的大小由属性宽度和高度定义，其语法格式如下：

```
width:auto|length;
height:auto|length;
```

auto 表示宽度或高度可以根据内容自动调整；length 是长度值或百分比值，百分比值是基于父对象的值来计算当前盒子大小的。

2）边界

边界是盒模型与其他盒模型之间的距离，使用 margin 属性定义，其语法格式如下：

```
margin auto|length;
```

length 是长度值或百分比值。百分比值是基于父对象的值。长度值可以是负值，实现盒子间的重叠效果。也可以利用 margin 的 4 个子属性 margin-top、margin-bottom、margin-left、margin-right 分别定义盒子四周各边界值，语法同 margin。对于行内元素，只有左、右边界起作用。

3）填充

填充用来设置内容和盒子边框之间的距离。可用 padding 属性设置，其语法格式如下：

```
padding:length;
```

length 可以是长度值或百分比值，百分比值是基于父对象的值。与 margin 类似，也可以利用 padding 的 4 个子属性 padding-top、padding-bottom、padding-left、padding-right 分别定义盒子 4 个方向的填充值，长度值不可以为负。

4）边框

边框是盒模型中介于填充和边界之间的分界线，可用 border-width、border-style、border-color 属性定义边框的宽度、样式、颜色，也可以直接在 border 属性后加 3 个对应值，用空格隔开进行设置。

边框宽度用 border-width 属性描述，其值可以是关键字 medium、thin、thick、长度值或百分比值。

边框样式用 border-style 属性描述，其值可取的关键字如下。

none：无边框，默认值。

hidden：隐藏边框。

dashed：点画线构成的虚线边框。

dotted：点构成的虚线边框。

solid：实线边框。

double：双实线边框。

groove：根据 color 值，显示 3D 凹槽边框。

ridge：根据 color 值，显示 3D 凸槽边框。

inset：根据 color 值，显示 3D 凹边边框。

outset：根据 color 值，显示 3D 凸边边框。

边框颜色用 border-color 属性描述，其值同 color 值，可以是 RGB 值、颜色名等。

任务3 设计在线购物类网站网页

一、任务实现

在线购物网站是当前比较流行的一类网站。随着网络购物、物联网交易的普及，如京东、淘宝、阿里巴巴、速卖通等类型的在线网站的风靡，越来越多的公司和企业都已经着手架设在线购物网站平台。

在线购物类网页主要用于实现网络购物、交易等功能，因此所要体现的功能较多，主要包括产品搜索、账号登录、广告推广、产品推广、产品分类、商品管理等内容。最终的网页效果如图 4.9 所示。

图 4.9 在线购物网站主页效果图

(1) 设计分析。

购物网站的一个重要特点就是展示商品，突出购物流程、优惠活动、促销活动等信息。

首先，要用逼真的商品图片来吸引购物者，结合各种吸引人眼球的优惠活动来增强购物者的购买欲望，而且在购物流程上要简单快捷，如付款方式多样化，让购物者有多种选择，让各类购物者都能在网上顺利完成支付。

在线购物类网站要体现以下主要特点：

- 商品检索方便。要有商品搜索功能和详细的商品分类。
- 有产品推广功能。增加广告活动位，帮助特色产品推广。
- 有热门产品推荐。购物者的搜索很多带有盲目性，所以可以设置热门产品推荐位。

(2) 排版架构。

本例的在线购物网站整体采用上中下的架构。上部为导航栏；中部为网页的主要内容区域，包括Banner、资讯、产品类别区域；下部为页脚信息。

网页的整体架构如图4.10所示。

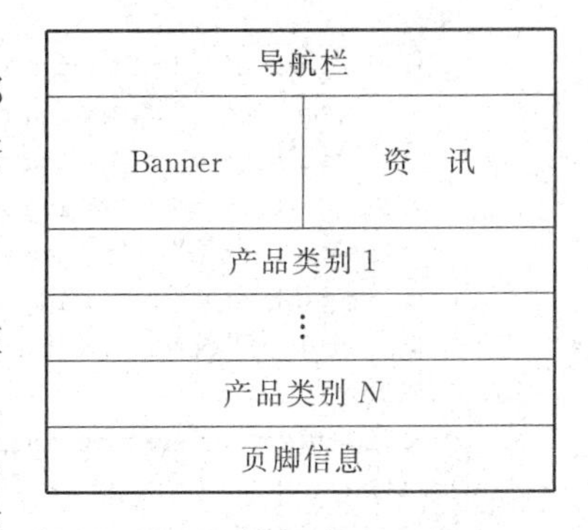

图4.10　网页的整体架构

(3) 创建该网站需要的文件夹“在线购物网站”，在此文件下内创建子文件夹images和css等。

(4) 导航栏使用水平结构，与其他类别的网站相比，前面有一个显示购物车情况的功能。把购物车功能放在这里，购物者能更方便、快捷地查看购物情况。导航栏效果如图4.11所示。

图4.11　导航栏效果图

使用记事本或其他网站编辑软件，在<body>和</body>之间输入下列代码：

```
<body>
<!----------------------------------------NAV---------------------------------------->
<div id="nav"><span><a href="#">我的账户</a> | <a href="#" style="color:#5CA100;">订单查询</a> | <a href="#">我的优惠券</a> | <a href="#">积分换购</a> | <a href="#">购物交流</a> | <a href="#">帮助中心</a></span>你好,欢迎来到优尚购物 [<a href="#">登录</a>/<a href="#">注册</a>] </div>
<!----------------------------------------logo---------------------------------------->
<div id="logo">
  <div class="logo_left"><a href="#"><img src="images/logo.gif" border="0" /></a></div>
  <div class="logo_center">
    <div class="search"><form action="" method="get">
    <div class="search_text">
    <input type="text" value="请输入产品名称或订单编号" class="input_text"/>
    </div>
    <div class="search_btn"><a href="#"><img src="images/search-btn.jpg" border="0" />
</a></div>
    </form></div>
    <div class="hottext">热门搜索:  <a href="#">新品</a>   <a href=
```

```
"#">限时特价</a>   <a href="#">防晒隔离</a>   <a href=
"#">超值换购</a></div>
  </div>
  <div class="logo_right"><img src="images/telephone.jpg" width="228" height="70" /></div>
</div>
<!----------------------------------------MENU------------------------------------------>
<div id="menu">
  <div class="shopingcar"><a href="#">购物车中有 0 件商品</a></div>
  <div class="menu_box">
    <ul>
      <li><a href="#"><img src="images/menu1.jpg" border="0" /></a></li>
      <li><a href="#"><img src="images/menu2.jpg" border="0" /></a></li>
      <li><a href="#"><img src="images/menu3.jpg" border="0" /></a></li>
      <li><a href="#"><img src="images/menu4.jpg" border="0" /></a></li>
      <li><a href="#"><img src="images/menu5.jpg" border="0" /></a></li>
      <li><a href="#"><img src="images/menu6.jpg" border="0" /></a></li>
      <li style="background:none;"><a href="#"><img src="images/menu7.jpg" border="0" />
</a></li>
      <li style="background:none;"><a href="#"><img src="images/menu8.jpg" border="0" />
</a></li>
      <li style="background:none;"><a href="#"><img src="images/menu9.jpg" border="0" />
</a></li>
      <li style="background:none;"><a href="#"><img src="images/menu10.jpg" border="0" />
</a></li>
    </ul>
  </div>
</div>
```

上述代码主要包括 3 个部分，分别为 NAV、Logo、MENU。其中，NAV 区域主要用于定义购物网站中的账户、订单、注册、帮助中心等信息；Logo 部分主要用于定义网站的 Logo、搜索框、热门搜索信息以及相关的电话等；MENU 区域主要用于定义网页的导航菜单。

(5) 在 css 文件夹内创建 layout.css，在此 CSS 文件里书写对应上述代码的 CSS 样式，具体代码如下：

```
#menu{ margin-top:10px; margin:auto; width:980px; height:41px; overflow:hidden;}
.shopingcar{ float:left; width:140px; height:35px;
background:url(../images/shopingcar.jpg) no-repeat; color:#fff;
padding:10px 0 0 42px;}
.shopingcar a{ color:#fff;}
.menu_box{ float:left; margin-left:60px;}
.menu_box li{ float:left; width:55px; margin-top:17px;
text-align:center; background:url(../images/menu_fgx.jpg) right center no-repeat;}
```

在上述代码中，#menu 选择器定义了导航菜单的对齐方式、宽度、高度、背景图片等信息。

(6) 购物网站的 Banner 区域与企业类型的网站比较起来差别很大，企业型的 Banner 区域多突出企业文化，而购物网站的 Banner 区域主要放置主推产品、优惠活动、促销活动等信息。Banner 区域和资讯区域效果如图 4.12 所示。

图 4.12　Banner 区域和资讯区域效果

(7) 在 HTML 代码中，在<body>和</body>之间输入下列代码：

```
<div id = "banner">
<div class = "banner_box">
<div class = "banner_pic"><img src = "images/banner.jpg" border = "0" /></div>
<div class = "banner_right">
<div class = "banner_right_top"><a href = "#"><img src = "images/event_banner.jpg" border =
"0" /></a></div>
<div class = "banner_right_down">
    <div class = "moving_title"><img src = "images/news_title.jpg" /></div>
    <ul>
        <li><a href = "#"><span>国庆大促 5 宗最,纯牛皮钱包免费换!</span></a></li>
        <li><a href = "#">身体护理系列满 199 加 1 元换购飘柔!</a></li>
        <li><a href = "#"><span>YOUSOO 九月新起点,价值 99 元免费送!</span></a></li>
        <li><a href = "#">喜迎国庆,妆品百元红包大派送!</a></li>
      </ul>
    </div>
  </div>
  </div>
</div>
```

在上述代码中，Banner 分为两部分：左侧放大尺寸图片；右侧放小尺寸图片和文字信息。

(8) 在 layout.css 文件中添加对应上述代码的 CSS 代码如下：

```
#banner{ background:url(../images/banner_top_bg.jpg) repeat-x; padding-top:12px;}
.banner_box{ width:980px; height:369px; margin:auto;}
.banner_pic{ float:left; width:726px; height:369px; text-align:left;}
.banner_right{ float:right; width:247px;}
.banner_right_top{ margin-top:15px;}
.banner_right_down{ margin-top:12px;}
.banner_right_down ul{ margin-top:10px; width:243px; height:89px;}
.banner_right_down li
{ margin-left:10px; padding-left:12px; background:url(../images/icon_green.jpg) left no-
repeat center; line-height:21px;}
.banner_right_down li a{ color:#444;}
.banner_right_down li a span{ color:#A10288;}
```

在上述 CSS 代码中，# banner 选择器定义了背景图片，背景图片的对齐方式、链接样式等信息。

(9) 产品类别也是图文混排的效果。在购物网页中大量运用了图文混排的方式。图 4.13 所示为化妆品类别区域，图 4.14 所示为女包类别区域。

图 4.13　化妆品类别区域

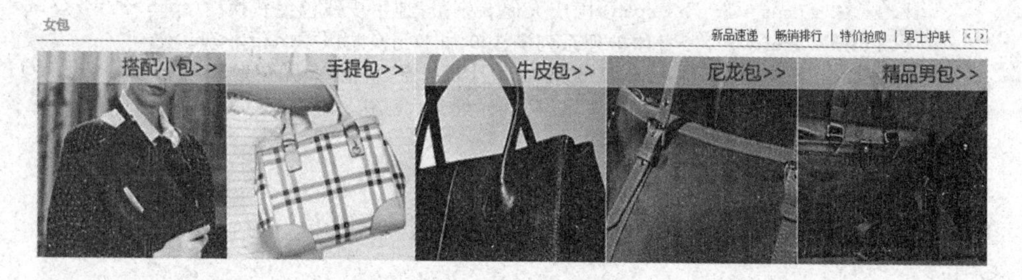

图 4.14　女包类别区域

(10) 在 HTML 代码中，在<body>和</body>之间输入下列代码：

```
<div class = "clean"></div>
<div id = "content2">
<div class = "con2_title">
<b><a href = "#"><img src = "images/ico_jt.jpg" border = "0" /></a></b>
<span><a href = "#">新品速递</a> | <a href = "#">畅销排行</a>
| <a href = "#">特价抢购</a> | <a href = "#">男士护肤</a>  
</span>
<img src = "images/con2_title.jpg" /></div>
<div class = "line1"></div>
<div class = "con2_content">
<a href = "#"><img src = "images/con2_content.jpg" width = "981" height = "405" border = "0" />
</a>
</div>
```

```
< div class = "scroll_brand">< a href = " # ">< img src = " images/scroll_brand. jpg" border = "0" />
</a>
</div>
< div class = "gray_line"></div>
</div>
< div id = "content4">
< div class = "con2_title">< b >< a href = " # ">< img src = " images/ico_jt. jpg" border = "0" /></a>
</b>
< span>
< a href = " # ">新品速递</a> | < a href = " # ">畅销排行</a>
| < a href = " # ">特价抢购</a> | < a href = " # ">男士护肤</a>   
</span>
< img src = " images/con4_title. jpg" width = "27" height = "13" />
</div>
< div class = "line3"></div>
< div class = "con2_content">
< a href = " # ">< img src = " images/con4_content. jpg" width = "980" height = "207" border = "0" />
</a></div>
< div class = "gray_line"></div>
</div>
```

在上述代码中，content2 层中用于定义化妆品类别；content4 层中用于定义女包类别。

(11) 在 layout. css 文件中添加对应上述代码的 CSS 代码如下：

```
#content2{ width:980px; height:545px; margin:22px auto; overflow:hidden;}
.con2_title{ width:973px; height:22px; padding-left:7px; line-height:22px;}
.con2_title span{ float:right; font-size:10px;}
.con2_title a{ color:#444; font-size:12px;}
.con2_title b img{ margin-top:3px; float:right;}
.con2_content{ margin-top:10px;}
.scroll_brand{ margin-top:7px;}
#content4{ width:980px; height:250px; margin:22px auto; overflow:hidden;}
#bottom{ margin:auto; margin-top:15px; background:#F0F0F0; height:236px;}
.bottom_pic{ margin:auto; width:980px;}
```

上述 CSS 代码定义了产品类别的背景图片、高度、宽度、对齐方式等。

(12) 在 HTML 代码中，在< body >和</body >之间输入下列代码：

```
< div id = "copyright">< img src = " images/copyright. jpg" /></div>
```

页脚区域使用一个 div 标签放置版权信息图片，比较简洁，如图 4.15 所示。

关于我们 | 联系我们 | 配送范围 | 如何付款 | 批发团购 | 品牌招商 | 诚聘人才
优尚 版权所有

图 4.15　页脚区域

(13) 在 layout. css 文件中添加对应上述代码的 CSS 代码如下：

```
#copyright{width:980px; height:150px; margin:auto; margin-top:16px;}
```

（14）在 css 文件夹内创建 font. css，在此 CSS 文件里书写对应上述代码的 CSS 样式，具体代码如下：

```
a{ text-decoration:none;}
a:visited{ text-decoration:none;}
a:hover{ text-decoration:underline;}
```

二、知识学习

1. Web 前端应用开发现状与发展趋势

随着互联网的日新月异，大众消费意识也在不断发生变化，日常生活中方方面面都会用到 APP 功能，Web 前端主要涉及 PC 网站的前端、手机等移动端网站前端和 APP 客户端前端，本小节简单介绍移动 Web 开发现状与发展趋势。

目前，Web 前端开发正处于发展的高峰期，各大公司、企业为了增强产品的用户体验，吸引用户，都建立起了自己的用户体验团队，HTML5 技术被广泛应用。

1）HTML5 应用发展现状

从软件角度来看，桌面浏览器对 HTML5 的支持高于移动浏览器，最高可达 95%；而从整体上而言，移动浏览器对 HTML5 的支持却优于桌面浏览器。

HTML5 具有较好的浏览器向后兼容性，开发者能对浏览器不支持的情形设计各种各样的回退方案。因此，HTML5 页面的实际显示性能与开发者、制作平台密切相关。在商业需求的驱动下，HTML5 页面设计目的性更强，获得良好传播效果的基本上都是经过一定时间策划，在团队操作下有针对性进行投放的企业案例。

2）HTML5 行业发展趋势

伴随 HTML5 兴起的是 Flash 的没落，HTML5 除了移动设备的跨平台性和较好的多媒体支持外，它的应用范围也广于 Flash，HTML5 在以下 4 大方面有所突破。

- 往重度内容化方向发展：在用户对页面交互能力和 HTML5 拓展功能的要求提高之际，轻度营销的市场份额会逐渐降低，逐渐往重度营销内容转化。
- 往网页游戏方向发展：网页游戏在未来更可能结合 HTML5 优良的通信功能，往跨屏互动等交互特征更明显的形式发展。
- 往在线应用方向发展：密切相关的垂直行业包括在线教育、电商和流媒体三种类型。
- 往内容直接填充方向发展：在 HTML5 模板的帮助下，新媒体内容能够通过应用母版进行编辑，用户只需要后期进行图文内容的替换，因此这也很可能成为传媒业转型的契机。

从以上几点内容来看，HTML5 会有很大的市场，移动 Web 开发现状及发展趋势都非常不错，从事 Web 前端开发就业前景极好。

2. 网站开发流程

网站开发用于制作一些专业性强的网站，如动态网页，ASP、PHP、JSP 网页。而且网站开发一般是原创，网站制作可以用别人的模板。网站开发的字面意思比制作有更深层次的进步，它不仅仅有网站美工和内容，还可能涉及域名注册查询和网站的一些功能的开发。对于较大的组织和企业，网站开发团队可以由数百人(Web 开发者)组成。规模较小的企业可能只需要一个永久的或收缩的网站管理员或相关的工作职位，如一个平面设计师或信息系统技术人员的二次分配。Web 开发可能需要一个部门，而不是与指定的部门之间的协作努力。

互联网时代，网站作为企业的第二种战略方向，就是为了帮助企业提供更广的服务渠道，接触更多的用户。本小节就来简单介绍网站开发流程。

1）确定建站目标

一个好的网站与建站前的规划有着很重要的关系。在制作网站之前首先应明确网站建设的需求，确定建站的目的及目标，包括网站的内容、网站功能及网站想要传达的信息等。

开始先为网站设立一个目标，即如想做个漂亮的网站，或者想做个强大的网站。为什么要做这个网站？想吸引哪些人去访问这个网站？不要希望所有人都会喜欢这个网站，你对这个网站描述得越详细，你的网站就越有可能成功。

如大部分公司的网站目标可能就是吸引潜在客户，以推销本公司的产品或者服务。我们应该对这个目标描述得再详细一些。如一家 IT 培训机构，它的主营培训项目就是 IT 职业培训，那么它的网站目标可以是这样：年龄为 18～26 岁没有工作或者是对工作不满、喜欢计算机的年轻人，通过网站了解 IT 职业然后选择培训科目。

一旦设立了网站目标，随之而来的就是要执行的任务。为了完成这些任务，下一步就要整理网站的内容，包括文章、图片、视频，然后把网站的结构设立出来，如想把网站的内容分成哪几个单元、每个单元有怎样的分类等，最后还要考虑网站的功能(网站需不需要留言功能、论坛等)，然后可以根据这些需求，开始制定网站建设方案。

2）进行需求分析

要想建设一个比较好的网站，就要分析用户的需求，因为网站就是为了给用户看的，只有先了解用户的需求，才能够更好地满足用户，才能够更好地吸引用户。

对于网站运营者来说，要想更好地掌握用户的需求，要先把自己当成用户，站在用户的角度去思考，想一下自己想要在网站上看到哪些内容，然后在做网站的时候就能够更好地进行网站的框架搭建。

网站建设之前应该做好以下用户需求分析。

- 和用户沟通很重要：可以更方便地获取第一手资料。在调研前并不确定哪几类用户是我们的目标受众，这就需要我们大量与用户进行面对面沟通，快速积累更多有价值的信息。
- 把用户关心的每一个细节都做好：用户会围绕你的产品做很多事，为了体验用户的感受、融入用户群体，运营人员也应该去做这些事，甚至在多个场景，长期、大量去做，这样才能真正体会用户的感受。
- 分析用户所在的行业：除了分析用户，还要学会分析用户所在的行业。行业是用户和产品所处的大环境。
- 充分利用资源：产品内部有很多分散的、无结论的信息没有被很好地利用，如目标用户的反馈和用户行为等，这些数据都是很好的参考资料。

3）绘制网站原型

根据用户需求分析，规划出网站的内容板块草图（网站草图）。当然进行网站推广应该还要根据搜索引擎的抓取习惯去布置自己的网站板块。使用 Axure RP 7.0 等原型绘制工具规划出网站内容板块草图以及交互效果。

4）系统整理所需资料

需求分析后，除了绘制网站原型以外，还有一项重要的工作就是收集、整理建设网站所需的资料。网站的前期工作需要围绕网站目标来进行。例如，网站的架构，网站的功能，网站所需的 Logo、文字、动画、视频等资料。分类整理，仔细检查，确保建站的原始数据准确。

5）确定网站布局和风格

网站风格是指网站页面设计上的视觉元素组合在一起的整体形象，展现给人的直观感受。这个整体形象包括网站的配色、字体、页面布局、页面内容、交互性、海报、宣传语等因素。网站风格一般与企业的整体形象相一致，如企业的整体色调、企业的行业性质、企业文化、提供的相关产品或服务特点都应该能在网站的风格中得到体现。网站风格最能传递企业文化信息，所以说好的网站风格不仅能帮助客户认识和了解网站背后的企业，也能帮助企业树立别具一格的形象。独特的网站风格，直接在自身网站和所处行业的其他网站之间营造出一种清晰的辨识度。随着互联网影响力的不断提升，网站成了企业让客户了解自身的最直接的一个门户。通过自身网站的辨识度，在众多网站中脱颖而出，可迅速帮助企业树立品牌，提升企业形象。

将网站原型给设计人员，由设计人员制作网站的效果图。设计人员在根据原型图设计网站效果时，还需要确定网站的布局、风格等内容。这需要设计人员进行综合考虑，例如网站所在行业的特色、网站目标人群的特点、建站技术人员的经验、网站美工的经验等。

6）网站开发

根据页面结构和设计，前端和后台可以同时进行。前端：根据美工效果负责制作静态页面。后台：根据其页面结构和设计，设计数据库，并开发网站后台。这部分工作主要由网站程序员去实现，根据客户的需求，考虑多方因素（如速度、安全、负载能力、运营成本），选择合适的网站编程语言和数据库。

7）网站上线测试

在本地搭建服务器，测试网站有没有 Bug。若无 Bug，可以将网站打包，使用 FTP 上传至网站空间或者服务器。将网站全部上传到服务器，然后由各方人员来测试网站，其中包括建站技术人员、网站需求方、网站客户方等。发现问题并记录问题，直至网站各方面的细节都已经完善。

8）网站推广

为了让潜在客户找到网站，建站者必须在网页搜索引擎中加入自己公司的名称或者关键词。如果网站刚刚建成，搜索引擎要找到你的公司可能需要一段时间。这个时候就需要专业的网络推广团队去优化推广。当然，后续还要进行网站维护，包括网站开发制作完成后经测试出现的程序 Bug 和页面问题、修改文字、修改图片、修改 Logo、修改后台管理账号、修改文本颜色、修改 Banner 等。

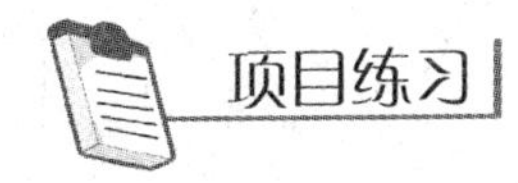

项目练习

一、实训题

1. 规划和设计小型企业的通用布局结构。

2. 设计一个小型企业门户网站，包含 3～5 个栏目，如产品、客户和联系我们等栏目，并且有的栏目甚至只包含一个页面。此类网站通常都是为了展示公司形象，说明公司的业务范围和产品特色等。

二、练习题

1. 选择题

(1) HTML5 之前的 HTML 版本是(　　)。

A. HTML 4.01　　B. HTML 4

C. HTML 4.1　　D. HTML 4.9

(2) 在 HTML5 中不再支持<script>元素(　　)属性。

A. rel　　B. href　　C. type　　D. src

(3) 最常用的网页制作软件是(　　)。

A. Word　　B. Photoshop　　C. ASP.NET　　D. Dreamweaver

(4) 超链接的 HTML 源代码标记为(　　)。

A. <a></a>　　B. href　　C. type　　D. src

(5) 关于 HTML5 的说法正确的是(　　)。

A. HTML5 只是对 HTML4 的一个简单升级

B. 所有主流浏览器都支持 HTML5

C. HTML5 新增了离线缓存机制

D. HTML5 主要是针对移动端进行了优化

2. 填空题

(1) 标题字标签中字号最大和最小的标签分别是________和________。

(2) 代码<a href="lx1.html">单击进入首页</a>中，<a>标签的作用是________，"lx1.html"使用的地址为________。

(3) 最常见的 CSS 选择器是元素选择器。换句话说，文档的________就是最基本的选择器。

(4) 为了将类选择器与元素关联，必须将________属性指定一个适当的值。

(5) 相邻兄弟元素选择器可选择紧接在另一元素后的元素，且二者有相同________，相邻兄弟元素选择器使用“________”作为结合符。

3. 简答题

(1) 哪些浏览器支持 HTML5?

(2) 绝对路径、相对路径和根路径的区别是什么?

(3) CSS 中的 ID 选择器和类选择器有什么区别?

(4) 请解释 CSS 的盒子模型。

(5) CSS3 有哪些新特性?

项目五 ASP.NET动态网站建设基础

项目学习目标

1. 了解网页的类型及各类型区别；
2. 了解 JavaScript 的基础知识；
3. 掌握 C#语言常见概念和基础语法；
4. 掌握 ASP.NET 的常用对象；
5. 掌握 ASP.NET 的常用控件。

项目任务

• **任务 1　浏览淘宝网并识别站点内各个网页的类型**

本任务的目标是在浏览大型电子商务网站过程中，通过对网页 URL 扩展名或其他网页特征等判断出各网页所属类型，从而在实践中掌握不同网页类型的区分方法。

• **任务 2　编写 JavaScript 程序并运行**

本任务的目标是通过在 Visual Studio 2010 中成功运行一个 JavaScript 小程序，了解 JavaScript 的运用步骤。

• **任务 3　在 Visual Studio 2010 中运行 C#程序**

本任务的目标是通过运行 C#程序和分析 C#代码，掌握 C#语言的基本结构，并了解在 Visual Studio 2010 中 C#代码的嵌入形式。

• **任务 4　使用 Request 对象获取表单数据，并利用 Response 对象进行数据显示**

本任务的目标是通过运行一个数据获取与传输的案例，了解 ASP.NET 内置对象的作用。

• **任务 5　在 Visual Studio 2010 中完成注册页面的布局**

本任务的目标是通过完成一个注册页面，掌握工具箱中几种常见控件的拖放，并了解各控件的表现形式和作用。

任务 1　浏览淘宝网并识别站点内各个网页的类型

一、任务实现

(1) 打开浏览器，在地址栏中输入 https://www.taobao.com/index.php，如图 5.1 所示。

图 5.1 淘宝网

通过对地址栏 URL 进行分析可以发现，该站点首页 index. php 的扩展名为. php，根据前面所学知识我们知道 PHP 是一门开发动态网站的脚本语言，PHP 文件的扩展名便是. php，因此，我们判断出具有该扩展名的网页为动态网页。

(2) 单击淘宝网首页左上角的“免费注册”，进入注册页面，如图 5.2 所示。

图 5.2 淘宝网注册页面

通过对图 5.2 的 URL 进行分析可看出该页面所属域名为 www. taobao. com，网页文件名为 fill_mobile. htm，因此该网页的扩展名为. htm，该页面属于静态网页。

二、知识学习

1. 网页类型

根据网页制作时所采用的语言来划分，网页的类型可分为静态网页和动态网页。

(1) 静态网页最常见的是采用 HTML(超文本标记语言)来制作，扩展名一般为. htm、

.html、.shtml 等。静态网页是网站建设的基石，其内容是预先制定且不会变化的，可存储于 Web 服务器或本地计算机上。

(2) 动态网页以数据库技术为依托，除了使用 HTML 外，一般要采用一门动态网站开发语言或技术，如 PHP、ASP、ASP.NET 等，根据采用技术的不同，扩展名可为.php、.asp、.aspx 等。与静态网页不同，动态网页将会随着用户的不同，或同一用户的不同行为(如用户提供的参数或用户与页面的交互动作等)产生不同的页面内容。

因此，在区分网页类型时，最直观的方式是直接分析网页文件扩展名。但事实上，由于某些站点的特殊需求，有时会把动态网页进行伪静态化处理，此时虽然网页文件扩展名仍然是.html，但是实际上该网页是动态网页。另外，我们也常发现有的站点隐藏了网页文件名。天猫站点网页如图 5.3 所示，此时，仅通过扩展名进行类型判断就显得过于片面，这时可以通过判断该页面是否采用数据库技术、是否能对用户行为产生不同的反馈内容等方式进行页面类型区分。

图 5.3 天猫站点网页

2. 两种网页适用场景

静态网页和动态网页具有不同的特点，而它们之间的区别又决定了其所适用的场景。

1) 静态网页的特点

- 静态网页以.htm、.html、.shtml、.xml 等为扩展名。
- 静态网页更容易被搜索引擎检索到。
- 静态网页未采用数据库技术，在网页维护方面代价较大，交互性也较弱，在功能丰富性上存在较大的限制。

2）动态网页的特点

- 动态网页文件的扩展名根据其所采用的动态网站开发技术的不同可能为.php、.asp、.aspx、.jsp等。
- 搜索引擎较难从一个动态网站的数据库中访问全部网页，因此采用动态网页的网站在进行搜索引擎推广时需要做一定的伪静态化处理才能适应搜索引擎的要求。
- 动态网页因为有数据库的支持，不仅可以降低网站维护的工作量，而且可以实现诸如注册、登录、订单管理等较为丰富的功能。

综合以上特点，一个网站是采用动态网页还是静态网页主要取决于网站的功能需求和维护代价。如果网站功能比较简单，内容更新量不是很大，采用纯静态网页的方式会更简单，反之，一般要采用动态网页技术来实现。但动静态网页间也并不互斥，在同一个网站上，动态网页内容和静态网页内容同时存在也是很常见的事情，同时，为了使网站适应搜索引擎检索的需要，即使采用动态网站技术，也可以将网页内容转化为静态网页发布。

任务2 编写JavaScript程序并运行

一、任务实现

(1) 打开Visual Studio 2010，新建一个aspx页面，并从工具箱中的html选项中拖动按钮控件到页面上。含有按钮控件的aspx页面如图5.4所示。

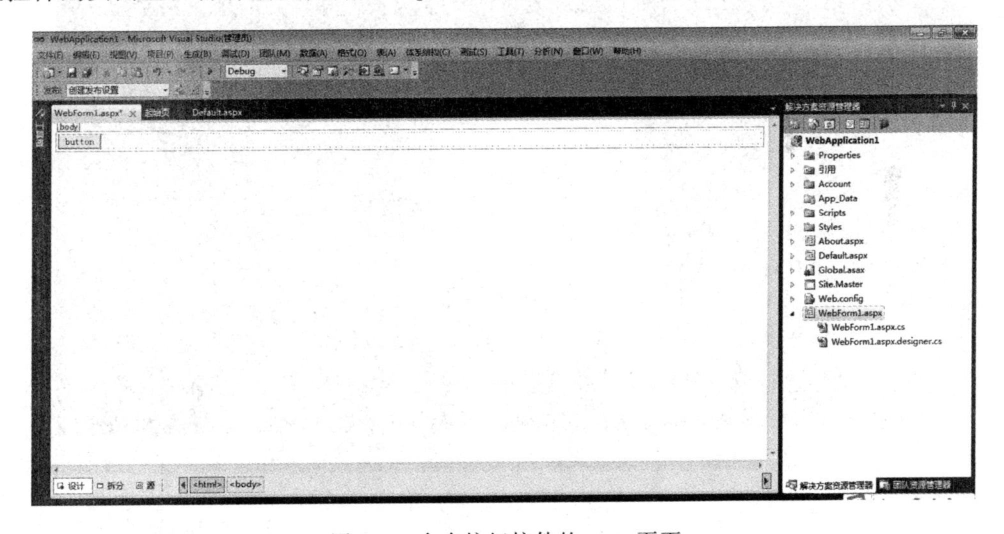

图5.4 含有按钮控件的aspx页面

(2) 双击页面上的按钮控件，此时页面自动跳转到源代码视图，如图5.5所示。

(3) 把下述代码输入到图5.5的Button1_onclick()函数中，运行代码后，单击button按钮，实现了如图5.6所示的效果。

```
var Ele_body = document.getElementsByTagName('body')[0];
Ele_body.style.backgroundColor = 'red';
alert('背景颜色已改变');
```

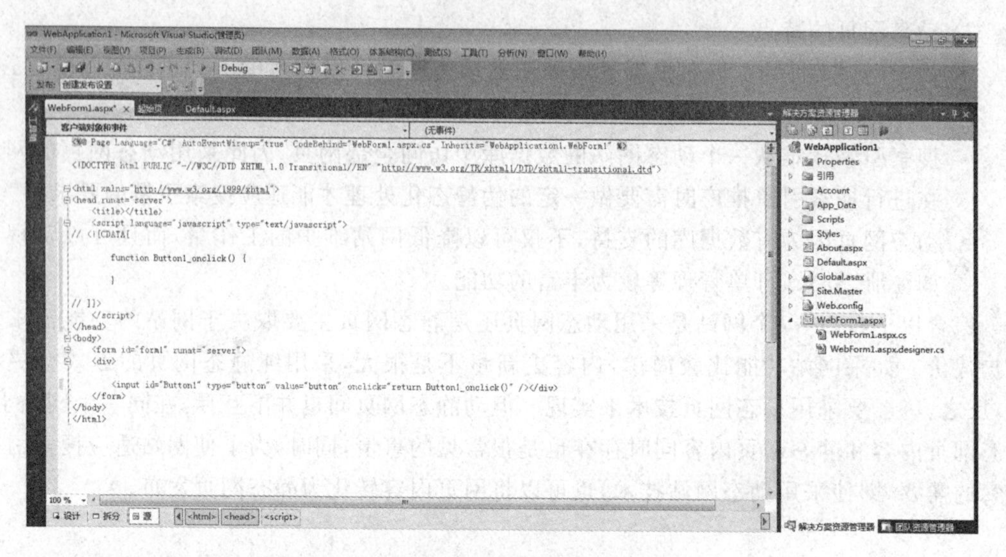

图 5.5　源代码视图

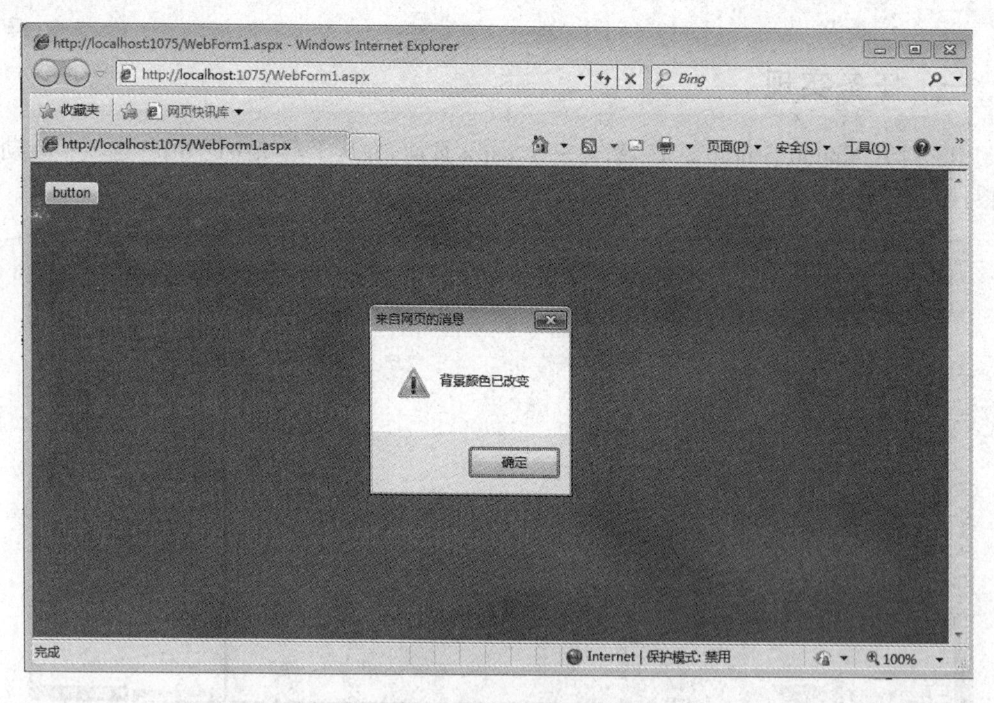

图 5.6　案例效果图

二、知识学习

1. 初识 JavaScript

JavaScript 语言是世界上最流行的程序语言之一，作为一种轻量级的编程语言，它在 Web 领域的应用越来越多，并且具有良好的设备兼容性，目前已被广泛应用于服务器、笔记本电脑、平板电脑和智能手机等设备。

同C语言相似,JavaScript语言也有它自身的基本数据类型、表达式和算术运算符等。需要注意的是,它是一种弱类型的脚本语言,在进行变量声明时无须指定该变量的数据类型。在运用上,JavaScript语言最常见于网页制作中,它常常被用来为网页增强动态效果,提升网页的交互能力,它的跨平台性使JavaScript脚本可以在任意的机器上进行使用,只要该机器上有支持JavaScript脚本的浏览器,这为它的流行起到了至关重要的作用。

2. JavaScript的用法

JavaScript语言在HTML中的使用方式最常见的有以下3种。

(1) 内嵌于HTML的标记中。如:

```
<a href = "javascript:history.back()"> link </a>
```

(2) 把JavaScript脚本放在< script >与</script >标签之间。如:

```
<html>
<head> JavaScript 演示</head>
<body>
    <script>
        document.write("<h1>这是一个标题</h1>");
    </script>
</body>
</html>
```

(3) 最后一种则是利用外部文件引入JavaScript,即把JavaScript脚本保存于单独的.js文件中,而后在HTML中用< script ></script >标签对把外部JavaScript文件引入,并在< script >标签的src属性中设置该.js脚本文件的来源地址。例如,要在某HTML文档中引入同层目录下的一个.js脚本文件,假设脚本文件名为myScript.js,则可在HTML文档中书写:

```
<script src = "myScript.js" type = "text/javascript"></script>
```

需要注意的是,虽然以上几种用法都是正确的,但本书还是推荐读者使用外部文件的方式引入JavaScript,采用这种方式不仅使代码更清晰、简洁,而且对后期代码维护、安全性以及提高浏览速度都有较大的好处。

3. JavaScript基本语法

1) JavaScript常量

常量是指自始至终其值不能被改变的数据。在JavaScript中,常量类型主要包括字符串常量、数值常量、布尔常量、null和undefined等。同其他强类型语言不同的是,它不具备利用const修饰符将变量定义为常量的能力。

2) JavaScript变量

在编程语言中,变量用于存储数据值。JavaScript作为一门弱类型语言,不采用int、float等修饰符,而是使用关键字var来定义变量。如:

```
var 变量名;
var 变量名 = 值;
```

3）字母大小写

JavaScript 对大小写是敏感的。当编写 JavaScript 语句时，函数 getElementById()与 getElementByID()是不同的，同样，变量 username 与 UserName 也是不同的。

4）注释形式

JavaScript 的注释形式与 C 语言类似，存在单行注释和多行注释两种形式。其中，单行注释的符号为//，多行注释的符号为/ ** /。如：

```
<script>
  /*
      此处为多行注释内容
      此处为多行注释内容
      …
  */
  var length = 16;                    //定义变量并赋值,此处为单行注释
</script>
```

4. JavaScript 数据类型

1）字符串型

在 JavaScript 中，字符串数据是用引号引起来的文本字符串，例如，"你好"或"123"等。在定义字符串变量时无须指定类型，只需如下定义即可。

```
var hello = "你好";
```

2）数值型

JavaScript 中用于表示数字的类型称为数值型。如果数据是十进制，则既可以用普通计数法，如 10、10.1 等，也可用科学计数法，如 3E7、0.3e7 等。当然，除了十进制，数值型数据还可以用十六进制表示(以 0X 开头)或者用八进制表示(以 0 开头)。

3）布尔型数据

布尔(逻辑)型数据只能有两个值：true 或 false。其中，true 代表真值；false 代表假值。布尔型数据通常用来表示某个条件是否成立，定义一个布尔变量的形式如下。

```
var b = true                          //定义 b 为真值
```

4）复合数据类型

上面提到的 3 种类型都是 JavaScript 的基本数据类型，除此以外，JavaScript 还拥有数组、对象等复合数据类型。

5. JavaScript 输出语句

JavaScript 可以通过不同的方式来输出数据，例如：

- 使用 window.alert()弹出警告框；
- 使用 document.write()将内容写到 HTML 文档中；
- 使用 innerHTML 或 innerText 写入元素到 HTML 文档中；

- 使用 console.log()将内容写入到浏览器的控制台。

6. 获取元素

在 JavaScript 程序设计中，经常要获取一些指定的 HTML 元素进行程序处理，此时便需要通过一些获取元素的语句来实现这个功能。在 JavaScript 中，获取元素主要是通过以下 3 种途径。

1) 通过元素 id 获取元素

假设有一个欲获取的元素，其 id 属性值为 ele1，此时可以通过以下代码获取该元素并返回该元素对象的引用给一个 JavaScript 变量 ele：

```
var ele = document.getElementById('ele1');
```

2) 通过元素 name 属性获取元素

假设要获取 name 属性值为 user 的元素对象，此时，可通过以下代码获取元素引用：

```
var eles = document.getElementsByName('user');
```

3) 通过元素标签名获取元素

如要获取本文档下所有的 input 标签，此时，可通过如下代码实现：

```
var in_eles = document.getElementsByTagName('input');
```

值得一提的是，通过后两种方法获得的是指定对象的集合，此时，若要访问集合中的单个元素对象，需通过下标进行访问，如要访问第一个 input 标签，需写为：

```
in_eles[0]
```

7. 操作元素

在 JavaScript 中，除了提供获取元素的语句外，还允许开发者对网页文档元素进行操作，这通常包含了对元素属性和 CSS 样式进行获取和设置。

在元素操作中，对属性的设置是比较常见的，如有一 id 为 txt1 的文本框，此时，通过前面的知识点我们知道，只要执行语句 var ele = document.getElementById('txt1')后，变量 ele 将获得该文本框的引用。在此之后，假设要设置该元素的 value 属性值，只需通过如下代码：

```
ele.value = "new value";
```

除此以外，对元素的 CSS 样式进行设置也是频繁出现在 JavaScript 程序中的，例如希望改变上述文本框的字体颜色，则可以书写为：

```
ele.style.color = "red";
```

由于篇幅所限，更多属性和样式的更改不再一一举例，读者可自行查阅相关书籍。

8. JavaScript 事件

在 JavaScript 中，事件指一些特定的动作。可以使用 JavaScript 程序来响应这些动作，例如响应单击、双击事件等。

在以下实例中，按钮元素添加了 onclick 属性（单击事件），并编写了该事件发生时的响应方式（弹出对话框并显示“你好”），其实现的网页效果如图 5.7 所示。

```
<button onclick = "window.alert('你好')">单击</button>
```

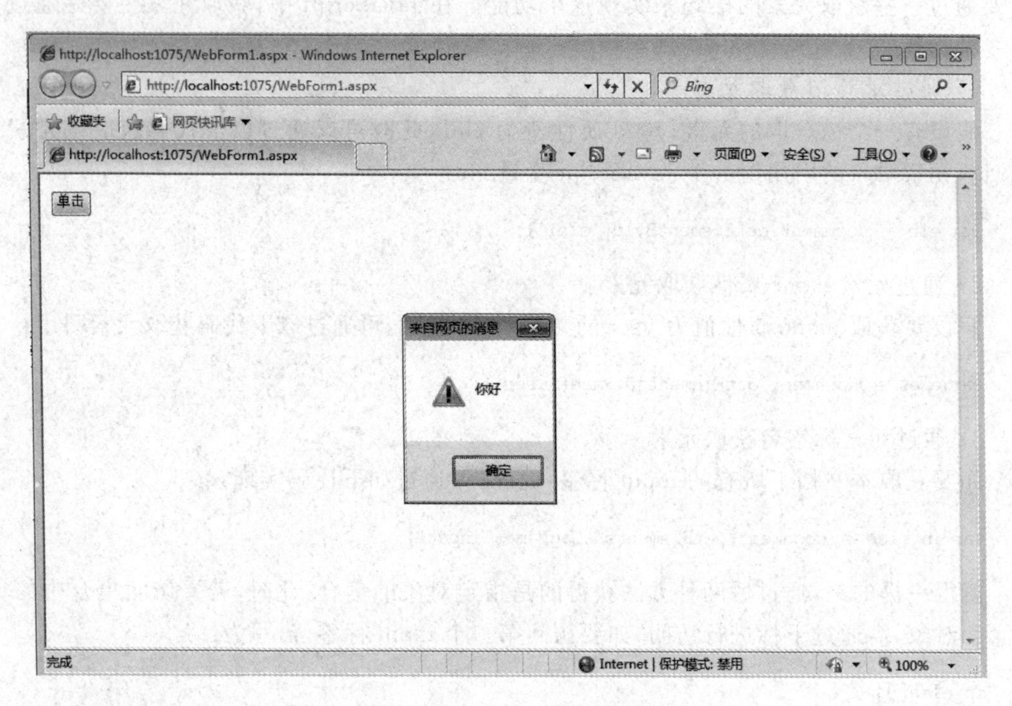

图 5.7 JavaScript 弹窗效果图

JavaScript 还有很多诸如此类的事件，表 5.1 列出一些常见的事件，供读者参考查阅。

表 5.1 常见的 JavaScript 事件

事件	描述
onclick	当用户单击某个对象时调用的事件
onload	一个页面完成加载时触发
onmousedown	鼠标按钮被按下
onmousemove	鼠标被移动
onmouseover	鼠标移到某元素之上
onmouseout	鼠标从某元素移开
onmouseup	鼠标按键被松开
onkeydown	某个键盘按键被按下
onkeypress	某个键盘按键被按下并松开
onkeyup	某个键盘按键被松开
onblur	元素失去焦点时触发
onchange	表单元素的内容改变时触发
onfocus	元素获取焦点时触发
onsubmit	表单提交时触发

任务3　在 Visual Studio 2010 中运行 C#程序

一、任务实现

（1）运行 Microsoft Visual Studio 软件，新建一网页文档，并从工具箱的“标准”选项卡中拖动按钮控件到页面上。新建网页文档界面如图 5.8 所示。

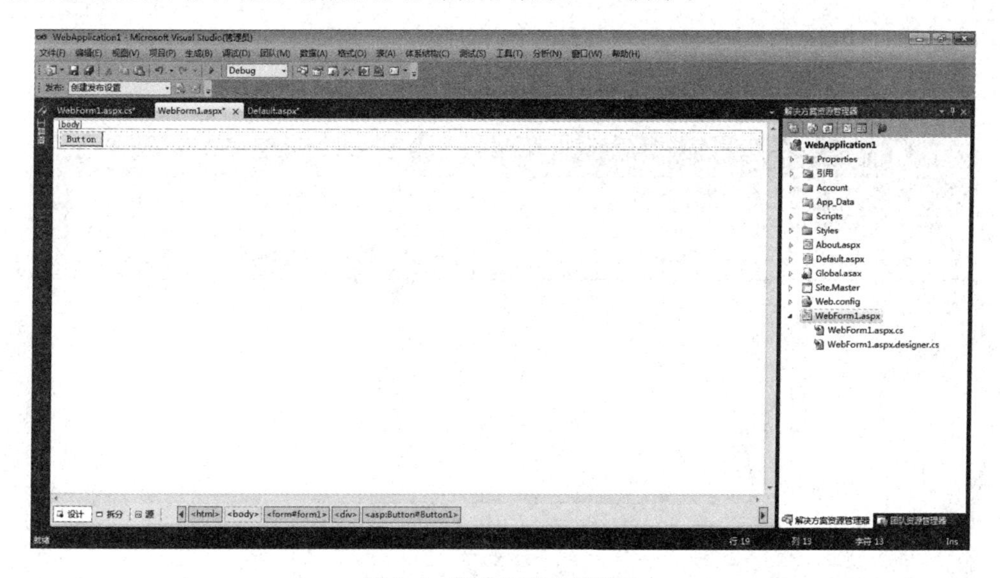

图 5.8　新建网页文档界面

（2）双击 button 按钮控件，软件自动打开并跳转到相应的.cs（代码隐藏文件）页面中，如图 5.9 所示。

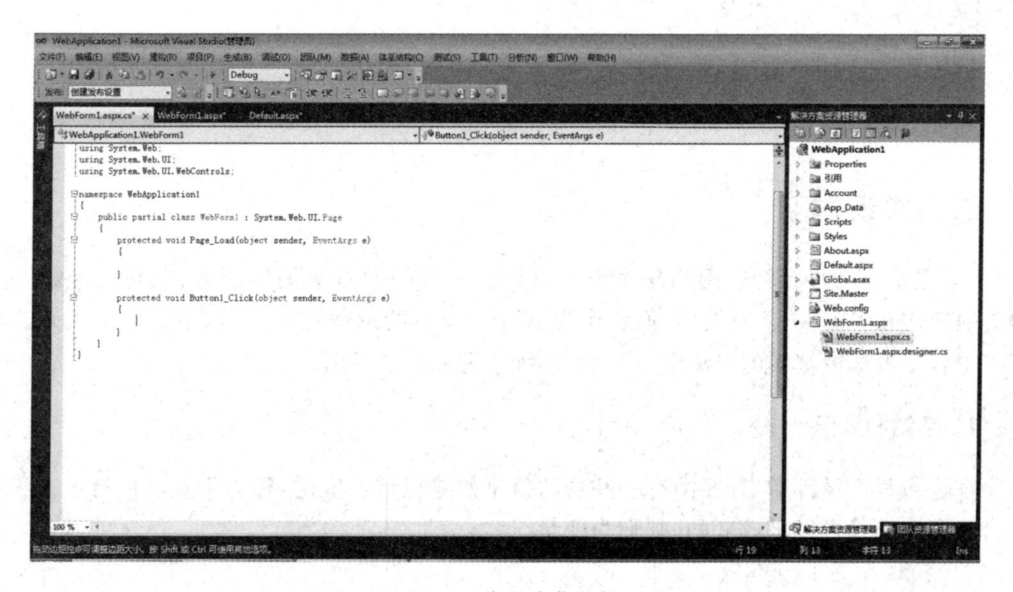

图 5.9　代码隐藏文件

(3) 以求1～100的奇数和为例，把以下代码输入到 Button1_Click()方法中：

```
int sum = 0;
for (int i = 1;i <= 100; i++)                    //循环1～100
{
    if (i % 2 != 0)                              //判断当前数是不是奇数
    {
        sum += i;                                //是的话累加到 sum
    }
}
Response.Write(sum);
```

(4) 运行该网页并单击 Button 按钮，效果如图 5.10 所示。

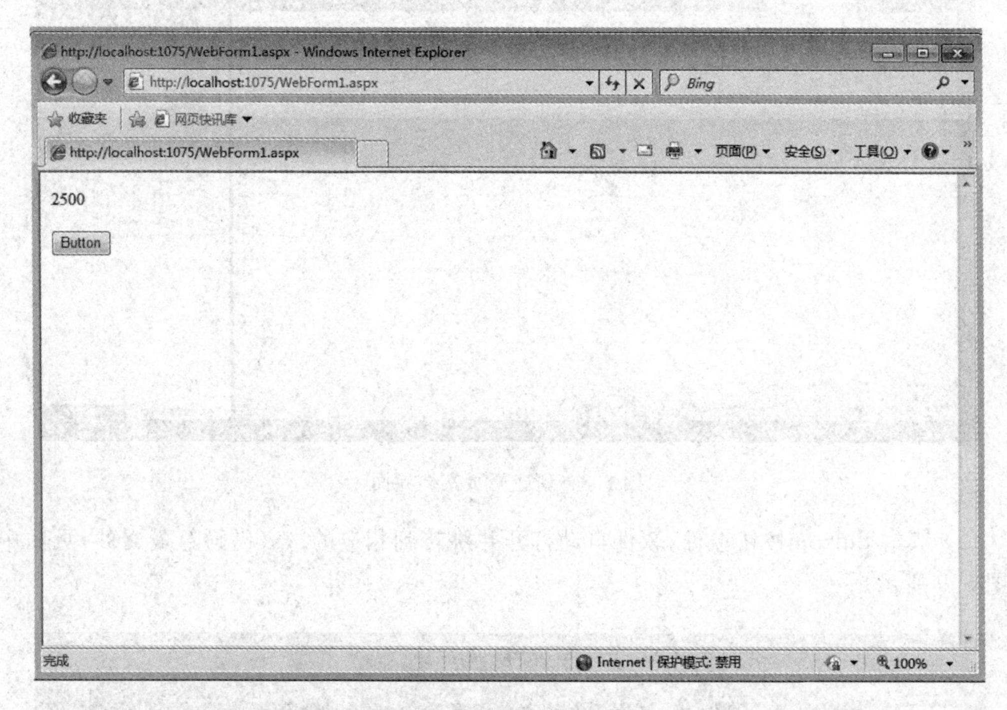

图 5.10　案例效果图

二、知识学习

C#是.NET平台为应用开发而全新设计的一种面向对象编程语言，现在已经越来越频繁地应用在 Windows 开发中，而它作为 ASP.NET 的编程脚本语言，更是广为人知。本节将带领读者从最基本的语法学习开始，熟练掌握 C#的运用。

1. 常量和变量

在进行程序设计时，程序中有一些量的值是始终保持不变的，称为常量。而有些在程序运行过程中值是可以被改变的，则称为变量。

1) 常量

在 C#中，为了用易于理解的名称替代含义不明确的数字或字符串，使程序更易于阅读，常量也可以通过 const 关键字来定义。其格式如下：

```
const  数据类型  常量名 = 常量值;
```

如上所示，const 关键字用于声明一个常量，常量名即是标识符。在实际应用中，常量名既要符合标识符命名规则，也要有代表含义，同时常量的值必须和常量名的数据类型保持一致。

2）变量

变量通常用来记录运算的中间结果或保存数据，它是一个存储单元。在 C# 中，每个变量都有一个固定的类型，创建变量即是创建该类型的实例。其创建变量的格式如下：

```
类型  变量名;
类型  变量名 = 值;
```

变量名是大小写敏感的，它必须由字母、数字或下画线构成，且不以数字开头，另外，还要注意变量名不能与 C# 的关键字一致。在一个变量声明里，可以同时声明多个变量。如以下变量声明都是正确的：

```
int x;
int x , y;
float price = 10.3 , size = 3.5;
```

2. 运算符

运算符是构造表达式的工具，它指明了操作数应该进行何种运算，因此，表达式也就是利用运算符和操作数来执行某些计算的语句。在 C# 中，基本的运算符包括算术运算符、关系运算符、逻辑运算符、赋值运算符和条件运算符。

1）算术运算符

算术运算符主要用来对整型或者浮点型的操作数进行运算，如表 5.2 所示。

表 5.2　算术运算符

运算符	含义	备　注
+	加	可运用于操作数的加法运算
-	减	可运用于操作数的减法运算
*	乘	可运用于操作数的乘法运算
/	除	可运用于除法运算，当其作用的两个操作数都是整型数据时，其计算结果也一定是整型
%	取模	可用于取模运算，即获得整数除法运算的余数
++	递增	一元运算符，作用的操作数必须是变量，将导致操作数自增 1
--	递减	一元运算符，作用的操作数必须是变量，将导致操作数自减 1

其中，递增（递减）运算符既可以放在操作数前面也可以放在操作数后面，两者导致的运算结果对操作数本身来说并无差异，都将导致操作数自增 1（自减 1），但若是在表达式运算中，两者将导致表达式出现不同的结果。例如：

```
int x,y;
x = 1;y = x++;                              //x 的值为 2,y 的值为 1
x = 1;y = ++x;                              //x、y 的值都为 2
```

2）关系运算符

关系运算符用来比较两个操作数的值，运算结果将返回 true 或 false，如表 5.3 所示。

表 5.3　关系运算符

运算符	含义	备　注
>	大于	若有一表达式 x>y，当 x 的值大于 y 的值时，表达式结果为 true，否则为 false
>=	大于或等于	若有一表达式 x>=y，当 x 的值大于或等于 y 的值时，表达式结果为 true，否则为 false
<	小于	若有一表达式 x<y，当 x 的值小于 y 的值时，表达式结果为 true，否则为 false
<=	小于或等于	若有一表达式 x<=y，当 x 的值小于或等于 y 的值时，表达式结果为 true，否则为 false
==	相等	若有一表达式 x==y，当 x 的值等于 y 的值时，表达式结果为 true，否则为 false
!=	不相等	若有一表达式 x!=y，当 x、y 的值不相等时，表达式结果为 true，否则为 false

3）逻辑运算符

逻辑运算符可用于对两个布尔类型的操作数进行运算，其运算结果和关系运算符一样也是布尔类型。逻辑运算符如表 5.4 所示。

表 5.4　逻辑运算符

<table>
<tr><th>运算符</th><th>含义</th><th>备　注</th></tr>
<tr><td>&&</td><td>与</td><td>二元运算符，当且仅当两个操作数都为 true 时，返回的表达式结果为 true</td></tr>
<tr><td>||</td><td>或</td><td>二元运算符，当且仅当两个操作数都为 false 时，返回的表达式结果为 false</td></tr>
<tr><td>!</td><td>非</td><td>一元运算符，当操作数为 true 时，返回 false；当操作数为 false 时，返回 true</td></tr>
</table>

其中，&& 和||在运算过程中，如果计算前面的操作数时就能得到运算结果，便不会再计算后面的操作数，这一个特点也称为短路。短路特征虽然使运算效率更高，但也迫使开发者要特别注意这一个特性，以免得到意想不到的结果。例如：

```
int x = 1,y = 1;
bool z;
z = (x < 0)&&(y++> 0);                        //z 的值为 false,y 的值为 1
```

在运算过程中，&& 前面的操作数 x<0 将返回 false，而据表 5.4 所示，&& 运算符必须当两个操作数都为 true 时，才会返回 true，因此在无须计算后一个操作数的情况下，z 已经可以得出结果(即 false)，此时，根据短路特性，“y++ > 0”并不再执行，因而 y 保持其为 1 的初始值。

4）赋值运算符

在 C# 中，赋值运算符为=，运算符前的数据称为左值，运算符后的数据称为右值，其中，左值必须是一个已定义的变量或对象，右值则可以是常量、变量或表达式，赋值运算符的作用就是将右值存放到左值中。例如：

```
int x = 1 ;                        //把右值 1 赋值给 x
int y = x ;                        //把右值 x(值为 1)赋值给 y,因此 y 也为 1
```

C#的赋值运算符除了=外,也具备复合赋值运算符,如+=、-=、*=、/=等。

5) 条件运算符

条件运算符是C#中唯一的一个三目运算符,其语法格式如下:

```
exp1? exp2: exp3;
```

其中,表达式 exp1 必须返回一个布尔类型的结果,该式子首先计算 exp1,如果返回的值是 true,则计算 exp2,并把计算后的值作为整个式子的结果,否则执行 exp3,并取 exp3 的值作为最后结果。

3. 流程控制语句

在实际开发中,程序代码并非一直按从上到下的顺序执行,而是会采用一些流程控制语句进行判断、循环和跳转。下面介绍的流程控制语句主要包括分支语句、循环语句、跳转语句等。

1) 分支语句

分支语句也称为条件语句,它能使程序在执行时根据判断条件是否成立从而选择不同的代码块进行执行。在C#中,分支语句主要指 if 语句和 switch 语句。

(1) if 语句。

if 语句是最常用的分支语句,其主要应用形式有 3 种:if、if…else 和 if…else if …else。

① if 形式的语法格式如下:

```
if(condition)
{
    //代码块
}
```

其中,condition 为一个条件表达式,当 condition 返回 true 时,则执行花括号内的代码块,否则将跳过这段代码块从而执行后面的程序或直接结束程序。

② if…else 的语法格式如下:

```
if(condition)

{
    //代码块 1
}
else
{
    //代码块 2
}
```

当 condition 表达式返回 true 时,执行代码块 1,否则执行代码块 2。

③ if…else if …else。

当程序分支过多时,双分支的 if…else 将不能满足需求,此时,采用 if…else if …else 结构将是个明智之举，其语法格式如下：

```
if(condition1)
{
    //代码块 1
}
else if(condition2)
{
    //代码块 2
}
…
else
{
    //代码块 n
}
```

其执行流程是先判断 condition1 表达式。如果返回 true，执行代码块 1，而后结束整个 if 结构；如果返回 false，则接着判断 condition2 表达式，此时若返回 true，则执行代码块 2，否则接着判断下一个条件，以此类推。若 if 中的所有条件都不满足，则执行 else 后的代码块。

(2) switch 语句。

switch 语句是一个多分支结构的语句，在分支较多的情况下，该结构更直观、简洁。其语法格式如下：

```
switch(表达式)
{
    case 常量 1: 语句序列 1;break;
    case 常量 2: 语句序列 2;break;
    …
    default: 语句序列 n;break;
}
```

其执行流程是，先计算括号内表达式，而后将结果值由上到下跟 case 后的常量进行比较，如果找到匹配的 case，则执行相应 case 后的语句序列，如果没有相应的 case 匹配，则执行 default 处的语句序列 n。此外，在 switch 结构中，执行语句序列后，遇到 break 跳转语句，将结束整个 switch 结构。

2) 循环语句

循环语句是指在一定的条件下重复执行一段代码。C# 提供的循环语句有 while、do…while、for 和 foreach。

(1) while 语句。

语法格式如下：

```
while(条件表达式)
{
    循环体语句;
}
```

其执行流程是先判断条件表达式，如果表达式为 true，则执行循环体语句，循环体语句执行完毕后，将继续判断条件表达式，直到条件表达式为 false，才结束整个循环结构。

(2) do…while 语句。

语法格式如下：

```
do
{
    循环体语句;
}while(条件表达式);
```

该结构和 while 很相似，区别在于第一次执行时，do…while 是先执行循环体，再执行条件表达式的判断，而后，如果条件表达式返回 true，则将再次执行循环体语句，直到条件表达式返回 false。

(3) for 语句。

语法格式如下：

```
for(表达式 1; 表达式 2; 表达式 3)
{
    循环体语句
}
```

该结构功能强大，一般而言，表达式 1 设置循环变量的初值；表达式 2 是循环的判断条件；表达式 3 则控制循环变量的自增或自减。其执行流程如图 5.11 所示。

(4) foreach 语句。

foreach 语句通常用来对一个集合中的各元素进行遍历，并针对各元素执行内嵌语句。其语法格式为：

```
foreach(类型标识符 in 集合)
{
    循环语句;
}
```

其中，标识符是迭代变量，它将逐个取得“集合”中的所有元素。例如：

```
int num = 0 ;
string str = "abacd";
foreach(char c in str)
{
    if(c == 'a')
        num++;
}
Console.WriteLine(num);                          //输出 num 的值 2
```

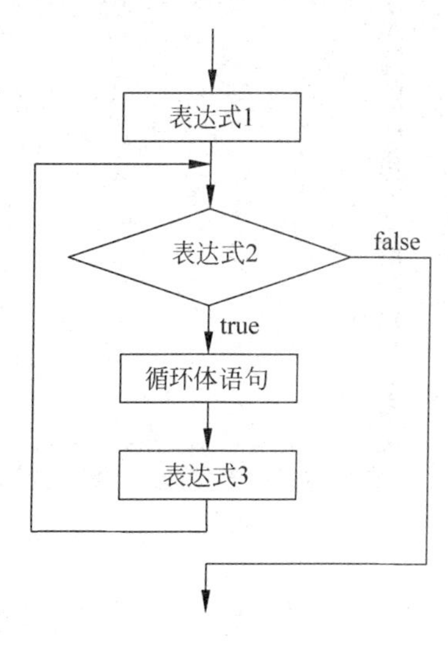

图 5.11　for 语句执行流程图

本例是求字符串 str 有多少个字符'a'的例子，在 foreach 中，迭代变量 c 将逐个取得 str 字符串中的字符，并判断其是否与'a'匹配，若匹配则计数变量 num 自增 1，直到所有字符迭代完毕后，结束 foreach 结构。

3) 跳转语句

(1) continue 语句。

continue 语句一般用于循环语句中，它的作用是结束本次循环，直接跳转到循环判断条件,根据判断结果开始下一次循环或结束循环结构。

(2) break 语句。

break 语句可用于循环结构和 switch 结构中,执行到 break 语句时其所在的循环结构或 switch 结构也将中止。

任务 4 使用 Request 对象获取表单数据,并利用 Response 对象进行数据显示

一、任务实现

(1) 打开 Visual Studio 2010 创建一个新项目,添加新页面 WebForm1. aspx 并在页面上创建文本“姓名:”,创建 TextBox 文本框控件,其中文本框控件 id 修改为 txtUsername,最后再创建按钮控件,修改其显示文本为“提交”,并设置 id 为 Button1,如图 5.12 所示。

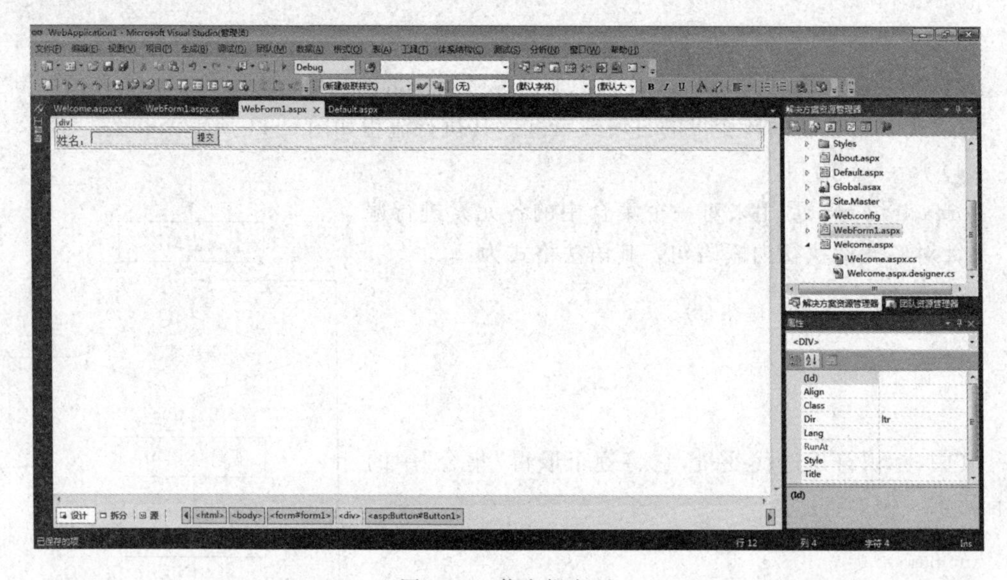

图 5.12 信息提交页

(2) 双击“提交”按钮,进入隐藏代码文件,在 Button1_Click()事件中写入以下代码,实现单击“提交”跳转到 Welcome. aspx 页面的功能,同时,此时的文本框控件值将通过 URL 传输到目标页。

```
String username = txtUsername.Text;
Response.Redirect("Welcome.aspx?name = " + username);
```

(3) 新建 Welcome. aspx,通过资源管理器打开本页面相应的. cs 文件,在 Page_Load()方法中写入以下代码,实现当页面加载时接收 URL 中的参数数据(即用户姓名)并进行输出。

```
String username = Request.QueryString["name"];   //接收 name 参数值
Response.Write("欢迎您:" + username);
```

(4) 运行 WebForm1.aspx,并在文本框中输入 john,如图 5.13 所示。

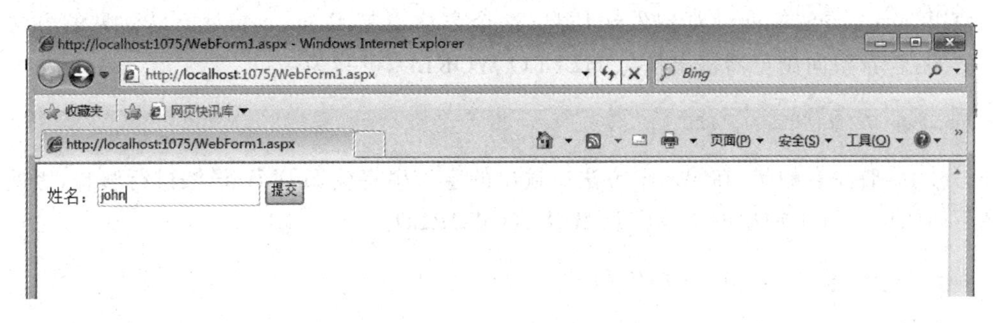

图 5.13　信息录入示例图

(5) 单击“提交”按钮,此时页面将跳转到 Welcome.aspx,同时,目标页面将显示“欢迎您：john”的文本信息,如图 5.14 所示。

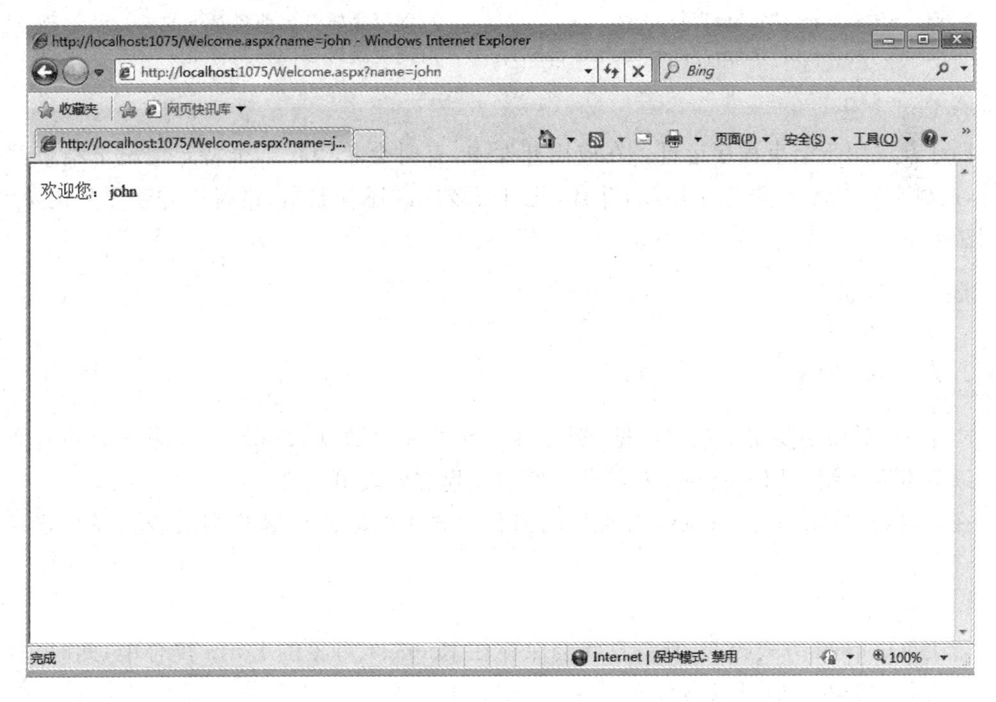

图 5.14　案例效果示例

二、知识学习

ASP.NET 提供了多个内置对象用于实现基本的请求、响应、会话等处理功能。在实际项目中,基本无法脱离这些内置对象而进行开发。下面主要介绍在 ASP.NET 中使用较为频繁的 Response 对象、Request 对象、Session 对象和 Page 对象。

1. Response 对象

Response 对象主要用于向浏览器发送数据,是一个能将信息向页面上进行输出的内置对象。Response 对象提供了很多方法,此处仅介绍 Write 方法、Redirect 方法和 End 方法。

1）Write 方法

使用 Write 方法能向浏览器发送信息，这个方法也是 Response 对象最常见的方法之一。例如，若希望向浏览器输出信息 HELLO WORLD，可写为：

```
Response.Write("HELLO WORLD");
```

另外，需要注意的是，在 Write 方法中输出的字符串将按 HTML 语法进行解释，因此可以用下面的语句输出加粗的文本信息 **HELLO WORLD**。

```
Response.Write("<b>HELLO WORLD</b>");
```

2）Redirect 方法

Redirect 方法是一个重定向的方法，主要用于实现网页跳转，可让当前网页跳转向其他指定页面。使用方法如下：

```
Response.Redirect("1.html");                    //网页跳转到当前目录下的 1.html 页面
Response.Redirect("http://www.taobao.com");     //网页跳转到淘宝网首页
```

3）End 方法

End 方法用于结束程序运行。在应用开发中，有时会希望在某个特定情况下结束网页运行，此时 End 方法便派上了用场，并且，此时若缓冲区还有数据，也将一并输出到浏览器。其用法如下：

```
Response.End();
```

2. Request 对象

Request 对象主要用于获取数据，例如客户端的表单数据、Cookies 和服务器环境变量等。以下主要介绍利用 Request 对象获取客户端提交的表单信息。

在获取表单信息时，Request 对象采用何种方式主要取决于客户端的表单提交方式是 post 还是 get。

1）post 方式

若表单以 post 方式提交，其信息将会保存在 Request 对象的 Form 集合中，此时，服务器获取表单数据的代码可以书写为：

```
Request.Form["name_1"]                          //获取表单项 name_1 的值
```

2）get 方式

若表单以 get 方式提交数据，表单数据将附加在 URL 的?之后，其呈现形式如下：

```
http://localhost/test.aspx?name_1 = value
```

此时，其数据信息将会保存在 Request 对象的 QueryString 集合中。以上面的 URL 为例，要取得表单项 name_1 的值 value，可写为：

```
Request.QueryString["name_1"];
```

值得指出的是，无论表单是用何种方式进行提交，都可以直接使用“Request[表单项]”

的方式来读取数据,只是采用这种方式会在一定程度上降低程序执行效率。

3. Session 对象

所谓 Session 对象即会话对象,在 Web 应用中,该对象是用来维护状态的主要方式之一。存储在 Session 对象中的信息对于应用程序中的所有页面都是可用的。在实际开发中,存储在 Session 对象中的信息通常是用户的 name 和 id。服务器会为每个新的用户创建一个新的 Session,并在 Session 对象失效时撤销这个 Session 对象。

要对 Session 对象进行数据的写入和读取,代码可书写为:

```
Session["username"] = "john";                       //把字符串"john"写入 Session 对象中
String user = Session["username"].ToString();      //把 Session 的数据读取出来转为字符串后赋
                                                    //值给变量 user
```

上述代码中 username 为标识符,只要符合标识符命名规则即可,开发者可自行定义其他标识符。

4. Page 对象

在 ASP .NET 中每个页面都派生自 Page 类,并继承这个类公开的所有方法和属性。Page 对象在实际应用中较为常见的是 IsPostBack 属性和 Page_Load 事件。

1) IsPostBack 属性

IsPostBack 属性是一个只读的布尔类型属性,它可以用来判断页面是否是首次加载。如 Page. IsPostBack 属性为 false,则页面第一次被载入,反之,则代表的是为了响应客户端回传而进行的加载。利用这个特性,如果希望仅在页面第一次加载时执行某些代码,则可以写为:

```
if(!Page.IsPostBack)
{
//代码块
}
```

2) Page_Load 事件

当一个页面开始执行时,如果定义了 Page_Load()事件的处理方法,就会先执行这个处理方法。在开发中这个事件通常用来进行程序的初始化。其出现的形式一般为:

```
protected void Page_Load(object sender, EventArgs e)
{
    //代码块
}
```

任务 5 在 Visual Studio 2010 中完成注册页面的布局

一、任务实现

(1) 打开 Visual Studio 2010,新建页面 Register. aspx。

(2) 切换到设计视图,从工具箱的“标准”选项卡中选择 Label 控件,并拖放到页面上,在选中页面中 Label 控件的前提下,右击,弹出快捷菜单,选择“属性”,在“属性”窗格中设置 Text 属性的值为“姓名:”。重复这一步骤,依次把“密码:”和“性别:”等文本信息设置到 Label 控件中,效果如图 5.15 所示。

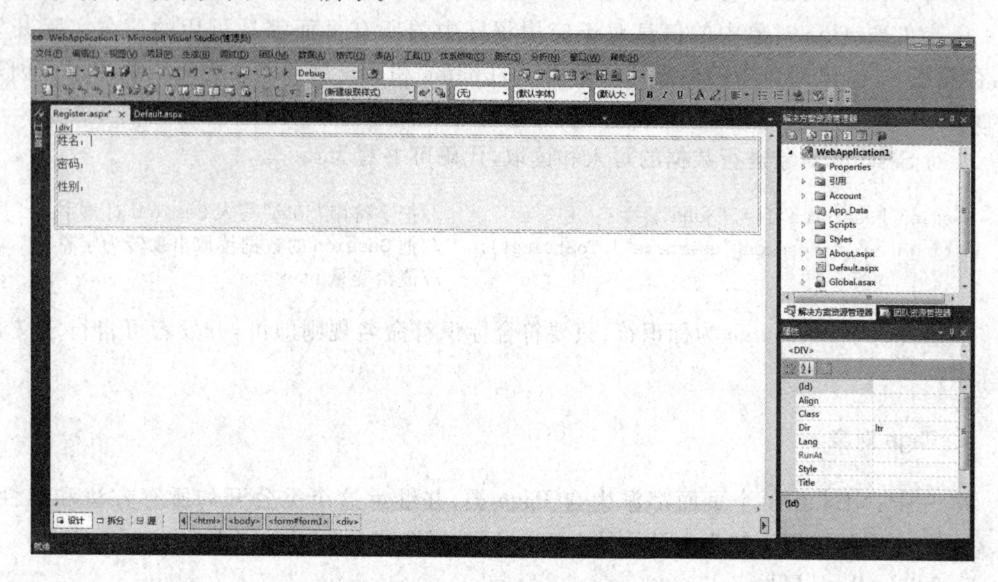

图 5.15　文本信息布局示例

(3) 拖动 TextBox 控件到页面上,控件位置如图 5.16 所示,同时选中第二个 TextBox 控件,右击,弹出快捷菜单,选择“属性”,把 TextMode 的属性值改为 Password。

图 5.16　TextBox 控件布局示例

(4) 拖动 RadioButtonList 控件到“性别”后面,从智能标记中选择“编辑项”,从“ListItem 集合编辑器”中添加“男”“女”2 个成员,设置方法如图 5.17 所示,最后单击“确定”按钮。

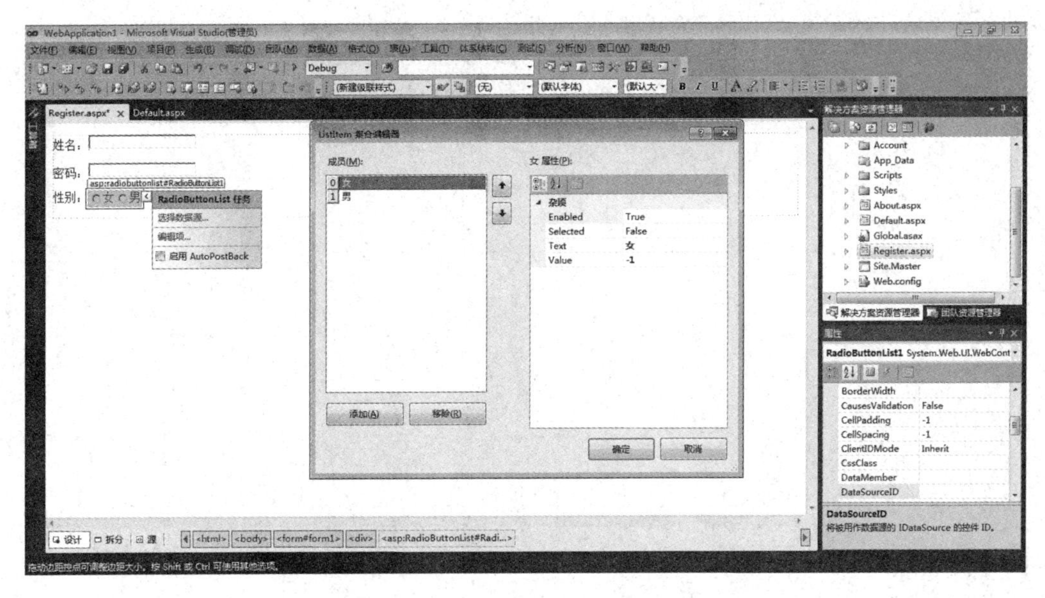

图 5.17 ListItem 集合编辑器设置图

(5) 选中 RadioButtonList 控件，设置其属性 RepeatDirection 的值为 Horizontal，使单选按钮呈现水平排列，然后设置 RepeatLayout 的属性值为 Flow，使 RadioButtonList 控件与“性别”文本信息处于同一行，更改后其效果如图 5.18 所示。

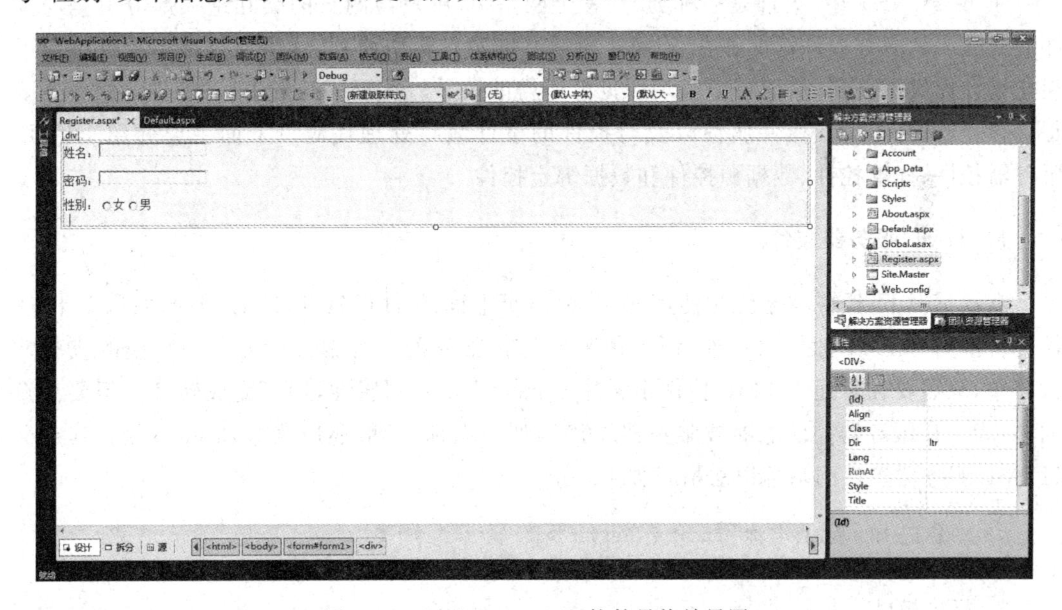

图 5.18 RadioButtonList 控件最终效果图

(6) 拖动 Button 控件到页面上，并修改 Text 属性值为“提交”，最后运行整个网页，并进行“录入”和“选中”等操作，观察几种常见控件的不同表现形式。最后效果如图 5.19 所示。

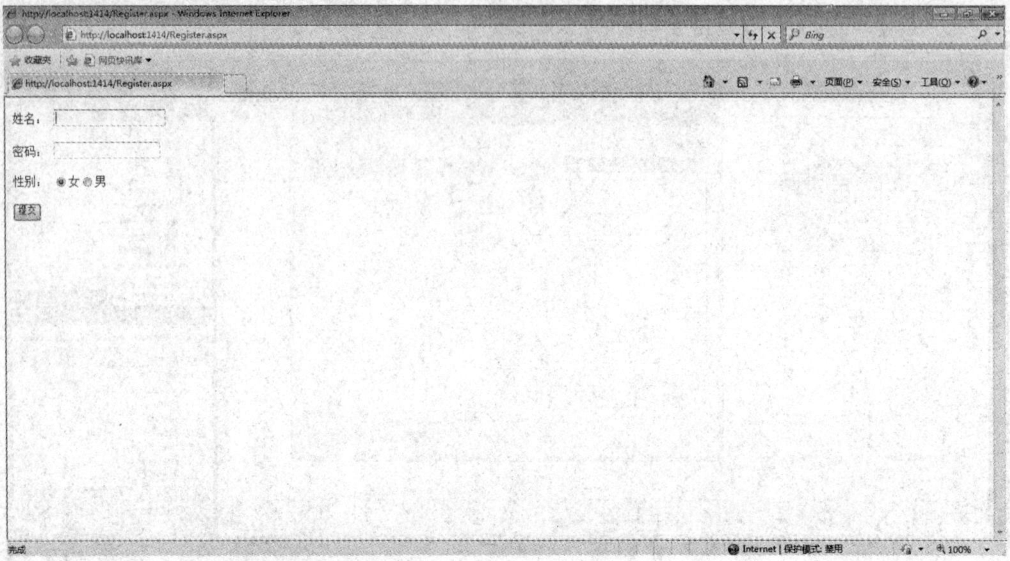

图 5.19　注册页效果图

二、知识学习

在 ASP .NET 中,控件是一种类,在一个网站中,用户与网页的交互绝大部分就是与控件的交互。大多数控件都能够在 Visual Studio 的工具箱中找到,这给通过拖动控件进行可视化设计提供了便利,从而可以实现所见即所得的效果。在程序开发中,对控件的操作主要是选择合适控件、设置控件属性以及对控件的事件编写处理代码。下面主要介绍 HTML 服务器控件、标准控件、数据源控件和数据绑定控件。

1. HTML 服务器控件

默认情况下,服务器是无法使用 Web 窗体页上面的 HTML 控件的,但如果将 HTML 控件转换为 HTML 服务器控件,便可使其成为在服务器上可编程的元素。转换的步骤非常简单,只需要在普通 HTML 控件中添加 runat="server"属性,即可完成转换。但要注意的是,为了让服务器控件能够被服务器端代码唯一识别,一般还应当添加 id 属性。其定义 HTML 服务器控件的基本语法格式如下:

```
<HTML 标记 ID = "控件名称" runat = "Server">
```

2. 标准控件

标准控件作为在 ASP .NET 中较常用的控件,包含输入控件、显示控件、按钮控件、超链接控件等。其控件标签以 asp:开头,基本语法格式如下:

```
<asp:控件类型名 ID = "控件 id" 属性名 1 = "属性值 1" … 属性名 n = "属性值 n" runat = "server" />
```

下面介绍具体的控件。

1）TextBox 控件

TextBox 控件是被使用最频繁的控件之一，它作为文本框控件，一般是用来显示数据或者输入数据。该控件标签以 asp:开头，其语法如下：

```
<asp:TextBox ID = "Txt1" runat = "server" TextMode = "SingleLine"/>
```

其中，TextMode 属性非常重要，它提供了 3 个不同的值，决定了文本框控件的 3 种不同显示形态，这 3 个属性值如下。

- SingleLine：该控件将显示为单行编辑框。
- MultiLine：多行文本框。
- PassWord：密码框（所有输入的字符都将被特殊符号替代显示）。

除了上述所列属性外，TextBox 控件还提供了多个属性和事件，现列于表 5.5 中，供读者查阅。

表 5.5 TextBox 控件的常用属性和事件

属性/事件	备　注
AutoPostBack	决定了输入信息时，数据是否实时自动发送到服务器
AutoCompleteType	记忆客户端输入的内容类型
MaxLength	最多允许输入的字符数
ReadOnly	可把文本框设置为只读
Text	TextBox 控件的文本内容
Wrap	控制多行文本框内的文本内容是否换行
TextChanged	文本框的内容改变时发生的事件

2）Label 控件

Label 控件属于文本控件，通常用于在 Web 页面上显示文本，如为文本框提供补充说明等。该控件定义的语法如下：

```
<asp:Label id = "Label1" Text = "请输入用户名:" runat = "server" />
```

3）HyperLink 控件

该控件是超链接控件，可用于定义一个超链接，其定义的语法如下：

```
<asp:HyperLink ID = "HyperLink1" runat = "server">please click here</asp:HyperLink>
```

该控件还提供了两个重要的属性：一个是 NavigateURL，它的属性值指明了该链接的目标 URL，当用户单击链接时会转向此 URL；另一个是 TargetURL，用于指明 URL 的目标框架。

4）Button 控件

Button 控件是一个按钮控件，按钮的单击是用户与网页进行交互的一个重要渠道。其语法如下：

```
<asp:Button id = "Button1" Text = "click" runat = "server" />
```

表 5.6 列出了 Button 控件的常用属性和事件，供读者查阅。

表 5.6 Button 控件的常用属性和事件

属性/事件	备　注
Attributes	获取控件的属性集合
BackColor	获取或设置背景色
BordorColor	获取或设置边框颜色
PostBackUrl	获取或设置单击 Button 控件时从当前页发送到的网页的 URL
Text	获取或设置在 Button 控件中显示的文本
Click	在单击 Button 控件时发生的服务器端事件
OnClientClick	在单击 Button 控件时发生的客户端事件

5）RadioButton 控件与 RadioButtonList 控件

RadioButton 控件表现为单选按钮，其语法形式如下：

```
<asp:RadioButton ID = "RadioButton1" runat = "server" Text = "按钮旁显示的文本信息" />
```

但是一般而言，在页面上通常不会只有一个单选按钮，在实际开发中，一般由 2 个以上的单选按钮来组成单选按钮组。而要形成单选按钮组便需要用到 RadioButton 的一个重要属性：GroupName，可以通过把多个单选按钮的 GroupName 属性设置为相同值，使其成为同一组，具体示例如下：

```
<asp:RadioButton ID = "RadioButton1" runat = "server" GroupName = "Group1" Text = "男" />
<asp:RadioButton ID = "RadioButton2" runat = "server" GroupName = "Group1" Text = "女" />
```

上述代码的作用就是形成了一个可供用户选择性别的单选按钮组，用户只能在“男”或“女”2 个单选按钮中任选其一。

另外，RadioButton 另一个重要的属性是 Checked，它的值是一个布尔类型，当单选按钮被选中，返回 true，否则返回 false。值得注意的是，当 Checked 属性值发生变化，即按钮的选中状态发生改变时，将会触发事件 onCheckedChanged。

除了 RadioButton 控件，用户还可采用 RadioButtonList 控件，它会直接在页面显示为一个单选按钮列表，用户只能在这个列表中任选一个单选按钮，在单选按钮个数较多时，采用 RadioButtonList 控件将更加方便。

6）CheckBox 控件与 CheckBoxList 控件

CheckBox 控件是复选框控件。同 RadioButton 控件类似，它也给用户提供了“已选中”或“未选中”2 种状态，并且其选中状态同样体现在 Checked 属性值上，甚至当选中状态发生改变时，复选框控件一样会触发 onCheckedChanged 事件。但同时，2 种控件之间也存在较大的不同，其最明显的区别在于，对于 CheckBox 控件组里的复选框控件，用户可以同时选中多个，而不像 RadioButton 按钮组，用户在后者只能任选其一。

CheckBox 控件语法形式示例如下：

```
<asp:CheckBox ID = "CheckBox1" runat = "server" Text = "我已阅读并同意遵守网站服务条款" />
```

若要形成复选框组，同 RadioButton 一样，只需把多个复选框的 GroupName 属性设置为相同值，使其成为同一组即可。也可直接采用 CheckBoxList 控件，它将直接给用户提供一个复选框列表。

7）DropDownList 控件

DropDownList 控件是一个下拉列表控件，其语法示例如下：

```
<asp:DropDownList id = "DropDownList1" runat = "server">
    <asp:ListItem Value = "0">学生 </asp:ListItem>
    <asp:ListItem Value = "1">教师</asp:ListItem>
    <asp:ListItem Value = "2">管理人员</asp:ListItem>
</asp:DropDownList>
```

上述代码提供一个下拉列表，用户可在“学生”“教师”“管理人员”3 个选项中选择一个，当选择其中一个选项时，另外两个将会“隐藏”起来，在页面中不可见。

表 5.7 列出了该控件的常用属性和事件。

表 5.7　DropDownList 控件的常用属性和事件

属性/事件	备　注
AutoPostBack	指示当用户改变选项时该控件是否应当自动地将数据发送到服务器
DataSource	填充该列表的项目的数据源
DataSourceID	提供数据的数据源组件的 ID
DataTextField	提供文本的数据源字段名称
Items	获得列表控件中的项目集合
SelectedIndex	获得或设置列表中被选项的索引
SelectedItem	获得列表中的被选项
SelectedValue	获得列表中被选项的值
SelectedIndexChanged	当列表控件的选择项发生变化时触发

3. 数据源控件

在 ASP .NET 中提供了多种数据绑定控件用来显示数据源中的数据，这些控件以不同的表现形式将数据显示在网页上。

正常情况下要使用数据绑定控件，都要先绑定一个数据源控件，通过数据源控件实现与数据源的交互。在本书中数据源一般指的是 SQL Server 2008，由于篇幅所限，在这里仅介绍 SqlDataSource 数据源控件，其他数据源控件请读者自行参考相关书籍。

SqlDataSource 是使用最为频繁的数据源控件，它不仅能与多种数据库进行交互，并且可以同时实现数据库连接、数据读取和编辑等多种功能。要使用该数据源控件也非常简单，只需按以下步骤即可成功配置。

（1）从工具箱的“数据”选项卡中找到 SqlDataSource 控件并拖放到页面上后，从 SqlDataSource 控件的智能标记中选择“配置数据源”选项来启动配置数据源向导，配置数据源对话框如图 5.20 所示。

（2）单击“新建连接”按钮，打开“添加连接”对话框，更改数据源为“MicroSoft SQL Server 数据库文件”，并选择要操作的数据库文件。“添加连接”对话框如图 5.21 所示，在这个对话框中可以创建新的数据库连接的所有属性。

（3）添加连接设置完毕后，在图 5.20 中，单击“下一步”按钮继续进行配置，并在跳出的下一个界面中勾选复选框，把连接保存到配置文件中。配置数据源对话框如图 5.22 所示。

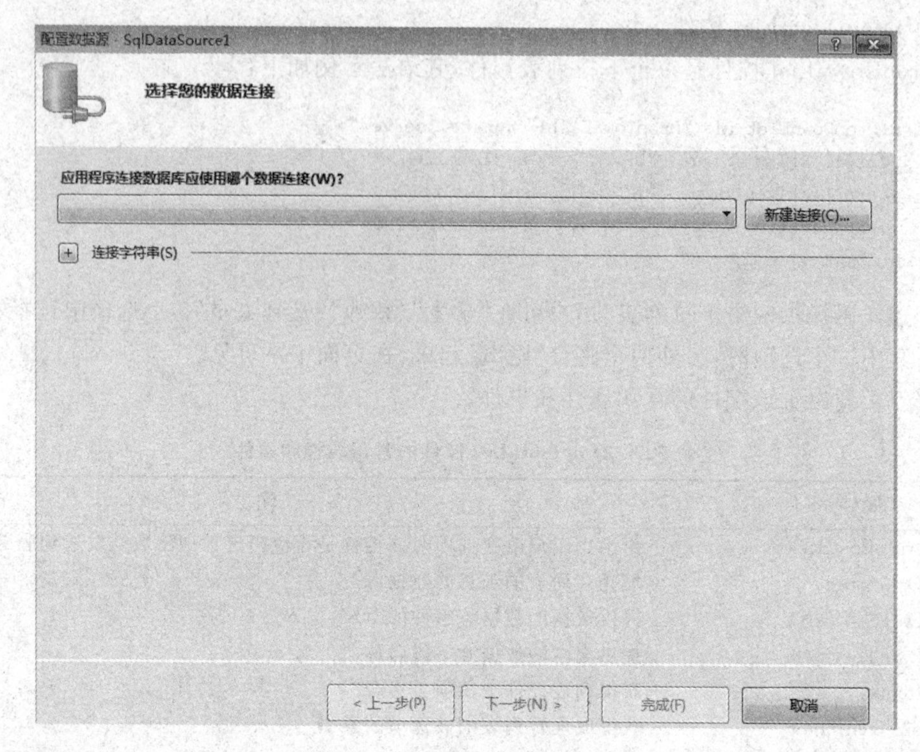

图 5.20　配置数据源对话框 1

（4）向导的下一步要求配置从数据库中检索数据的 Select 语句，如图 5.23 所示，在此对话框中根据实际需求选择相应的表或视图的列。

（5）继续单击“下一步”按钮，可预览 Select 语句执行的结果，若检查无误后，单击“完成”按钮即可，此时便可以看到向导为 SqlDataSource 控件生成的属性。

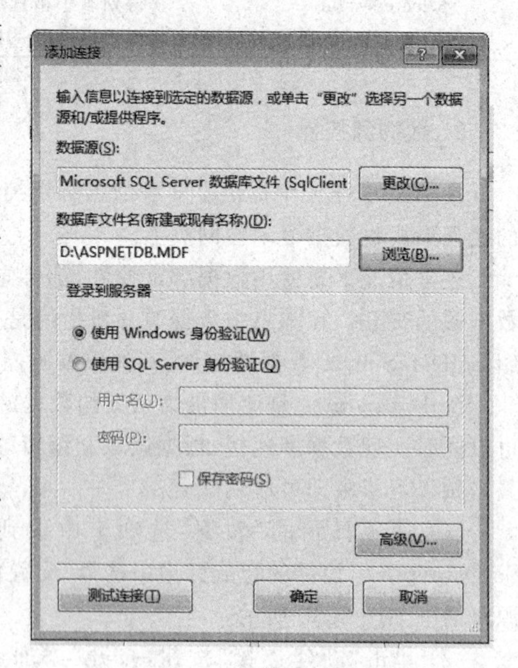

图 5.21　“添加连接”对话框

4. 数据绑定控件

如前面所述，当配置完数据源控件后，便可以把它同数据绑定控件绑定起来，从而实现数据绑定控件与数据源的交互。下面主要介绍的数据绑定控件是 GridView 控件和 ListView 控件。

1）GridView 控件

本控件将以表格形式进行数据展示，并且极易通过设置使其具有分页和排序等常见功能。在成功配置了数据源控件 SqlDataSource 的前提下，其使用流程如下所述。

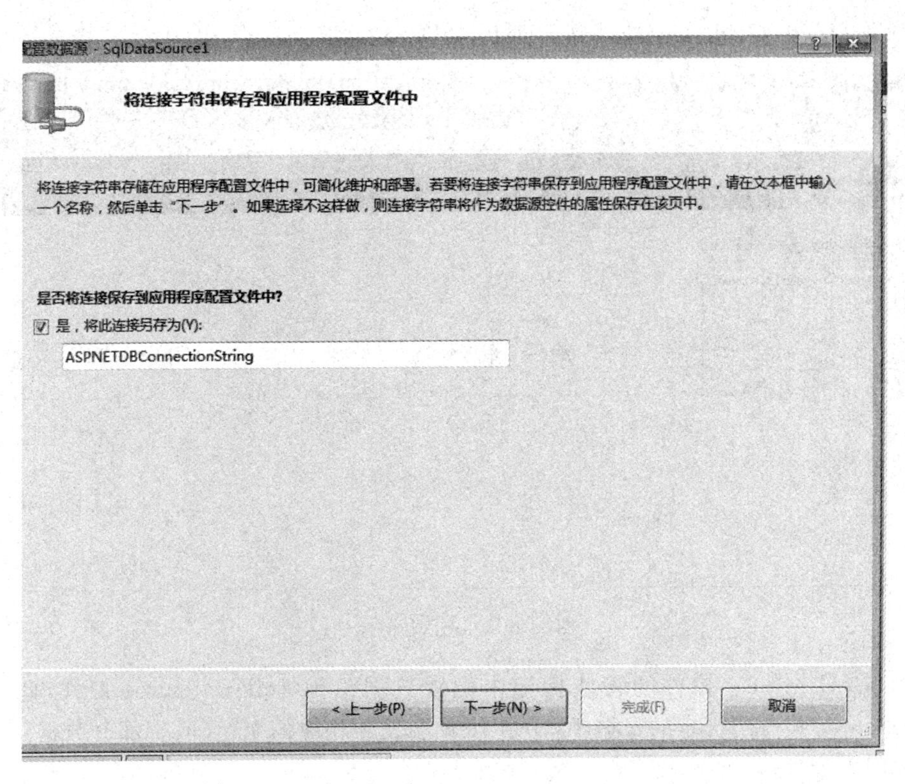

图 5.22　配置数据源对话框 2

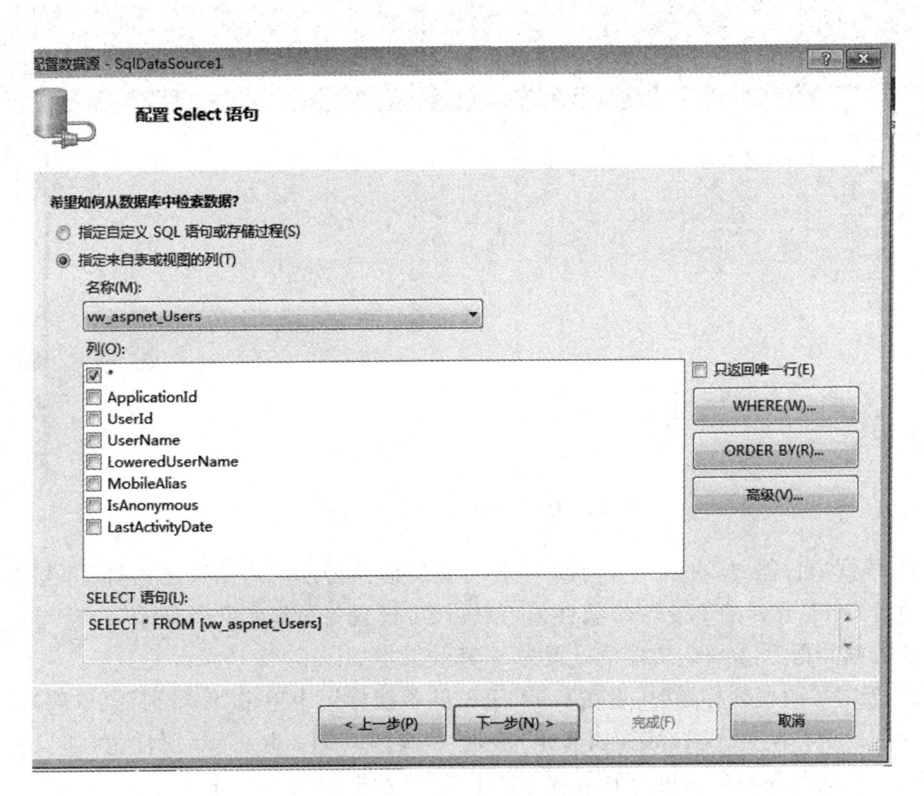

图 5.23　配置 Select 语句

(1) 拖动一个 GridView 控件到页面上，如图 5.24 所示。

图 5.24　GridView 控件

(2) 在 GridView 控件的智能标记中配置数据源为 SqlDataSource 控件，此时根据 SqlDataSource 控件所绑定的数据源，GridView 会发生相应的变化(但一部分数据仍显示为 abc)，如图 5.25 所示。

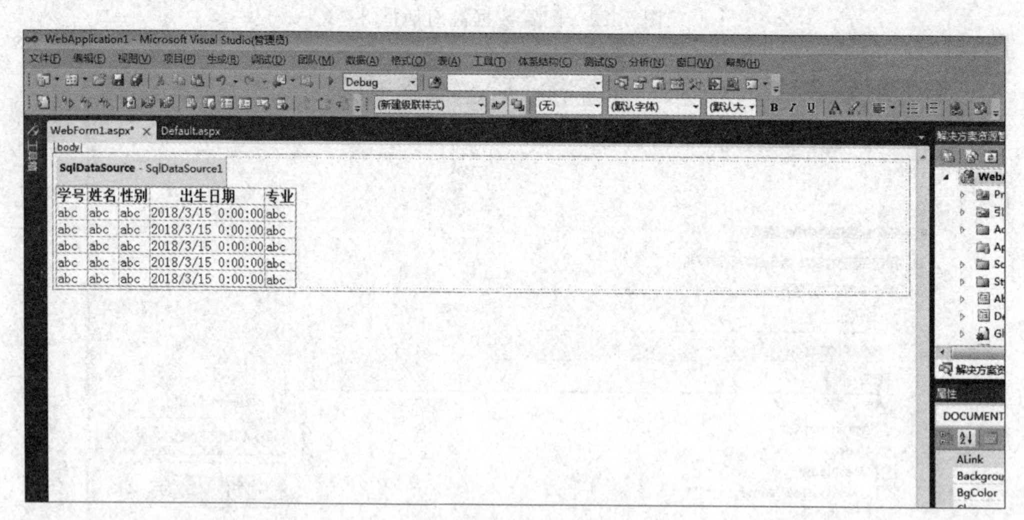

图 5.25　数据源绑定效果图

(3) 根据项目需要，决定是否勾选“启用分页”“启用排序”“启用选定内容”等复选框，同时，可设置 GridView 的 PageSize 属性值(该属性可设置每页显示几条记录)。若勾选“启用分页”复选框并把 PageSize 属性值设置为 3，其效果将如图 5.26 所示。

(4) 当需要改变列标题时，可在 GridView 的智能标记中单击“编辑列”菜单项，打开“字段”对话框。选择某一字段标题(如选择“专业”)，设置其 HeaderText 属性值(如设置为“专业学科”)，从而实现列名的更改显示，设置“字段”对话框如图 5.27 所示。

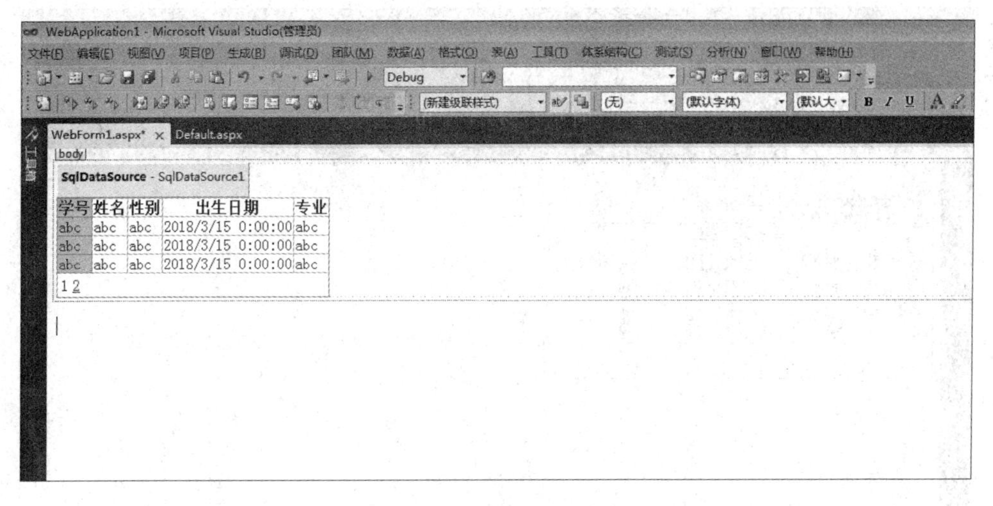

图 5.26 分页功能效果图

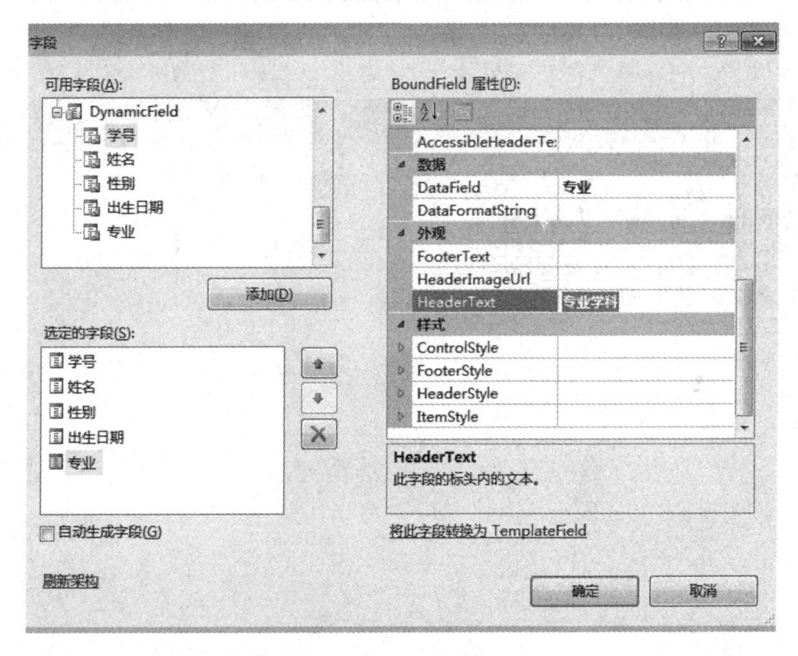

图 5.27 设置“字段”对话框

(5) 还可设置标题，即设置 GridView 的 Caption 属性值，如设置为“学生信息表”，此时效果如图 5.28 所示。

最后，当运行该网页时，可以发现 SqlDataSource 控件并不会显示在网页中，并且 GridView 的数据也正常显示为数据源中的数据，而不再是 abc，其最终网页效果如图 5.29 所示。

此外，GridView 控件的数据绑定列类型除了有默认的用来显示普通文本的 BoundField 外，还有用来显示复选框的 CheckBoxField、用来显示按钮的 CommandField 和 ButtonField、用来显示图片列的 ImageField 以及用来显示超链接的 HyperLinkField 等，用户可根据实际需求定义每一列的显示样式。

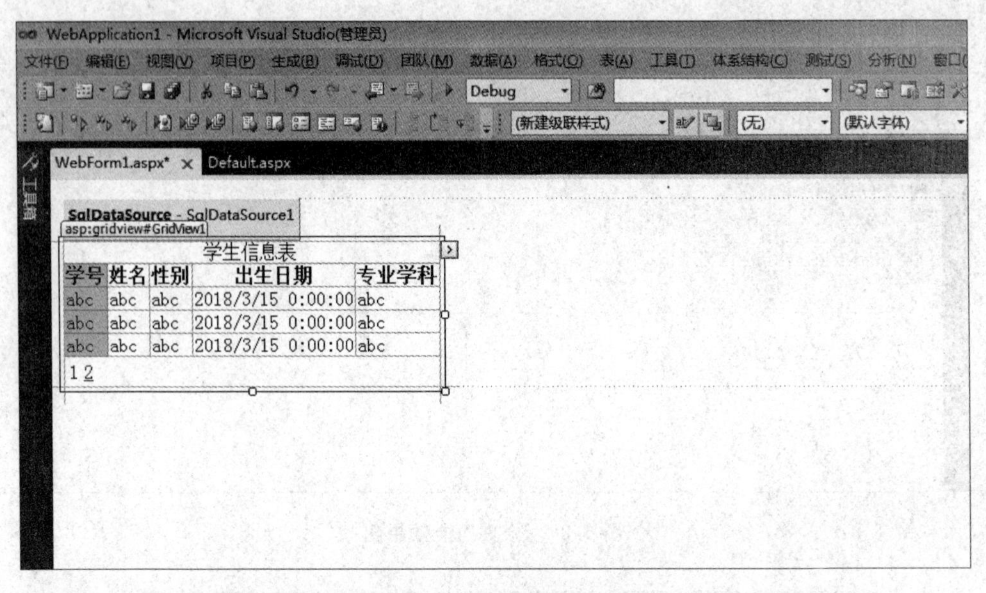

图 5.28　GridView 控件标题设置

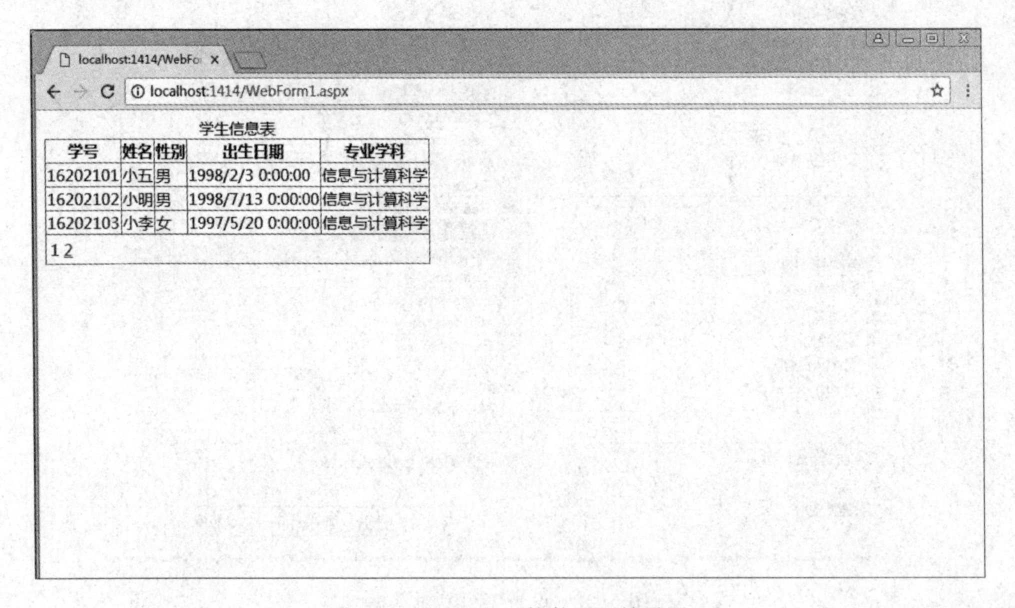

图 5.29　GridView 控件网页效果图

2）ListView 控件

ListView 控件也是用来显示从数据源返回的数据，它可以使用模板和样式来定义显示数据的格式。在 ListView 控件中，一共提供了 11 种有关模板设置的属性，如表 5.8 所示。

表 5.8　ListView 模板

模板名称	备　注
LayoutTemplate	用于定义控件主要布局的根模板
ItemTemplate	为控件中的每个数据项绑定内容
ItemSeparatorTemplate	用于定义各个项之间的分隔符 UI

续表

模板名称	备　注
GroupTemplate	用于为组布局的内容提供 UI
GroupSeparatorTemplate	用于定义组之间的分隔符 UI
EmptyItemTemplate	在使用组布局模板时为空项的呈现提供 UI
EmptyDataTemplate	当绑定的数据对象不包含数据项时显示的模板
SelectedItemTemplate	为选中的数据项提供 UI
AlternatingItemTemplate	为交替项提供 UI
EditItemTemplate	为控件中编辑已有的项提供一个 UI
InsertItemTemplate	为控件中插入一个新数据项提供一个 UI

在设置完 SqlDataSource 控件后，ListView 的使用主要包含以下几个步骤。

(1) 拖动一个 ListView 控件到页面上。

(2) 在 ListView 的智能标记中选择数据源为 SqlDataSource 控件，此时效果如图 5.30 所示。

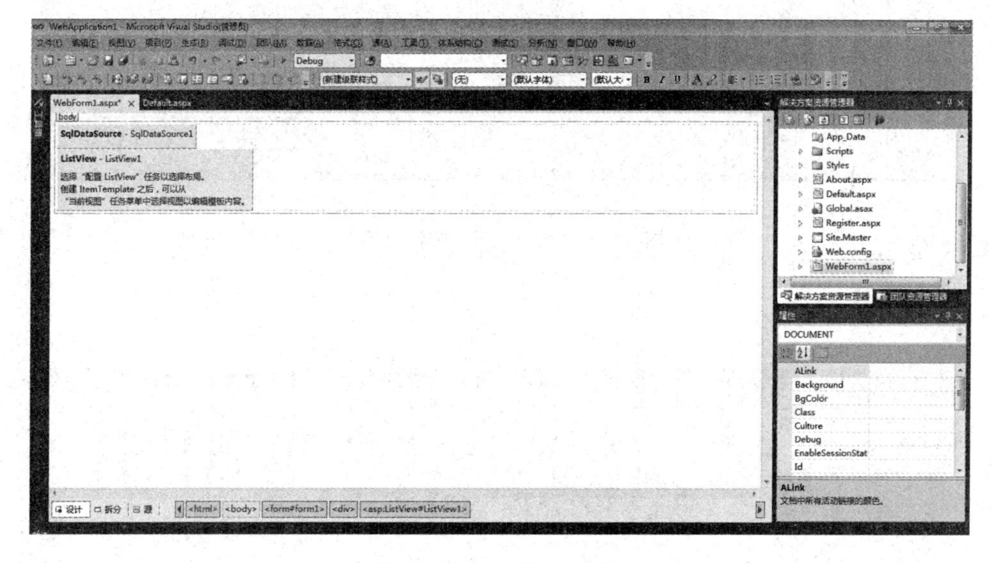

图 5.30　ListView 控件

(3) 从智能标记中选择“配置 ListView”，打开“配置 ListView”对话框。根据项目需要选择相应的布局或样式，并决定是否勾选“启用分页”等复选框，“配置 ListView”对话框如图 5.31 所示，配置完毕后单击“确定”按钮。

(4) 设置 DataPager 控件(即分页控件)的 PageSize 属性以设置每页显示条数，如设置为 3 时其最终显示效果如图 5.32 所示。

(5) 根据需求向 ListView 控件添加排序功能。

在 ASP.NET 中，除了上述提到的 2 种数据绑定控件外，还提供了许多其他可以绑定到数据源的控件，其中就包括在标准控件中介绍过的 DropDownList、RadioButtonList、CheckBoxList 等，此外，ListBox、TreeView 和 Menu 等控件也具有此种功能。虽然它们有各自的适用场景，但在实际应用的操作上大同小异，读者可通过实践自行研究其使用方法。

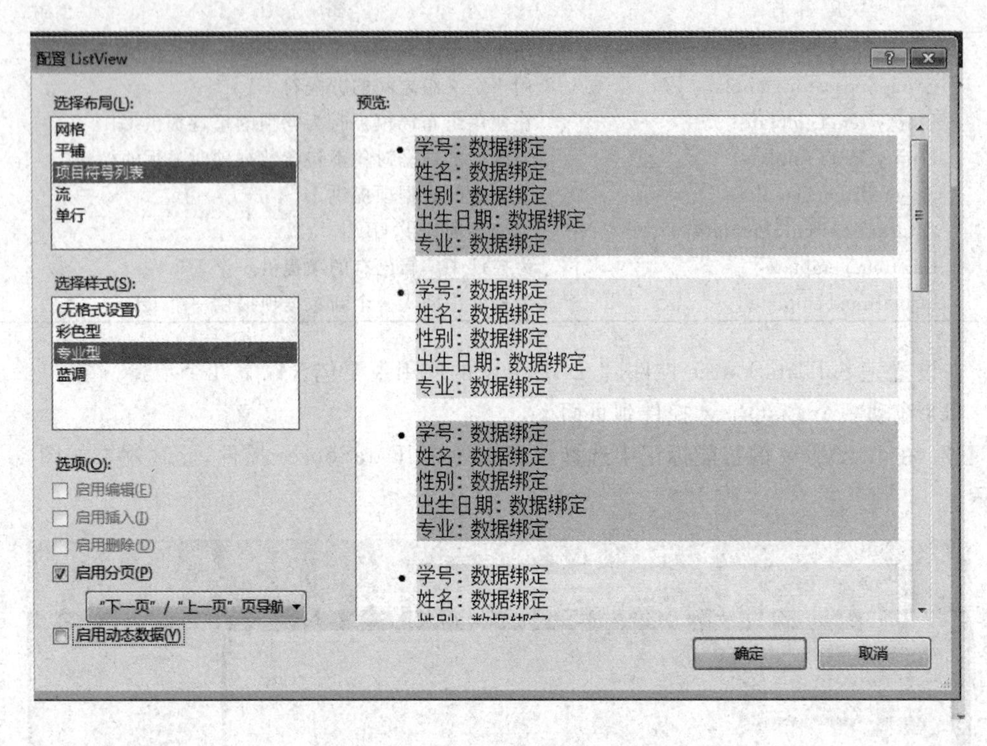

图 5.31 “配置 ListView”对话框

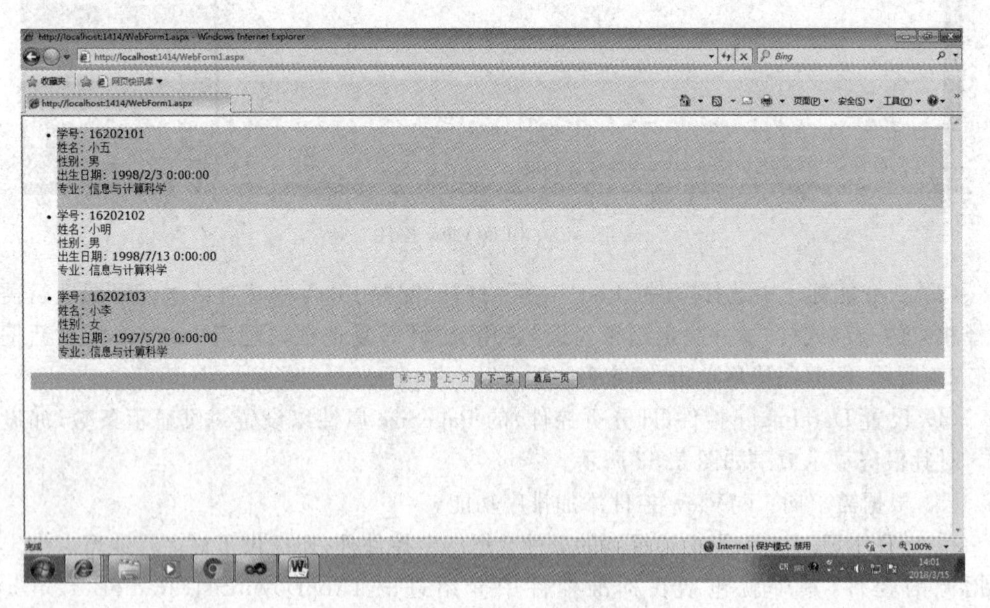

图 5.32 ListView 控件最终效果图

一、实训题

1. 自己建立一个具有登录功能的表单，利用 ASP.NET 内置对象获取客户端提交的登录信息并进行输出。

2. 在数据库中建立学生信息表，表中应含有学号、姓名、性别、年龄、家庭住址等字段，并用不同的数据绑定控件展示在页面中。

二、练习题

1. 选择题

(1) 在 C# 中，以下变量名不正确的是(　　)。

A. Ab1　　B. ab1　　C. ab_1　　D. ab.1

(2) 现有语句"int x,y; x=5; y=x++;"，以下关于 x,y 值的说法正确的是(　　)

A. x 值为 6，y 的值为 5　　B. x,y 的值均为 5

C. x,y 的值均为 6　　D. x 的值为 5，y 的值为 6

(3) 会话对象指的是(　　)

A. Session　　B. Cookie　　C. Response　　D. Request

(4) TextBox 控件要做成密码框可修改的属性是(　　)。

A. Type　　B. TextMode　　C. Value　　D. Password

(5) 下列(　　)是数据源控件。

A. SqlDataSource　　B. RadioButton

C. DropDownList　　D. GridView

2. 填空题

(1) 在 C# 中，11%3=________，11/3=________。

(2) 客户端表单的提交方式有________和________。

(3) HTML 服务器控件的基本语法格式如下：< HTML 标记 ID="控件名称" runat=" ________">。

(4) RadioButton 控件的________属性可判断其是否被选中。

(5) Response 对象的________方法可以跳转到其他的 URL。

3. 简答题

(1) 请简述什么是标准服务器控件及其能完成的功能。

(2) 请简述 Session 对象的常用功能。

项目六 数据库基础

项目学习目标

1. 了解数据库的基本概念，掌握数据表、字段和记录等术语；
2. 掌握 SQL Server 数据库的基本操作；
3. 掌握基本的 SQL 语句，包括 Select、Insert、Update 和 Delete 语句；
4. 掌握为 SQL Server 数据库设置数据源的方法和步骤。

项目任务

- **任务 1　安装 SQL Server 2008 数据库**

本任务的目标是学会在 Windows 7(64 位)操作系统下完成安装 SQL Server 2008 数据库，并打开运行，观察其数据库的整个环境。

- **任务 2　建立数据库和数据表**

本任务的目标是学会在 SQL Server 2008 下创建数据库和数据表，并能用 SQL 语句对数据记录进行操作。

- **任务 3　创建 SQL Server 数据库的 ODBC 数据源**

本任务的目标是学会建立 ODBC(Open Database Connectivity)数据源，并对数据库进行访问和管理。

任务 1　安装 SQL Server 2008 数据库

一、任务实现

(1) 在安装文件 setup.exe 上右击，弹出快捷菜单，选择“以管理员身份运行”，如图 6.1 所示。

(2) 单击 setup.exe 安装文件，打开如图 6.2 所示的“SQL Server 安装中心”窗口。

(3) 选择左边的“安装”选项，单击右边的“全新 SQL Server 独立安装或向现有安装添加功能”选项并弹出“SQL Server 2008 安装程序正在处理

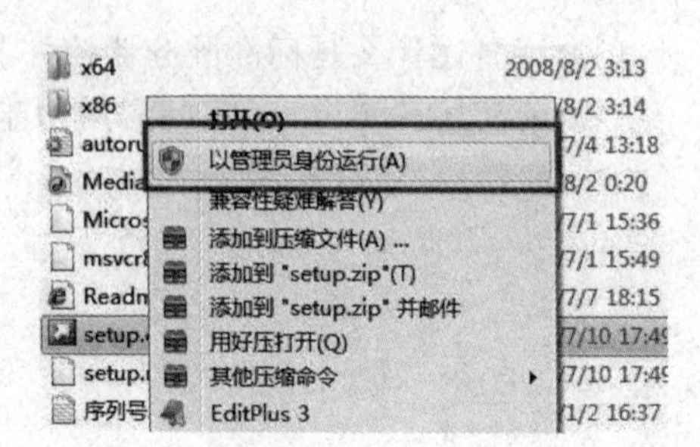

图 6.1　设置 setup.exe 运行权限

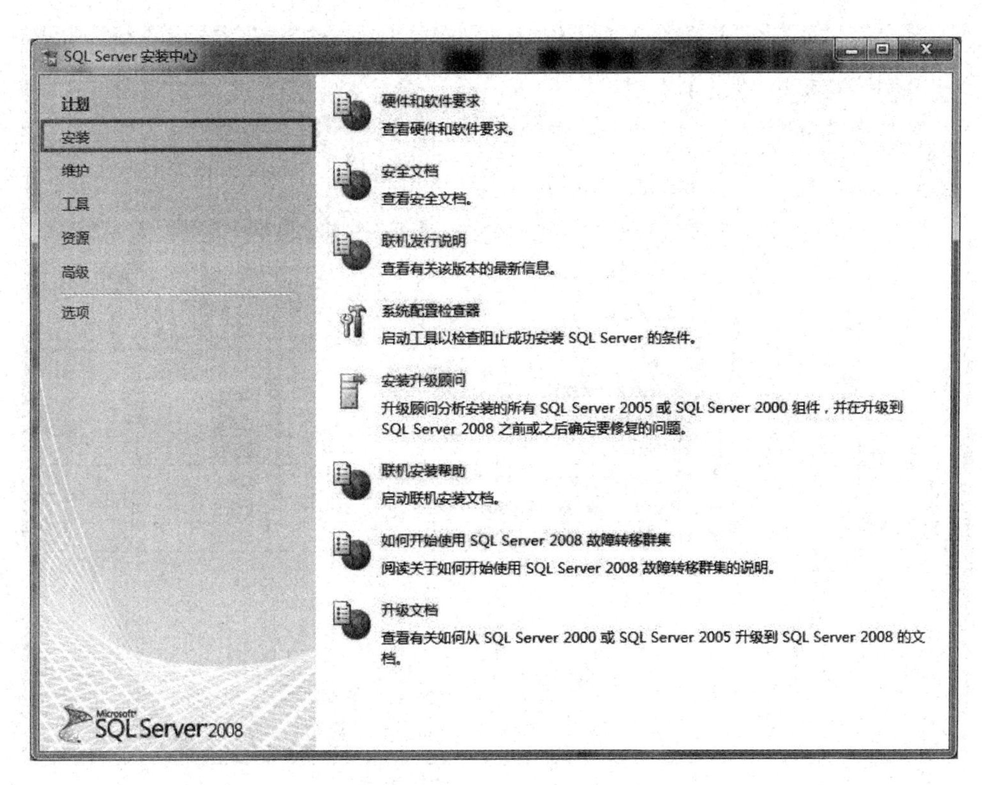

图 6.2　“SQL Server 安装中心”窗口

当前操作，请稍侯”的提示对话框，如图 6.3 所示。

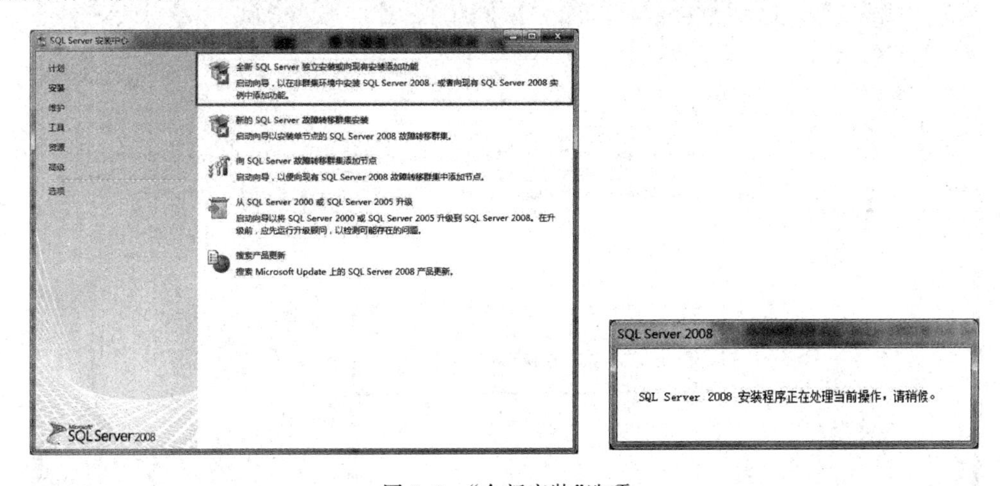

图 6.3　“全新安装”选项

(4) 在打开的“SQL Server 2008 安装程序”窗口中出现“安装程序支持规则”选项，可以看到一些检查已经通过了，如图 6.4 所示。

(5) 单击“确定”按钮，出现输入产品密钥的提示，输入产品密钥，如 JD8Y6-HQG69-P9H84-XDTPG-34MBB，该密钥是可以从网络上下载兼容的密钥，如图 6.5 所示。

(6) 单击“下一步”按钮继续安装，在接下来的“许可条款”页面中勾选“我接受许可条款”复选框，如图 6.6 所示。

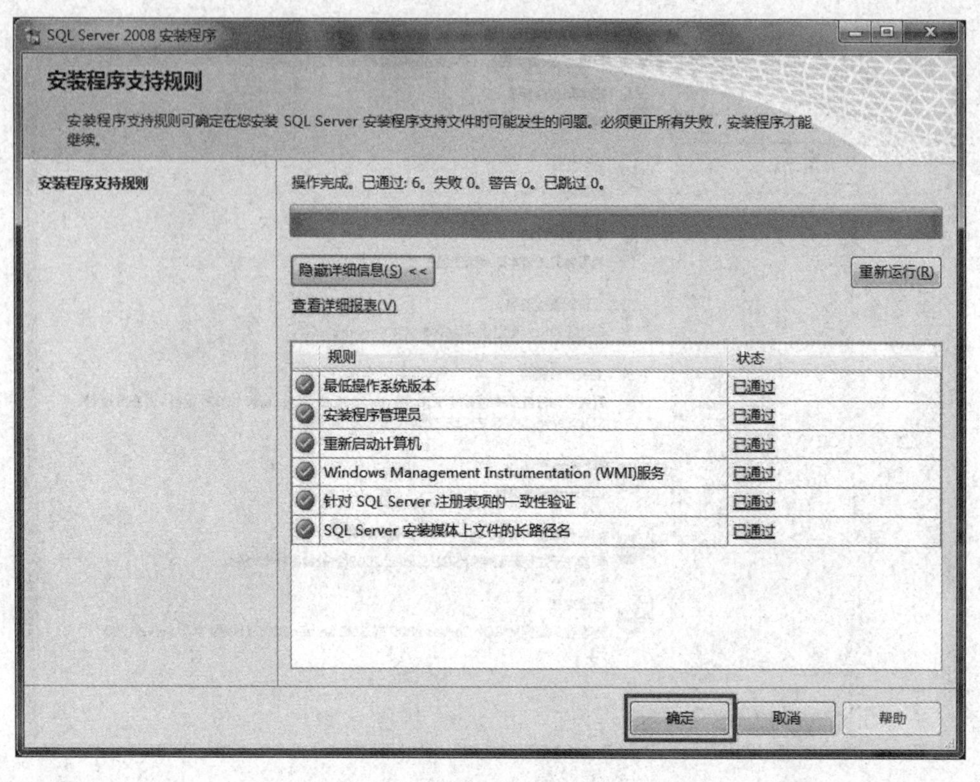

图 6.4 安装程序支持规则 1

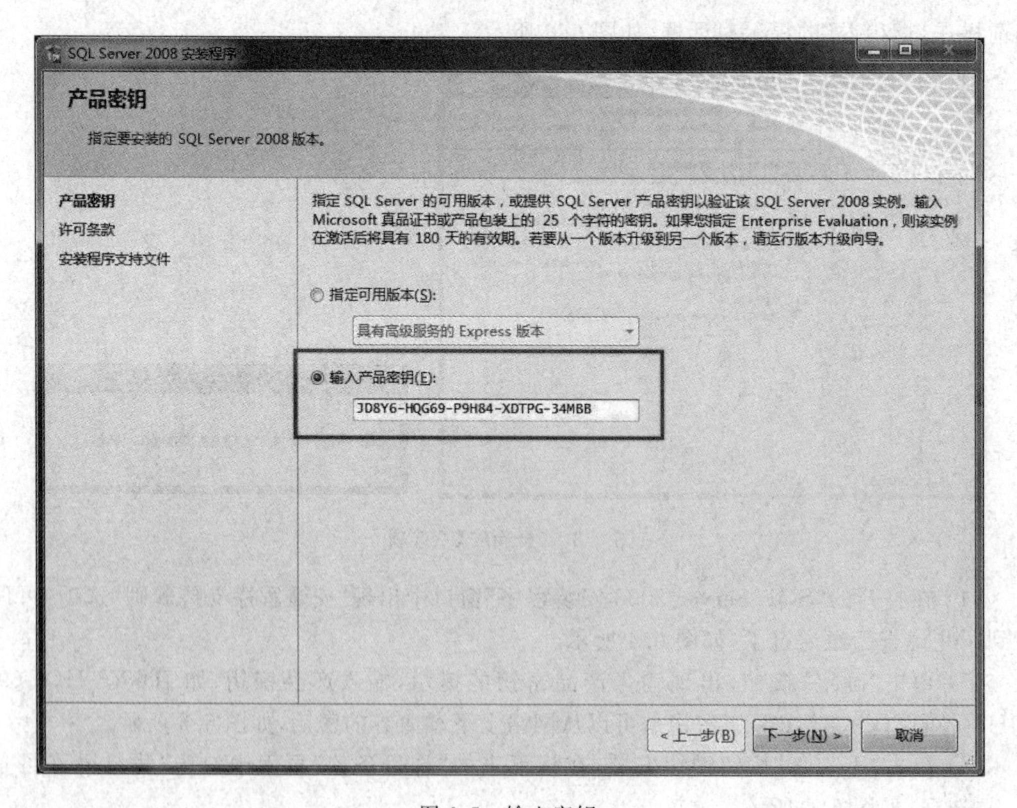

图 6.5 输入密钥

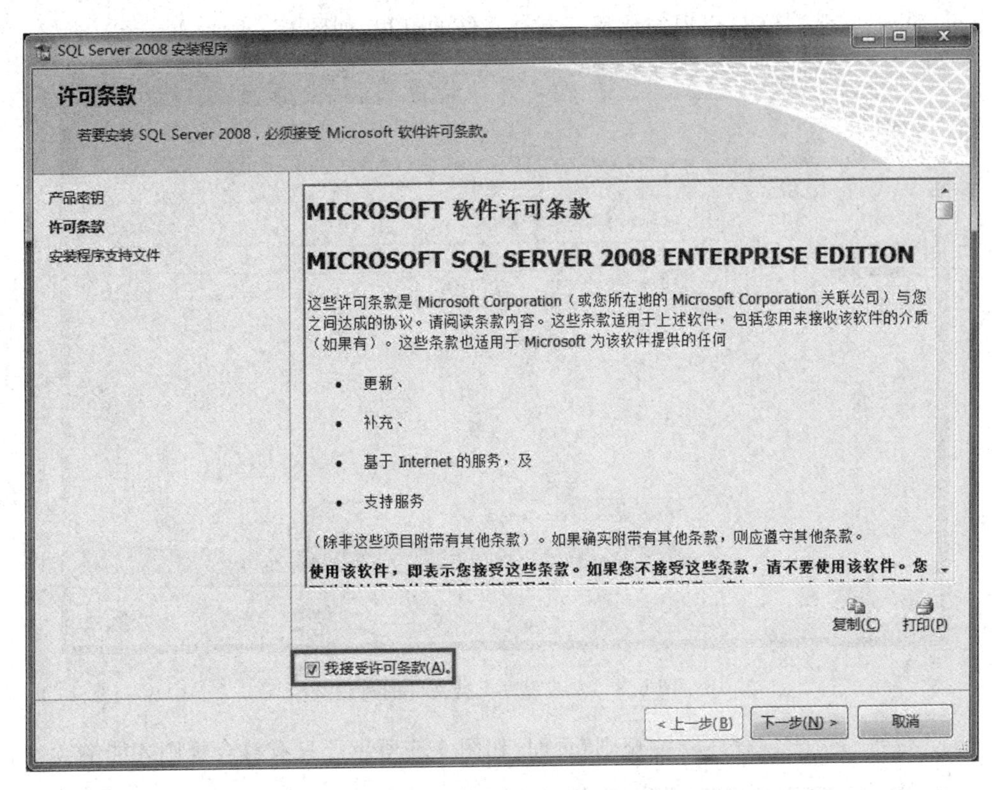

图 6.6　“许可条款”页面

(7) 单击“下一步”按钮，出现“安装程序支持文件”页面，如图 6.7 所示。

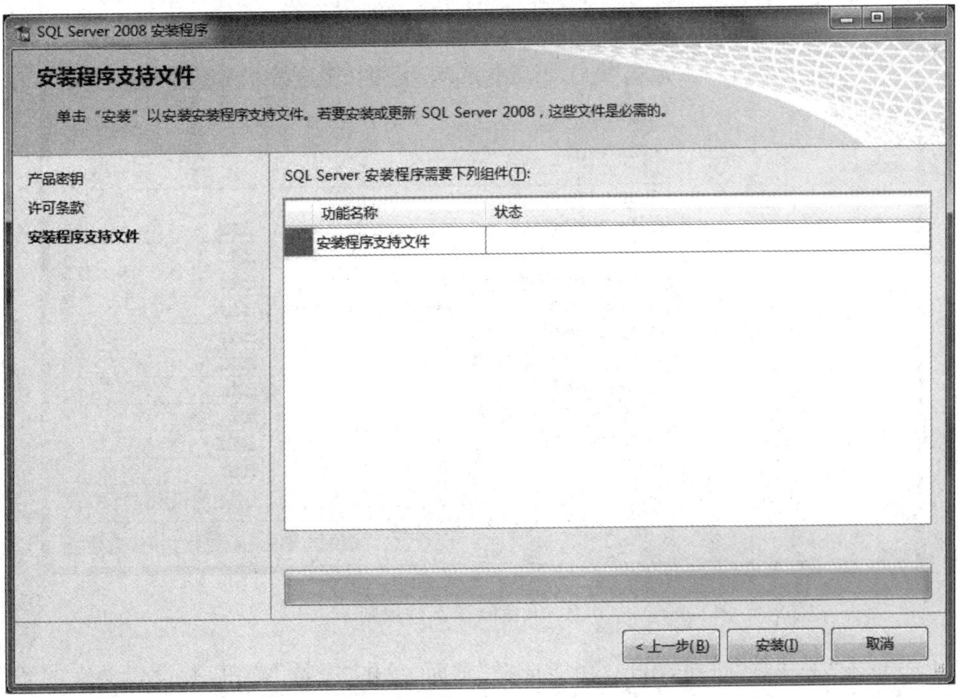

图 6.7　“安装程序支持文件”页面

SQL Server 2008 安装程序
安装程序支持文件
单击“安装”以安装安装程序支持文件。若要安装或更新 SQL Server 2008，这些文件是必需的。
产品密钥
许可条款
安装程序支持文件
SQL Server 安装程序需要下列组件(T):
功能名称　状态
安装程序支持文件
< 上一步(B)　安装(I)　取消

(8) 单击“安装”按钮，出现安装程序支持文件的过程，如图 6.8 所示。

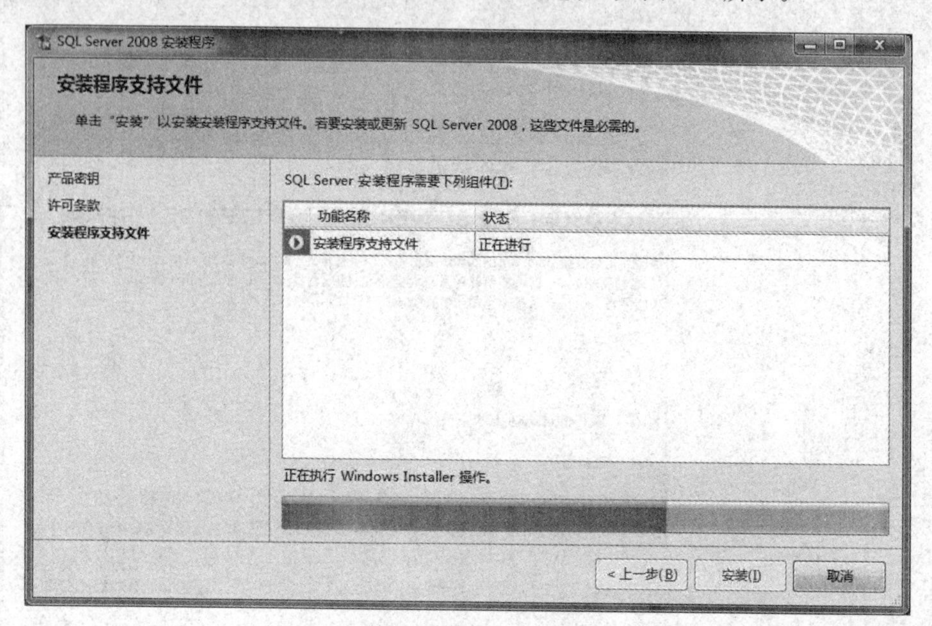

图 6.8　安装程序支持文件的过程

(9) 之后出现“安装程序支持规则”页面，如图 6.9 所示。只有符合规则才能继续安装。

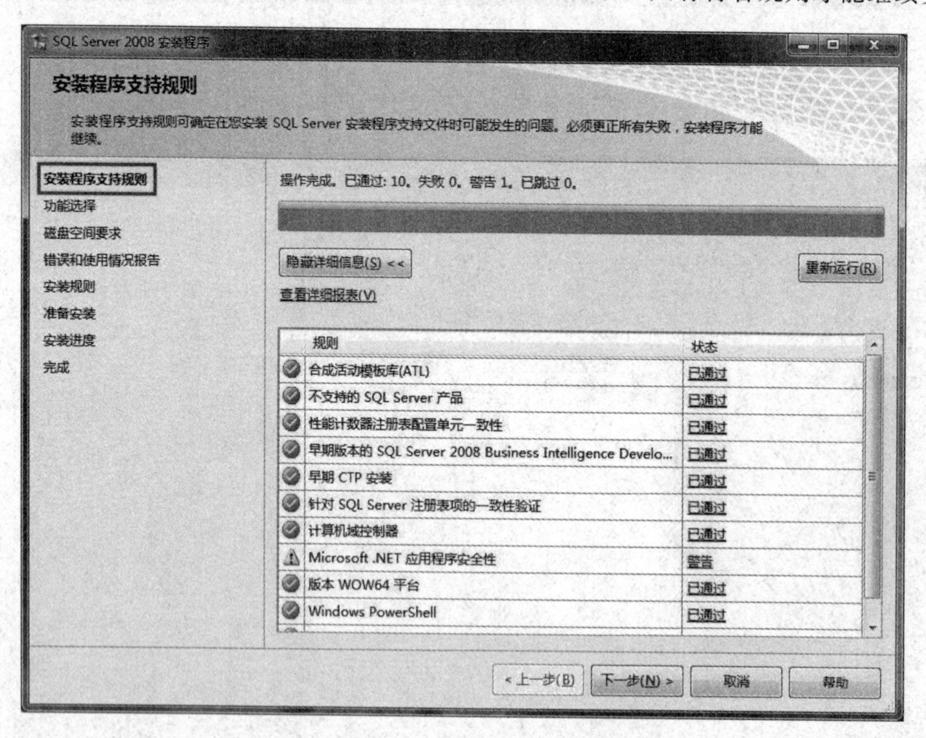

图 6.9　安装程序支持规则 2

(10) 单击“下一步”按钮，出现“功能选择”页面，单击“全选”按钮，并设置共享的功能目录，如图 6.10 所示。

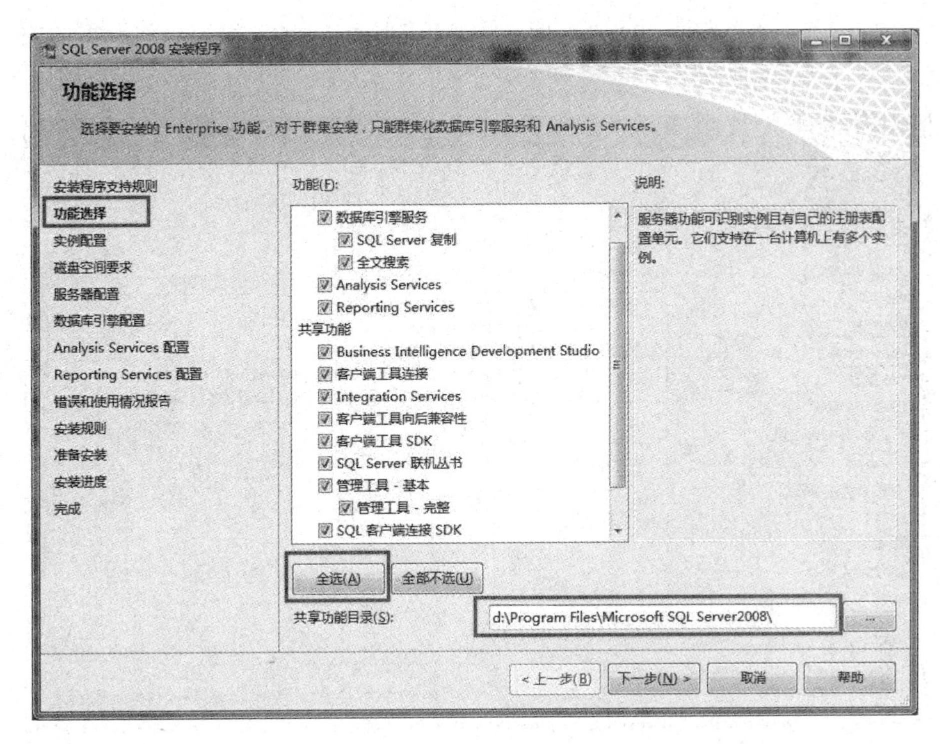

图 6.10 “功能选择”页面

(11) 单击“下一步”按钮，出现“实例配置”页面，选择“默认实例”，并设置是实例的根目录，如图 6.11 所示。

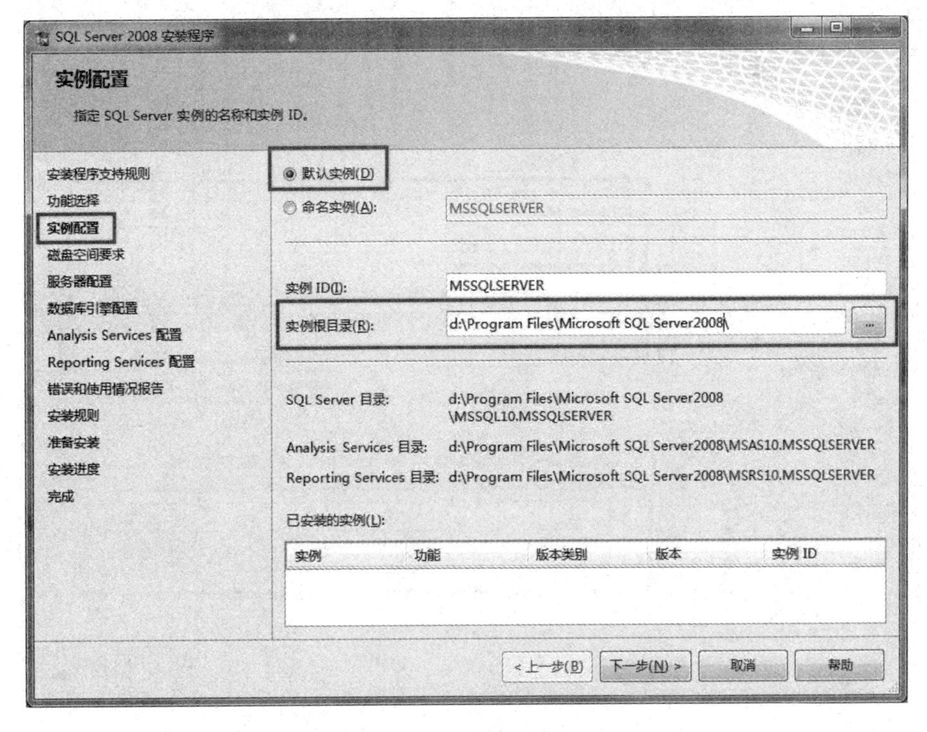

图 6.11 “实例配置”页面

(12) 单击“下一步”按钮,出现“磁盘空间要求”页面,显示了安装软件所需的空间,如图 6.12 所示。

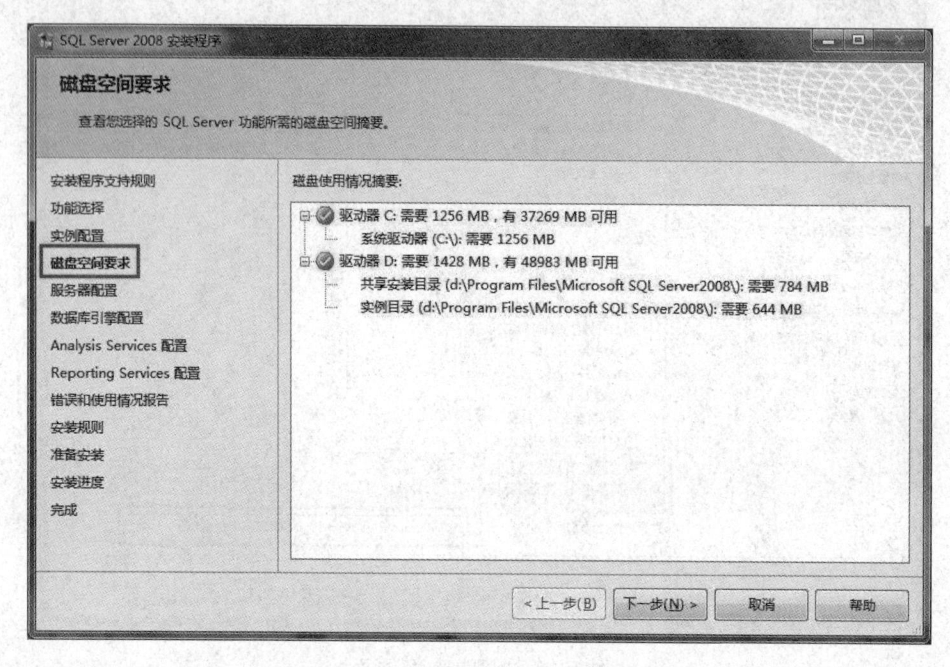

图 6.12 “磁盘空间要求”页面

(13) 单击“下一步”按钮,出现“服务器配置”页面,根据需要进行设置,如图 6.13 所示。

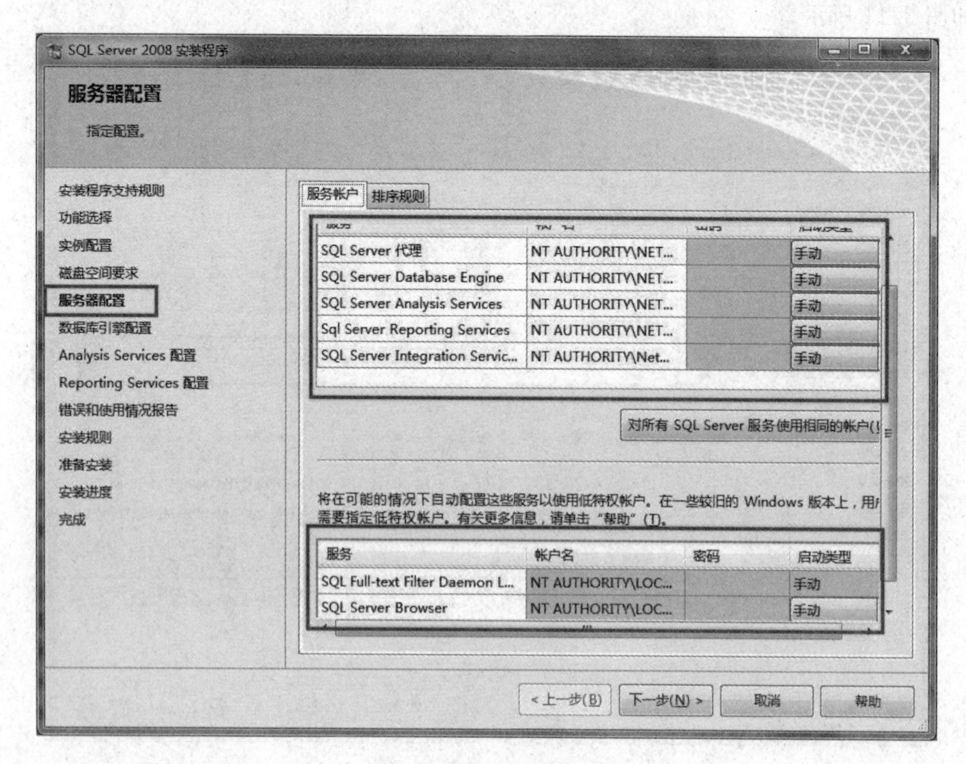

图 6.13 “服务器配置”页面

(14) 单击“下一步”按钮，出现“数据库引擎配置”页面，在此设置身份验证模式为“混合模式”，输入数据库管理员的密码，即 sa 用户的密码，并添加当前用户，如图 6.14 所示。

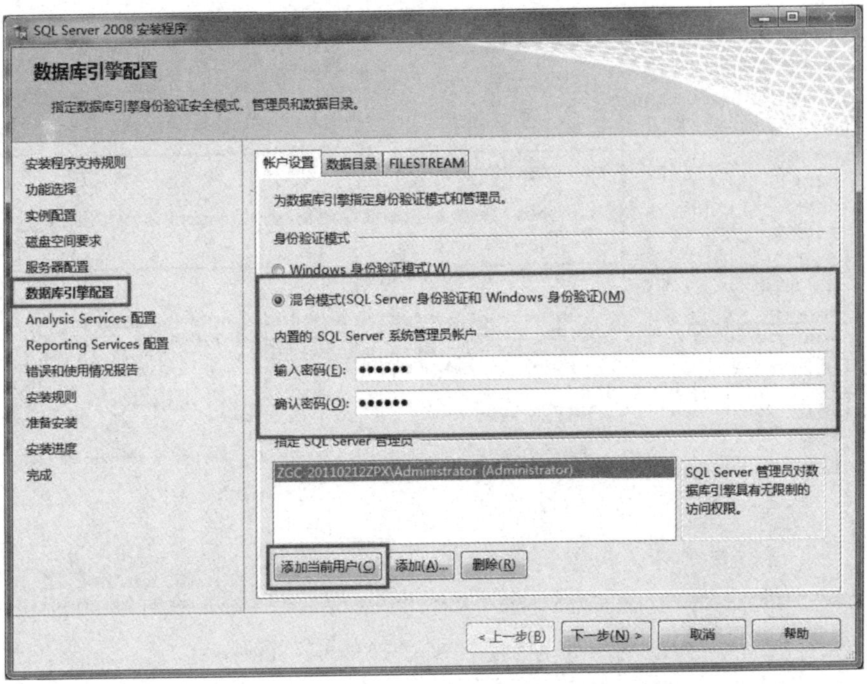

图 6.14　“数据库引擎配置”页面

(15) 单击“下一步”按钮，出现“Analysis Services 配置”页面，添加当前用户，如图 6.15 所示。

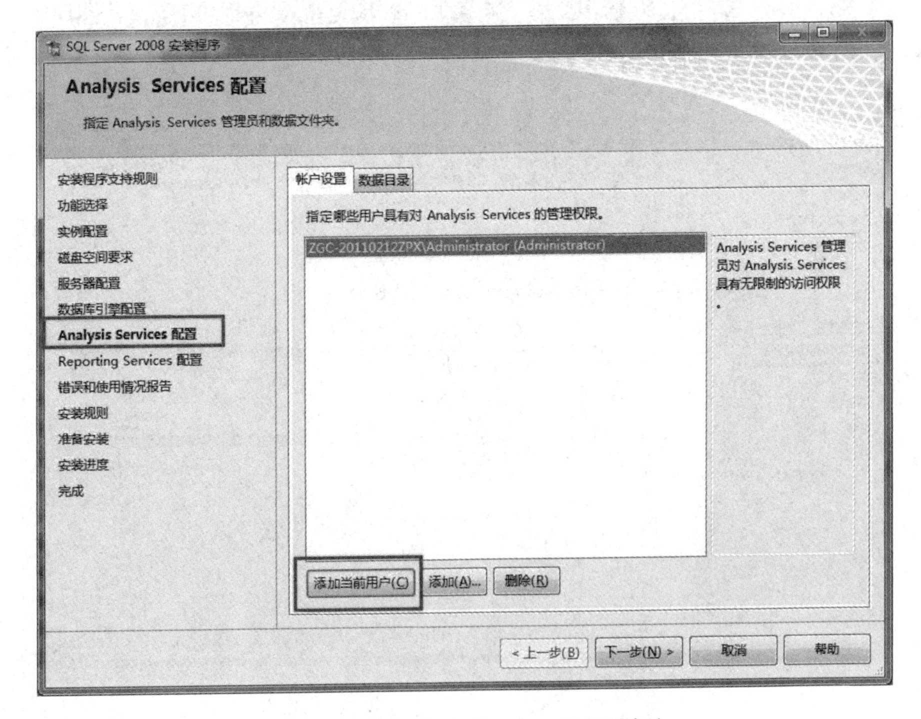

图 6.15　“Analysis Services 配置”页面

(16) 单击“下一步”按钮，出现“Reporting Services 配置”页面，按照默认的设置，如图 6.16 所示。

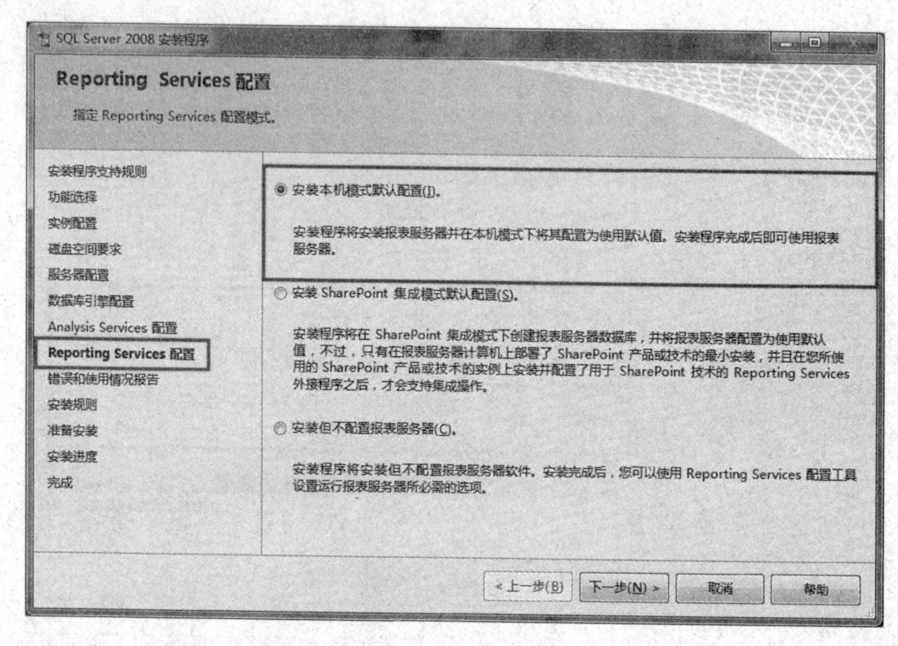

图 6.16 “Reporting Services 配置”页面

(17) 单击“下一步”按钮，出现“错误和使用情况报告”页面，根据自己的需要进行选择，如图 6.17 所示。

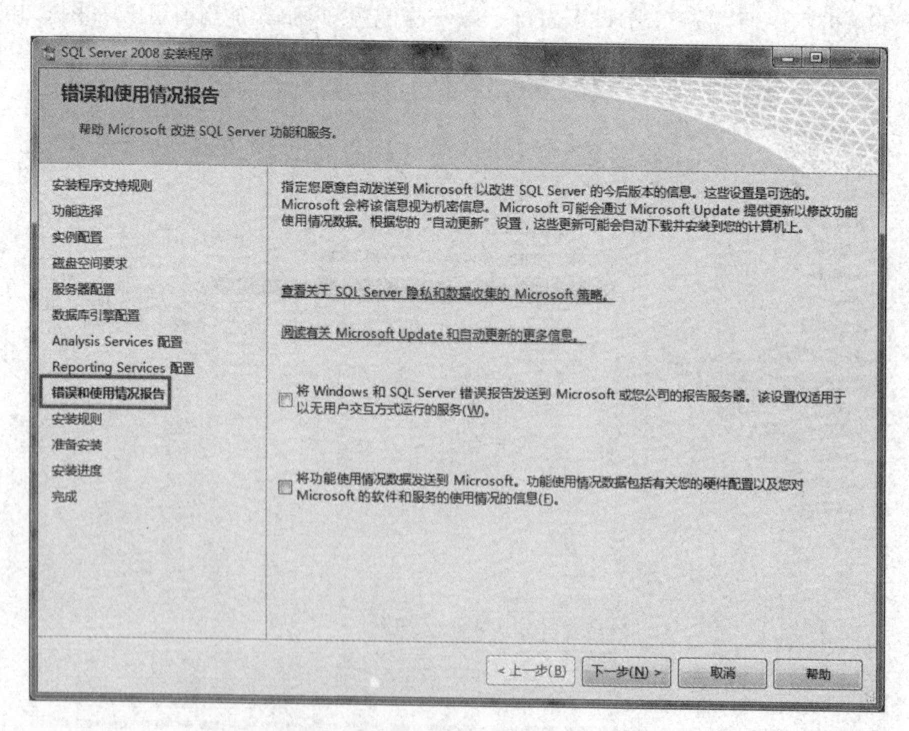

图 6.17 “错误和使用情况报告”页面

(18) 单击“下一步”按钮，出现“安装规则”页面，如图 6.18 所示。

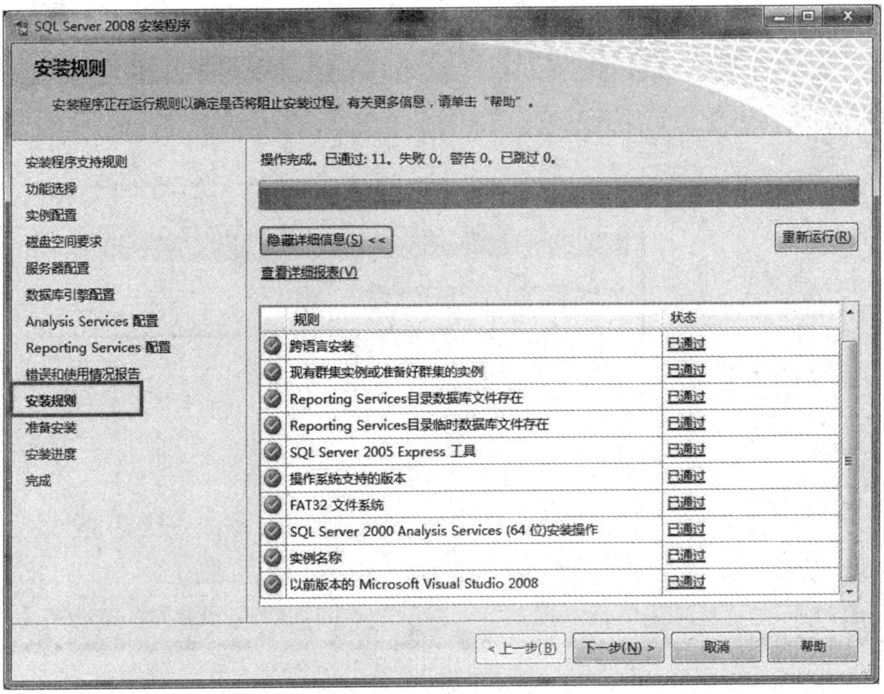

图 6.18　“安装规则”页面

(19) 单击“下一步”按钮，出现“准备安装”页面，可看到要安装的功能选项，如图 6.19 所示。

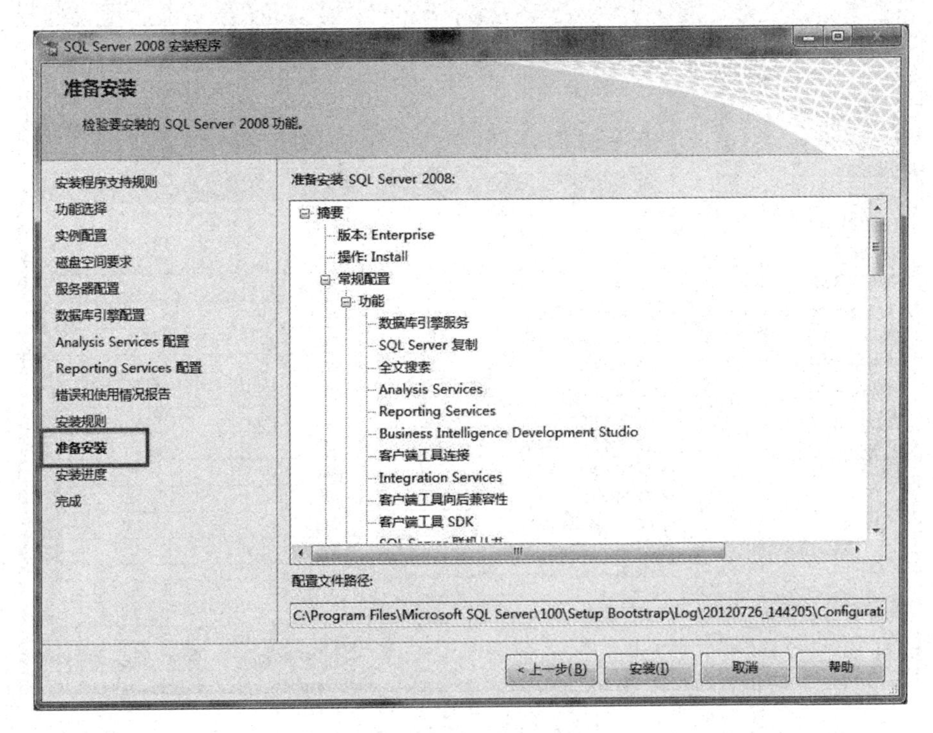

图 6.19　“准备安装”页面

(20) 单击“安装”按钮,出现“安装进度”页面,可以看到正在安装 SQL Server 2008,如图 6.20 所示。

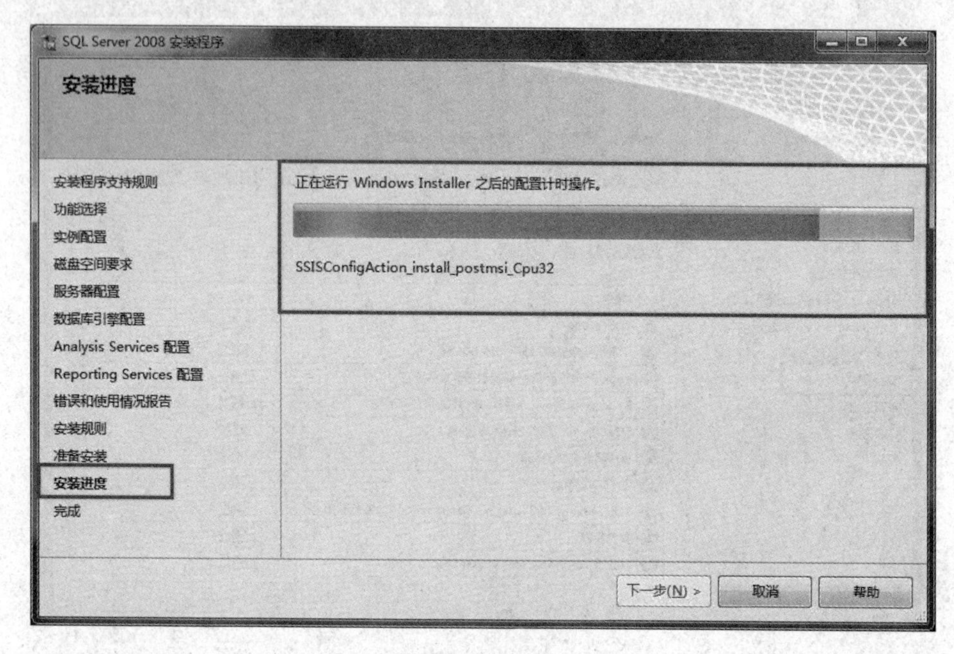

图 6.20 “安装进度”页面

(21) SQL Server 2008 安装过程完成,如图 6.21 所示。

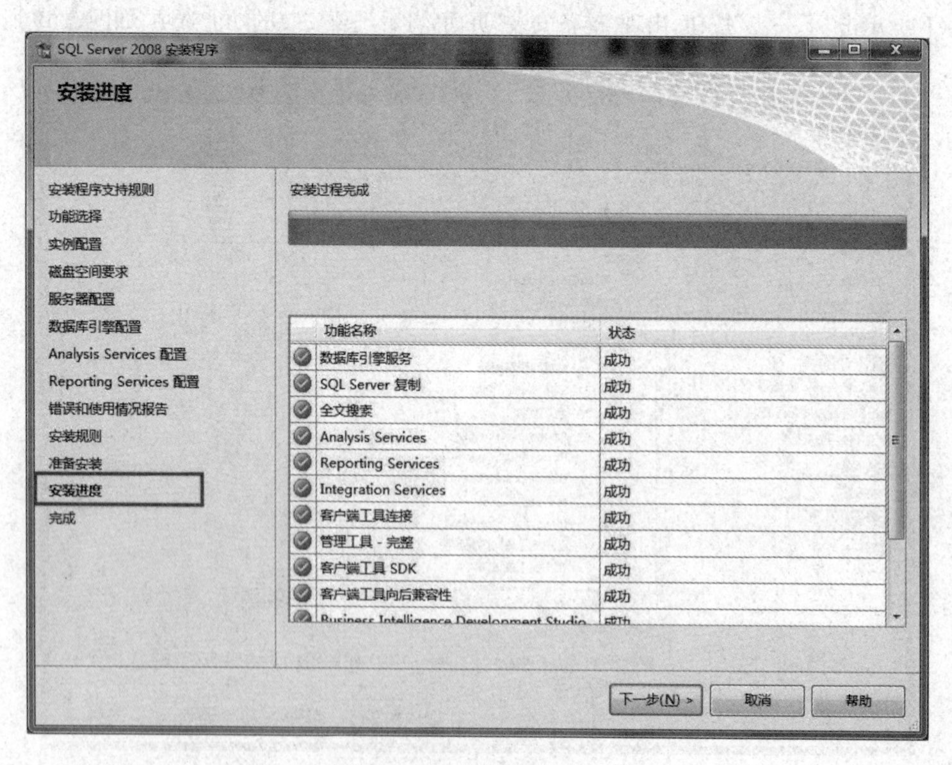

图 6.21 安装过程完成

（22）单击“下一步”按钮，出现“完成”页面，可以看到“SQL Server 2008 安装已成功完成”的提示，如图 6.22 所示。

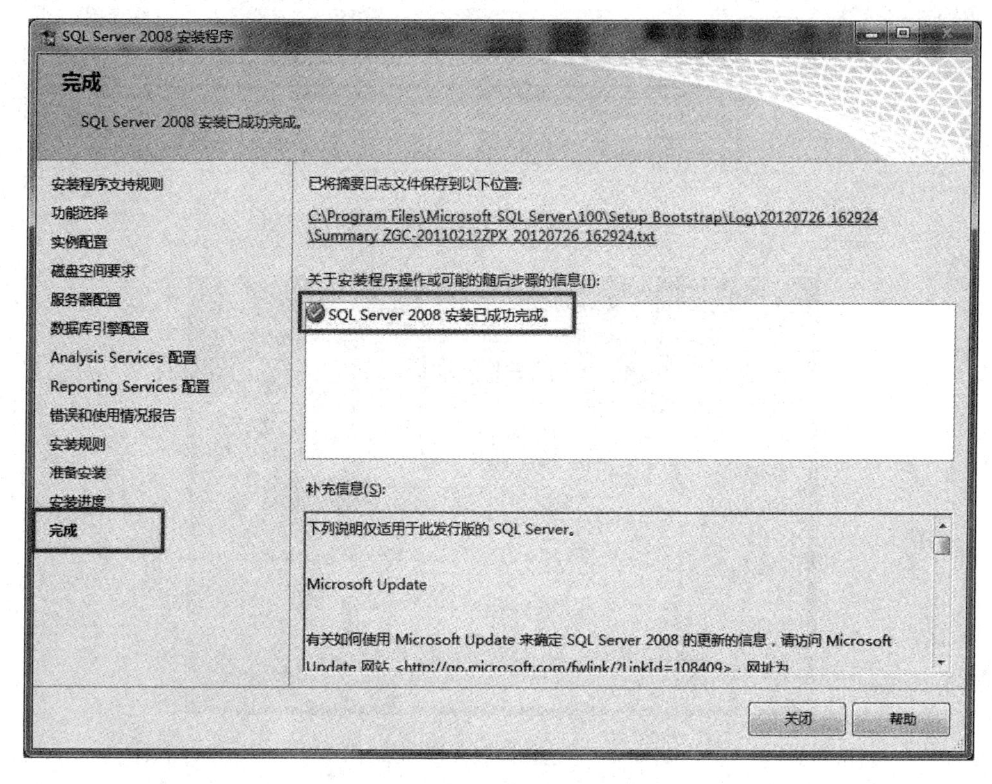

图 6.22　安装完成提示

（23）单击“关闭”按钮，结束安装。在任务栏“开始”菜单中，选择 Microsoft SQL Server 2008 下的“SQL Server 配置管理器”，如图 6.23 所示。启动 SQL Server(MSSQLSERVER)服务，如图 6.24 所示。

图 6.23　选择“SQL Server 配置管理器”

（24）在任务栏“开始”菜单中单击 SQL Server Management Studio 选项，打开如图 6.25 所示的对话框。

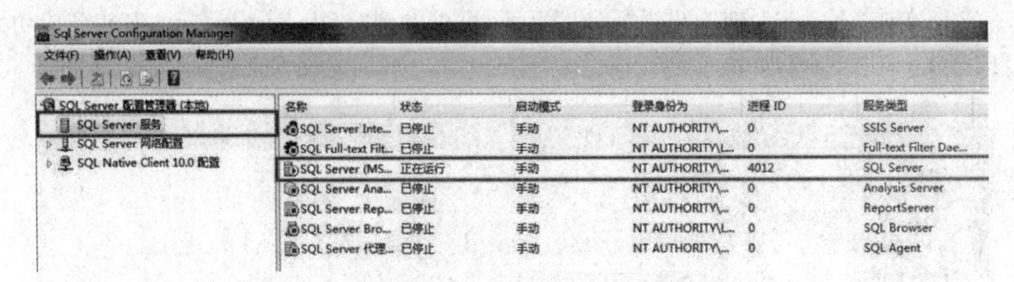

图 6.24　启动 SQL Server(MSSQLSERVER)服务

图 6.25　“连接到服务器”对话框 1

(25) 输入正确的登录名和密码,单击“连接”按钮,进入 Microsoft SQL Server Management Studio 主界面窗口,如图 6.26 所示。

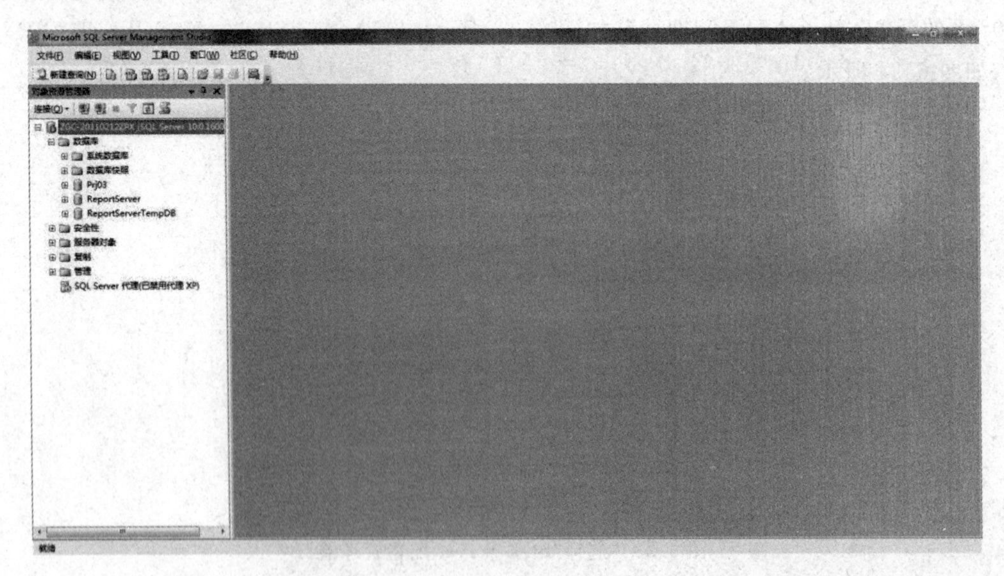

图 6.26　Microsoft SQL Server Management Studio 主界面窗口 1

二、知识学习

1. 数据库

数据库(DataBase,DB),顾名思义就是数据的仓库,是将数据按照某种方式组织起来并存储在计算机中,以方便用户使用。它不仅包括数据本身,而且包括相关数据之间的联系。数据库中的数据不是只面向某一项特定应用,而是面向多种应用的,可以被多个用户或多个应用程序共享。数据库是用来组织和管理数据的一个逻辑单位。

2. 数据库系统

数据库系统(DataBase System,DBS)是指在计算机系统中引入数据库后的系统构成,一般由数据库、数据库管理系统和开发工具、应用系统、数据库管理员、用户构成。

3. 数据库管理系统

数据库管理系统(DataBase Management System,DBMS)是位于用户与操作系统之间的一层数据管理软件。数据库在建立、运行和维护时由数据库管理系统统一管理,统一控制。数据库管理系统能让用户定义和操纵数据,并保证数据的安全性、完整性,以及多用户对数据的并发使用和发生故障后的数据库恢复。

4. 数据库应用系统

数据库应用系统(DataBase Application System,DBAS)是由系统开发人员利用数据库系统资源开发出来的、面向某一类实际应用的应用软件系统。

5. 关系数据库

建立在关系模型上的数据库称为关系数据库(Relational DataBase,RDB),它的核心是DBMS。一个典型的关系数据库通常由一个或多个被称作表的对象组成。

(1) 表:关系数据库所有数据都是以表的形式给出的,这个表就是关系模型中的关系,表6.1所示是一张学生信息表。数据库中的每一个表都有自己的一个名称,且是唯一的。表由行和列组成,每一行包括了该行字段名称、数据类型以及字段的其他属性等信息,而列则具体包含某一列的记录或数据。

表6.1　学生信息表

学号	姓名	性别	出生日期	专业
162022101	张三	男	1998-02-03	计算机科学
162022102	李四	男	1998-07-13	计算机科学
162022103	王五	女	1997-05-20	计算机科学
162022104	陈六	女	1998-12-10	计算机科学

(2) 记录：一条记录(或者说一行)是一组彼此相关的数据集合。记录在关系模型中称为元组。表 6.1 中列出了 4 条记录。

(3) 字段：字段是记录中单独的数据子部分。表中的每一列称为一个字段，一条记录是由若干个字段组成的，每个字段有自己的名称和数据类型。字段在关系模型中称为属性。表 6.1 中学生的属性有 5 个，即学生表有 5 个字段。

(4) 主键：能唯一地标识表中的某一条记录的字段，可以是单个字段，也可以是多个字段的组合。主键不允许为空。表 6.1 中，字段学号作为该学生信息表的主键。

(5) 外键：又称为外码，它表示该字段不是本表的主键，但它是另一张表的主键。例如有另一张成绩表，里面也有学号这个字段，则该字段的值应来自于学生信息表的主键，但在成绩表中它只能是外键。

表的有关特性如下。

- 每一列中的数据必须是同类型的数据，具有相同的取值范围。
- 每一个字段值必须是不可再分割的最小数据项。
- 任意两条记录的值不能完全相同。
- 表中记录的次序无关紧要，改变一个表中的记录顺序不影响数据的含义。

任务 2 建立数据库和数据表

一、任务实现

1. 建立学生信息管理数据库(StuDB)和学生信息表(student)

(1) 启动 SQL Server Management Studio 程序，打开“连接到服务器”对话框，如图 6.27 所示。根据提示输入正确的信息，单击“连接”按钮，进入 SQL Server Management Studio 主界面窗口，如图 6.28 所示。

图 6.27 “连接到服务器”对话框 2

(2) 在左侧“对象资源管理器”下右击“数据库”，弹出快捷菜单，如图 6.29 所示。选择“新建数据库”命令，打开“新建数据库”窗口，如图 6.30 所示。

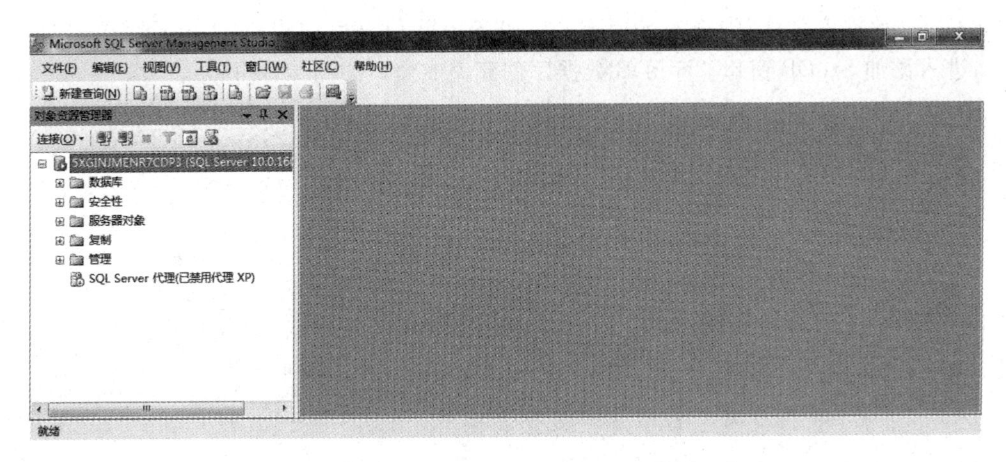

图 6.28　SQL Server Management Studio 主界面窗口 2

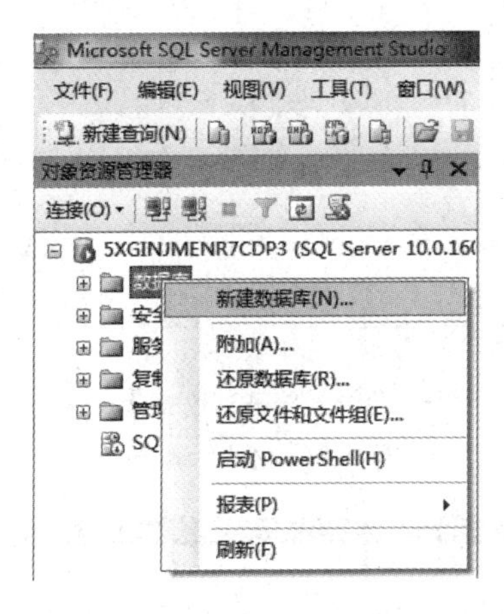

图 6.29　选择“新建数据库”

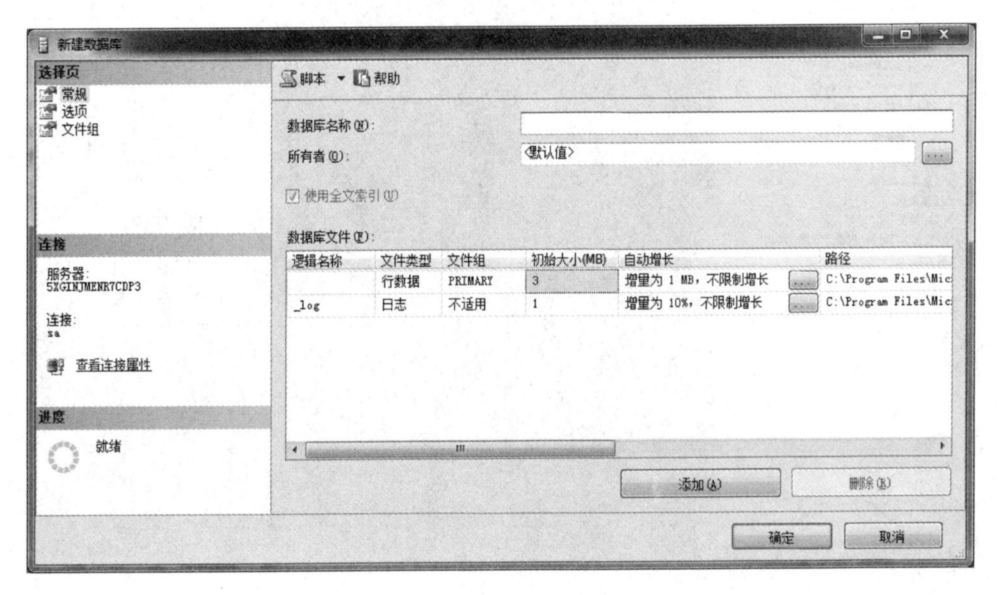

图 6.30　“新建数据库”窗口

(3) 在“数据库名称”中输入 StuDB。添加 StuDB 信息后如图 6.31 所示。单击“确定”按钮，进入添加 StuDB 窗口。StuDB 数据库创建完成窗口如图 6.32 所示。

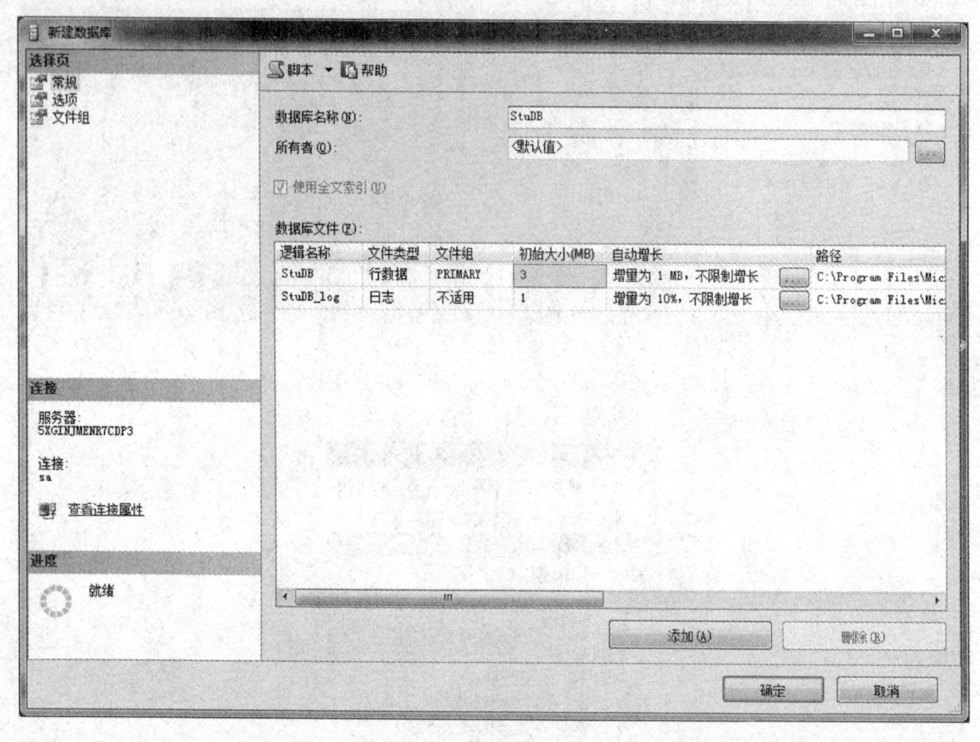

图 6.31　添加 StuDB

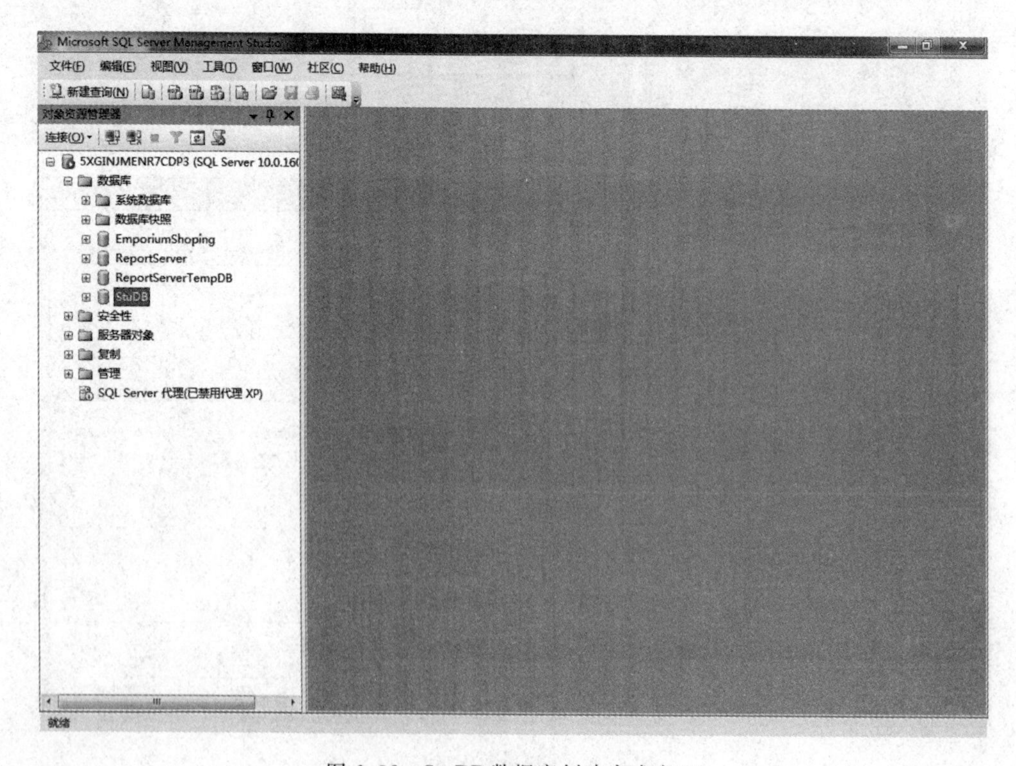

图 6.32　StuDB 数据库创建完成窗口

(4) 展开 StuDB 数据库项，右击“表”，弹出快捷菜单，如图 6.33 所示。选择“新建表”命令，打开新建表窗口，如图 6.34 所示。

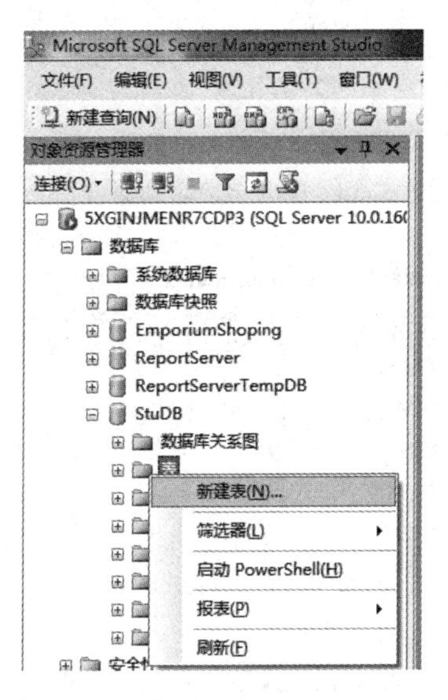

图 6.33 选择“新建表”

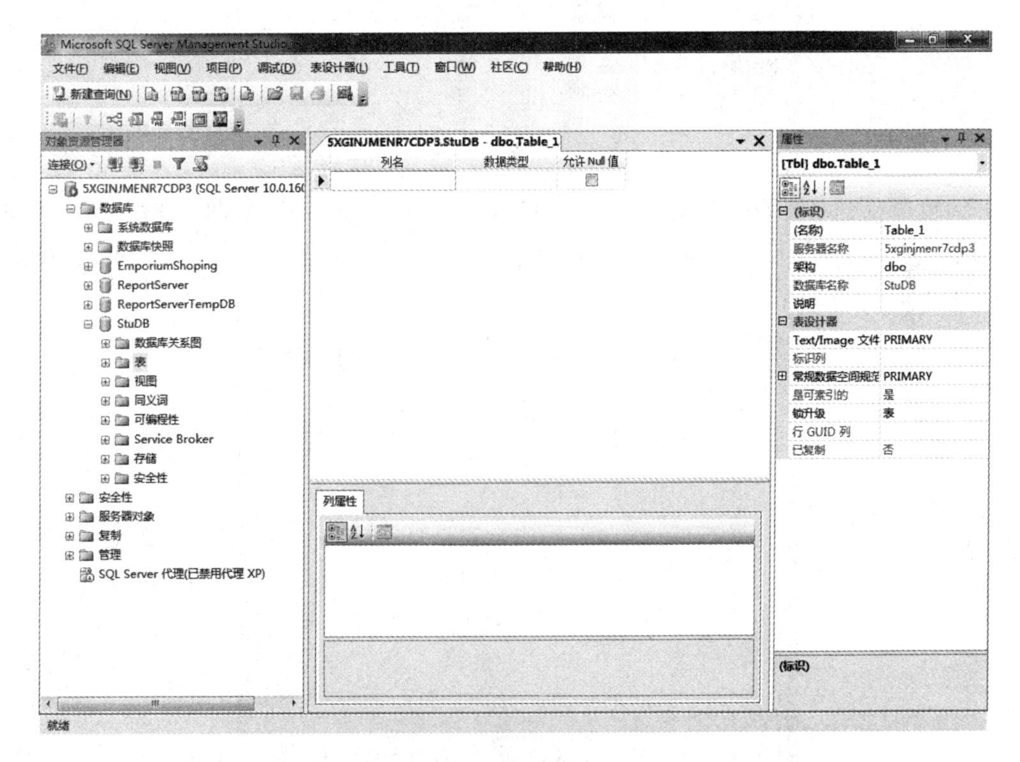

图 6.34 新建表窗口

(5) 在新建表窗口中输入相关字段名和属性等信息，如图 6.35 所示。

(6) 右击“学号”字段，弹出快捷菜单，如图 6.36 所示。选择“设置主键”命令，效果如图 6.37 所示。

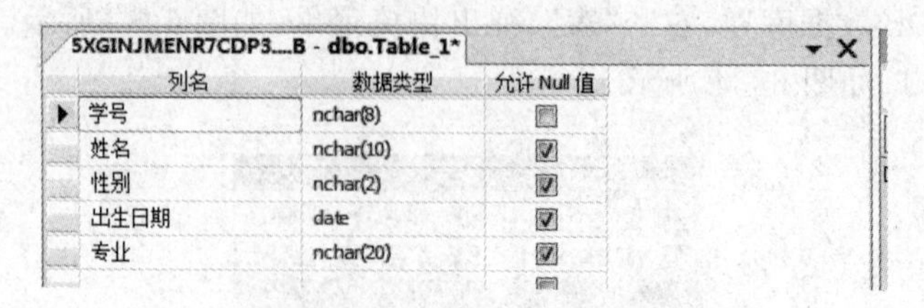

图 6.35 输入字段名和属性信息

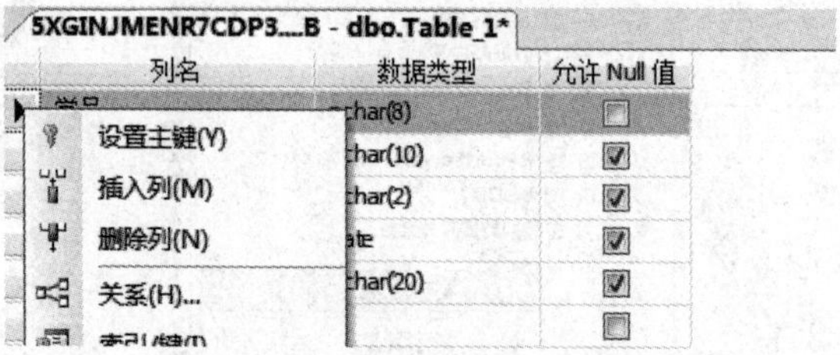

图 6.36 右击“学号”

图 6.37 设置“学号”主键

(7) 单击右上方的关闭按钮 ✕,弹出询问是否保存的对话框,如图 6.38 所示。单击“是”按钮,弹出如图 6.39 所示的对话框,在对话框中输入表名称 student,单击“确定”按钮,表已创建好。

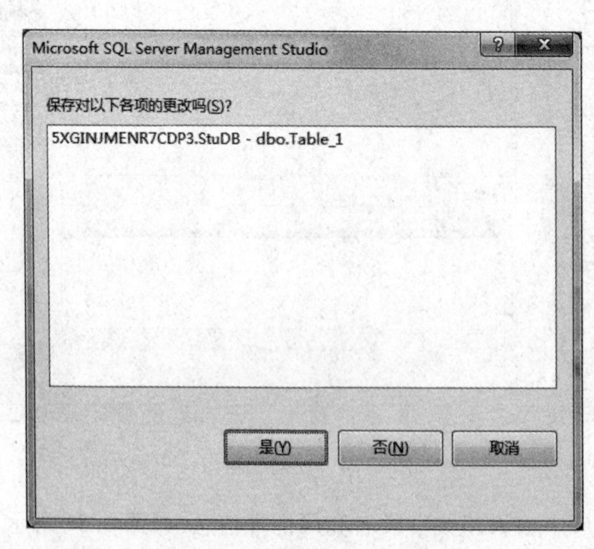

图 6.38 询问是否保存的对话框

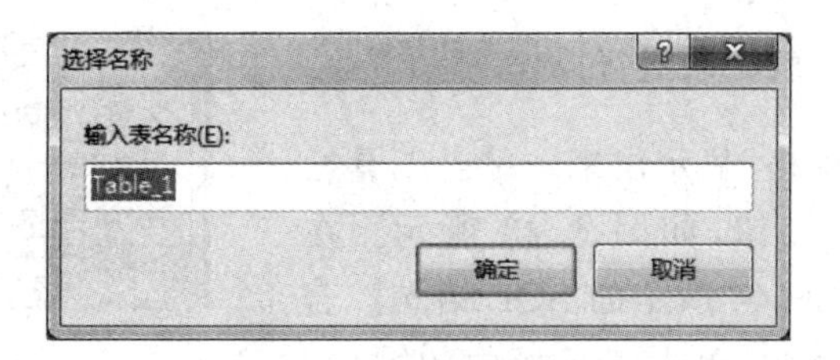

图 6.39　“选择名称”对话框

(8) 在“对象资源管理器”下展开 StuDB 数据库中的“表”项，右击 dbo.student，弹出快捷菜单，如图 6.40 所示。选择“编辑前 200 行”命令，打开 dbo.student 表，如图 6.41 所示。

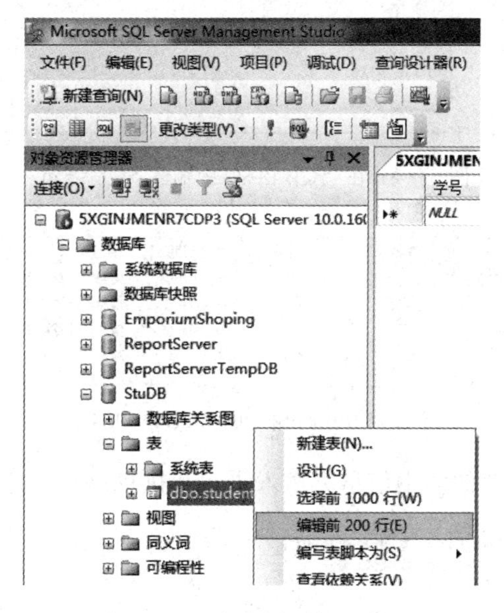

图 6.40　选择“编辑前 200 行”

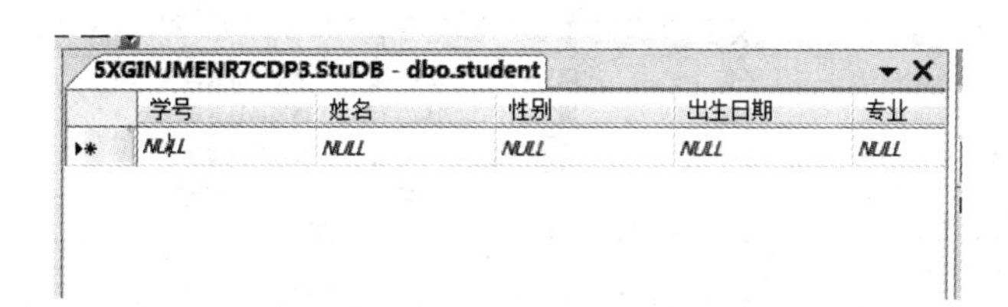

图 6.41　dbo.student 表

(9) 输入如下信息，如图 6.42 所示。

5XGINJMENR7CDP3.StuDB - dbo.student

	学号	姓名	性别	出生日期	专业
▶	16202101	小五	男	1998-02-03	信息与计算科学
	16202102	小明	男	1998-07-13	信息与计算科学
	16202103	小李	女	1997-05-20	信息与计算科学
	16202104	小丽	女	1998-12-10	信息与计算科学
*	NULL	NULL	NULL	NULL	NULL

图 6.42　输入信息记录

2. 使用 SQL 语句对表记录进行操作

首先需要将"SQL 窗格"显示出来。单击工具栏中的"显示 SQL 窗格"按钮，如图 6.43 所示。在"SQL 窗格"中输入如图 6.44 所示的 SQL 语句。若要执行其输入的 SQL 语句，单击工具栏中的"执行 SQL"按钮，执行后结果如图 6.45 所示。

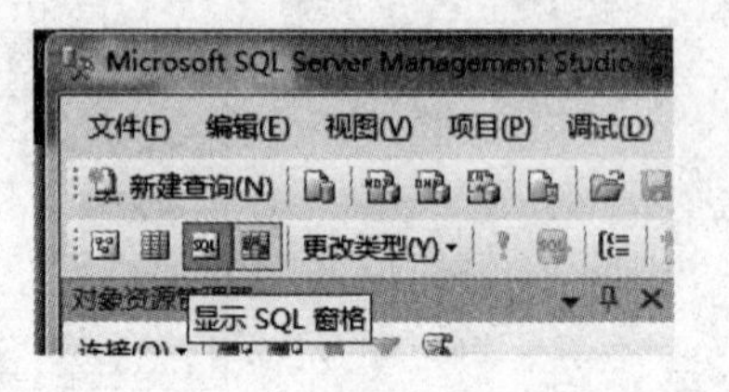

图 6.43 单击"显示 SQL 窗格"按钮

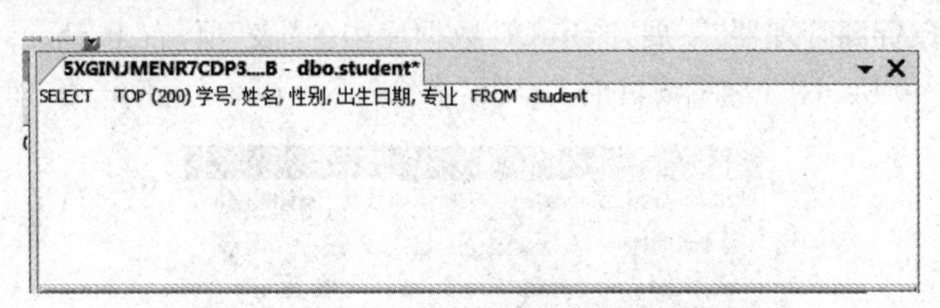

图 6.44 在"SQL 窗格"中输入 SQL 语句

学号	姓名	性别	出生日期	专业
16202101	小五	男	1998-02-03	信息与计算科学
16202102	小明	男	1998-07-13	信息与计算科学
16202103	小李	女	1997-05-20	信息与计算科学
NULL	NULL	NULL	NULL	NULL

图 6.45 执行输入的 SQL 语句结果

(1) 查询 student 表中的学生信息。输入语句和执行语句后的结果如图 6.46 所示。

5XGINJMENR7CDP3....B - dbo.student*

```
SELECT   学号, 姓名, 性别, 出生日期, 专业
FROM     student
```

学号	姓名	性别	出生日期	专业
16202101	小五	男	1998-02-03	信息与计算科学
16202102	小明	男	1998-07-13	信息与计算科学
16202103	小李	女	1997-05-20	信息与计算科学
16202104	小丽	女	1998-12-10	信息与计算科学
NULL	NULL	NULL	NULL	NULL

图 6.46 查询所有学生信息结果

(2) 在 student 表中插入一条记录信息。输入语句和执行语句后的结果如图 6.47 所示。

5XGINJMENR7CDP3....B - dbo.student*

```
INSERT INTO student
         (学号, 姓名, 性别, 出生日期, 专业)
VALUES   ('16202105', '小张', '男', '1997-03-18', '信息与计算科学')
```

学号	姓名	性别	出生日期	专业
16202101	小五	男	1998-02-03	信息与计算科学
16202102	小明	男	1998-07-13	信息与计算科学
16202103	小李	女	1997-05-20	信息与计算科学
16202104	小丽	女	1998-12-10	信息与计算科学
16202105	小张	男	1997-03-18	信息与计算科学

图 6.47 插入一条记录结果

(3) 在 student 表中将专业列的值改为“信息管理与信息系统”。输入语句和执行语句后的结果如图 6.48 所示。

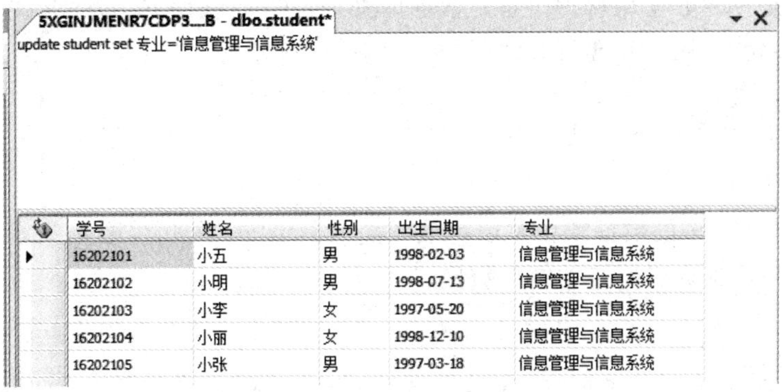

5XGINJMENR7CDP3....B - dbo.student*

```
update student set 专业='信息管理与信息系统'
```

学号	姓名	性别	出生日期	专业
16202101	小五	男	1998-02-03	信息管理与信息系统
16202102	小明	男	1998-07-13	信息管理与信息系统
16202103	小李	女	1997-05-20	信息管理与信息系统
16202104	小丽	女	1998-12-10	信息管理与信息系统
16202105	小张	男	1997-03-18	信息管理与信息系统

图 6.48 更新“专业”字段值结果

(4) 在 student 表中删除姓名为“小张”的记录。输入语句和执行语句后的结果如图 6.49 所示。

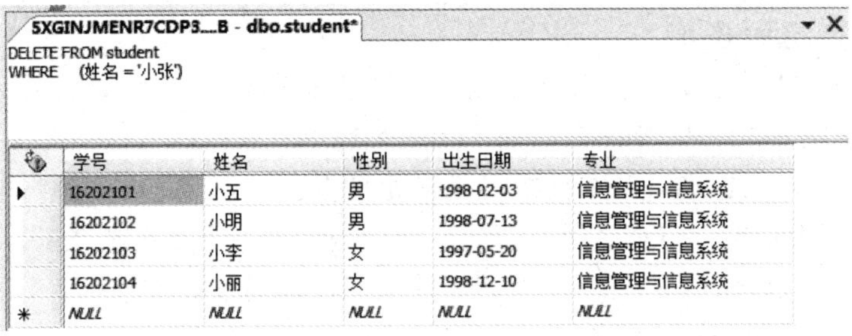

5XGINJMENR7CDP3....B - dbo.student*

```
DELETE FROM student
WHERE   (姓名 = '小张')
```

学号	姓名	性别	出生日期	专业
16202101	小五	男	1998-02-03	信息管理与信息系统
16202102	小明	男	1998-07-13	信息管理与信息系统
16202103	小李	女	1997-05-20	信息管理与信息系统
16202104	小丽	女	1998-12-10	信息管理与信息系统
NULL	NULL	NULL	NULL	NULL

图 6.49 删除“小张”记录结果

二、知识学习

1. SQL 基础

SQL(Structured Query Language,结构化查询语言)的主要功能是同各种数据库建立联系,进行数据共享。SQL 简洁,功能强大,简单易学。按照 ANSI(美国国家标准协会)的规定,SQL 被作为关系型数据库管理系统的标准语言。

1) SQL 的主要功能

(1) 数据定义功能:用于定义被存放数据的结构和组织,以及各数据项间的相互关系。

(2) 数据检索功能:用于使用户或应用程序从数据库中检索数据并使用这些数据。

(3) 数据操纵功能:使用户或应用程序通过 SQL 可以更改数据库内容,如增加新数据、删除旧数据或修改已存入的数据等。

2) SQL 的主要特点

(1) SQL 是一种交互式查询语言。用户可以通过输入 SQL 命令以检索数据,并将其显示在屏幕上。

(2) SQL 是一种数据库编程语言。程序人员可将 SQL 命令嵌入到用某种语言所编写的应用程序中,以存取数据库中的数据。

(3) SQL 是一种数据库管理语言。数据库管理员可以利用 SQL 来定义数据库组织结构、控制数据存取等,从而实现对大中型数据库系统的管理。

2. SQL 常用语句

1) Select 语句

Select 语句在众多的数据库中是使用最频繁的。Select 语句主要用来对数据库进行查询并返回符合用户查询所需要的结果数据。

语法格式:

```
Select [All|Distinct][Top n] *|字段列表 From 表名 [Where 条件表达式] [Group By 字段名]
[Order By 字段名[ASC|DESC]]
```

说明:

(1) All 表示所有记录,默认即为 All; Distinct 表示重复记录只选取一条; Top n 表示从记录中选择前 n 条; * 表示选择表中所有的字段; 字段列表表示查询指定表中的字段,字段之间要用英文逗号隔开。

(2) From 子句用于指定一个或多个表。如果是多个表,表之间要用英文逗号隔开; 如果所选的字段来自不同的表,则字段名前应加表名前缀。

(3) Where 条件表达式用于查询时要求满足的条件。在 Where 条件中可以使用一些运算符来设定查询标准: =(等于)、>(大于)、<(小于)、>=(大于或等于)、<=(小于或等于)、<>(不等于),between(介于)、in(在列表中)、like(模糊查询)。

(4) Goup By 子句表示按字段分组。

(5) Order By 子句表示查询出来的记录按字段排序。ASC 为升序,DESC 为降序。

(6) SQL 不区分大小写。

2) 统计函数

(1) 计数函数 Count (字段名): 统计字段名所在列的行数。一般用 Count(*)表示计算查询结果的行,即元组的个数。

(2) 求和函数 Sum(字段名): 对某一列的值求和(必须是数值型字段)。

(3) 计算平均值 Avg(字段名): 对某一列的值计算平均值(必须是数值型字段)。

(4) 求最大值 Max(字段名): 找出某列中的最大值。

(5) 求最小值 Min(字段名): 找出某列中的最小值。

例 6.1 输出 student 表中的所有字段和记录。

```
Select * from student
```

例 6.2 输出 student 表中的前 3 条记录。

```
Select top 3 from student
```

例 6.3 输出 student 表中的学号、姓名和专业。

```
Select 学号,姓名,专业 from student
```

例 6.4　查询 student 表中所有性别为“男”的记录。

```
Select * from student where 性别 = '男'
```

例 6.5　查询 student 表中出生日期在 1998 年 5 月 8 日至 12 月 1 日的学生。

```
Select * from student where 出生日期 between #1998-05-08# and #1998-12-01#
```

例 6.6　查询 student 表中姓名以“明”结尾的学生。

```
Select * from student where 姓名 like '%明'
```

例 6.7　将 student 表中的学生按学号进行降序排列。

```
Select * from student order by 学号 DESC
```

例 6.8　查询 student 表中的记录总数。

```
Select count(*) as 总记录数 from student
```

返回记录集中只有一条记录、一个字段。总记录数就是该字段名称。

例 6.9　假定一图书借阅系统有 3 个表，各表结构如下：

```
图书(总编号,分类号,书名,作者,出版单位,单价)
读者(借书证号,单位,姓名,性别,职称,地址)
借阅(借书证号,总编号,借书日期)
```

- 查询所有借阅了图书的读者的姓名和单位。

  ```
  Select 姓名,单位 from 读者,借阅 where 读者.借书证号 = 借阅.借书证号
  ```

- 查找价格在 20 元以上已借出的图书，结果按单价升序排列。

  ```
  Select * from 借阅,图书 where 图书.总编号 = 借阅.总编号 and 单价>= 20 order by 单价 ASC
  ```

3）Insert 语句

在电子商务网站的信息维护中，经常需要向数据库添加数据，如商品信息，会员信息等。这时，可通过 Insert 语句向表中添加新数据。

语法格式：

```
Insert Into 表名(字段名)Values(字段值)
```

说明：

(1) 要求各字段值的顺序和数据类型必须与各字段名的顺序和数据类型相对应，否则会出现操作错误。

(2) 可以只给部分字段赋值，但是主键字段必须赋值。允许为空的和有默认值的字段名都可以省略，但不允许为空的字段不能省略。

(3) 不需要给自动编号的字段赋值。

(4) 若字段类型为文本或备注型，则该字段值两边要加引号；若为日期/时间型，则该字段值两边要加 #；若为数字型，可直接写数字；若为逻辑型，则字段值为 True 或 False。

例 6.10 向 student 表中添加一条记录。

```
Insert into student(学号,姓名,性别,出生日期,专业) Values('16202107','小雨','男',#1997-06-21#,'信息与计算科学')
```

例 6.11 向 student 表中添加一条记录,只添加学号和姓名。

```
Insert into student(学号,姓名) Values('16202106','小红')
```

4) Update 语句

数据库中的信息不是一成不变的,而是每时每刻都在发生变化的。例如,图书借阅系统中的读者表地址发生变化,这时就需要对已存在的数据进行更新。在 SQL 中,利用 Update 语句来实现更新数据的功能。

语法格式:

```
Update 表名 Set 字段名 1 = 字段值 1,字段名 2 = 字段值 2,…[Where 条件表达式]
```

说明:如果设定了 Where 条件,那么 Where 条件用来指定更新数据的范围。如果省略 Where 条件,则将更新数据库表中的所有记录。

例如 6.12 将读者表中小明的地址改为"通港路 1 号"。

```
Update 读者 set 地址 = '通港路 1 号' Where 姓名 = '小明'
```

例如 6.13 将借阅表中的借书日期延迟一天。

```
Update 借阅 set 借书日期 = 借书日期 + 1
```

5) Delete 语句

在 SQL 中,利用 Delete 语句可以删除数据表中的一条记录或多条记录。

语法格式:

```
Delete from 表名 [Where 条件表达式]
```

说明:如果设定了 Where 条件,那么凡是符合条件的记录都会被删除。如果没有符合条件的记录,则不删除;如果用户在使用 Delete 语句时不设定 Where 条件,则删除整个数据表的记录。

例 6.14 将 student 表中姓名为"小李"的记录删除。

```
Delete from student where 姓名 = '小李'
```

例 6.15 将 student 表的记录清空。

```
Delete from student
```

任务 3 创建 SQL Server 数据库的 ODBC 数据源

一、任务实现

以 Windows 7(64 位)为例,为数据库 StuDB 建立数据源。

(1) 选择“开始”|“控制面板”命令,打开“所有控制面板项”,如图 6.50 所示。单击“管理工具”命令,打开“管理工具”窗口,如图 6.51 所示。双击“数据源(ODBC)”命令,打开“ODBC 数据源管理器”对话框,如图 6.52 所示。

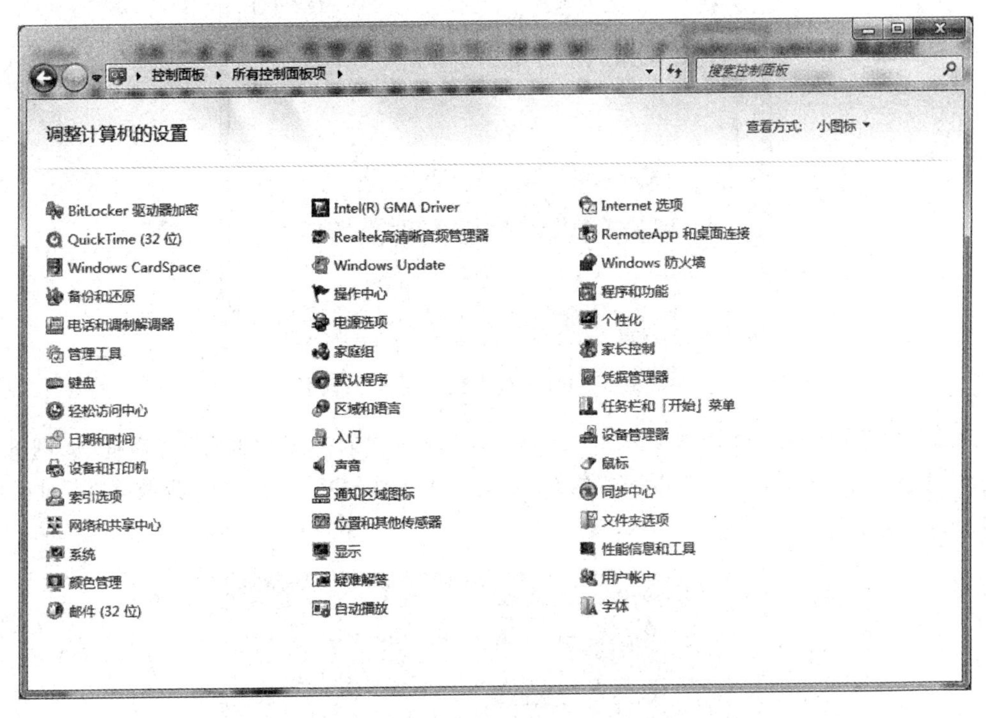

图 6.50　所有控制面板项

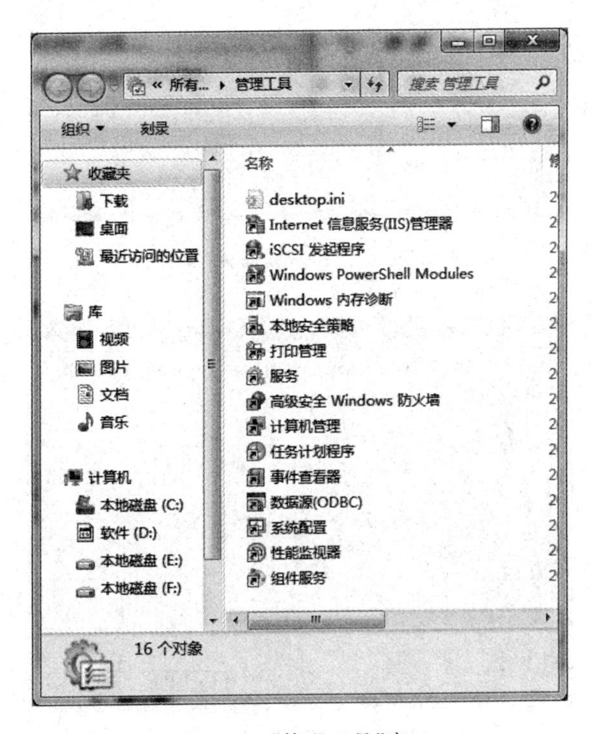

图 6.51　“管理工具”窗口

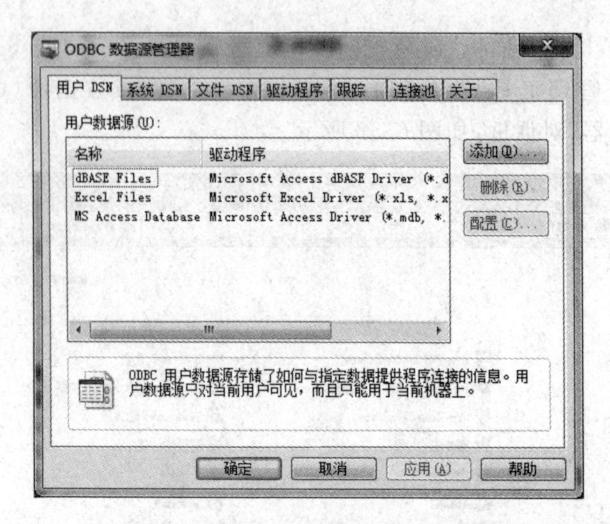

图 6.52 “ODBC 数据源管理器”对话框

(2) 在“用户 DSN”选项卡中单击“添加”按钮，打开“创建新数据源”对话框，如图 6.53 所示。选择 SQL Server，单击“完成”按钮，打开“创建到 SQL Server 的新数据源”对话框，如图 6.54 所示。

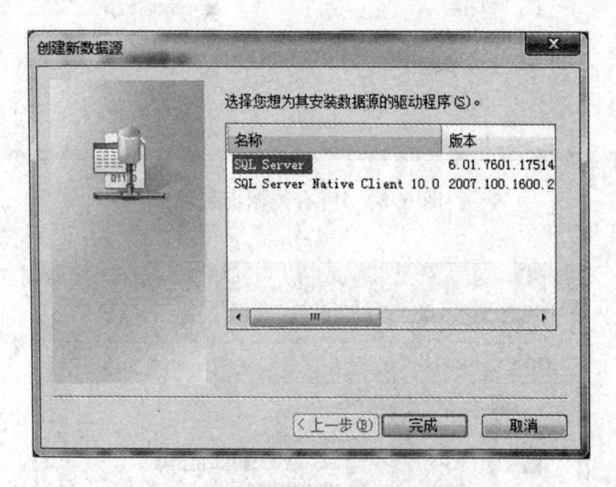

图 6.53 “创建新数据源”对话框

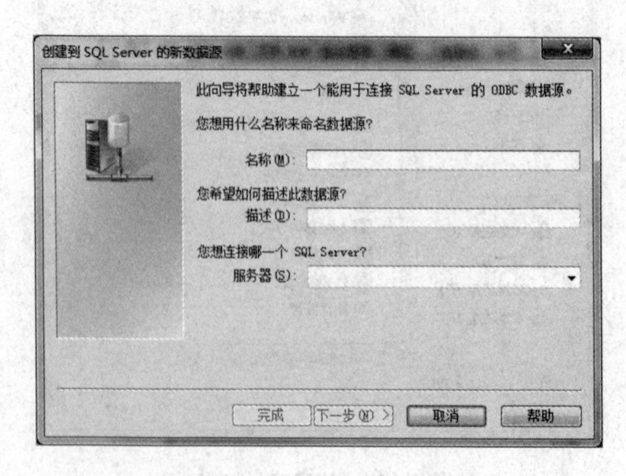

图 6.54 “创建到 SQL Server 的新数据源”对话框

(3) 在“名称”文本框中输入 news,在“描述”文本框中输入“StuDB 数据源”,在“服务器”文本框中输入 5XGINJMENR7CDP3,如图 6.55 所示。

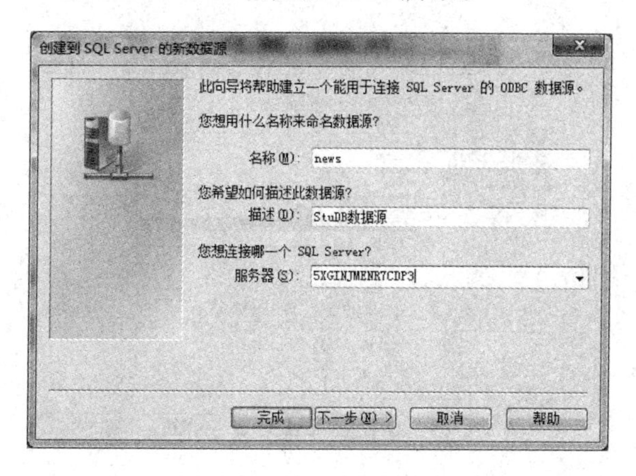

图 6.55　输入数据源信息

(4) 单击“下一步”按钮,打开如图 6.56 所示的 DNS 配置对话框。选项取默认值,单击“下一步”按钮,打开如图 6.57 所示的 DNS 配置对话框。

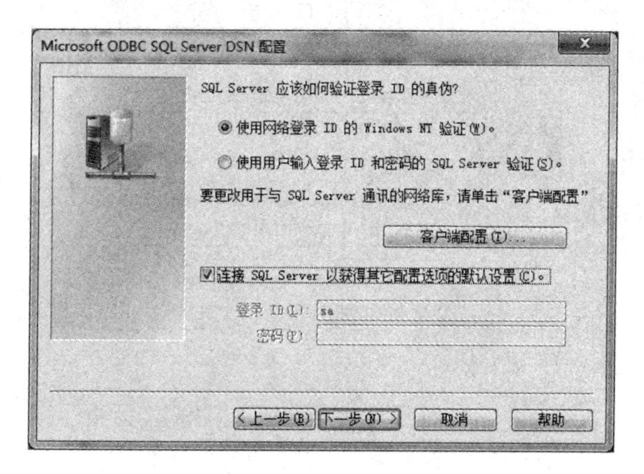

图 6.56　DNS 配置对话框 1

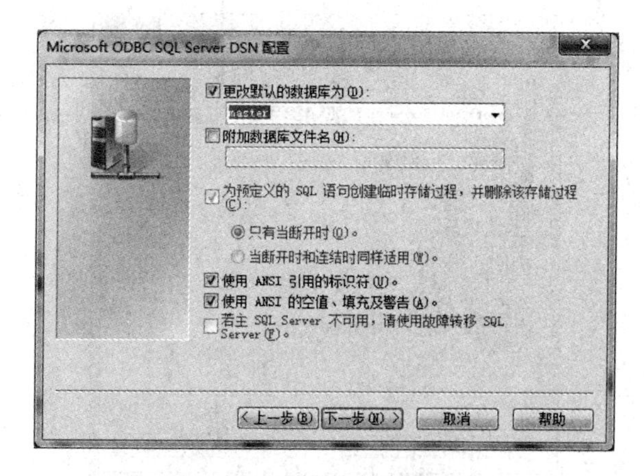

图 6.57　DNS 配置对话框 2

(5) 单击“更改默认的数据库为”下拉列表框，选择 StuDB，其他选项取默认值，如图 6.58 所示。

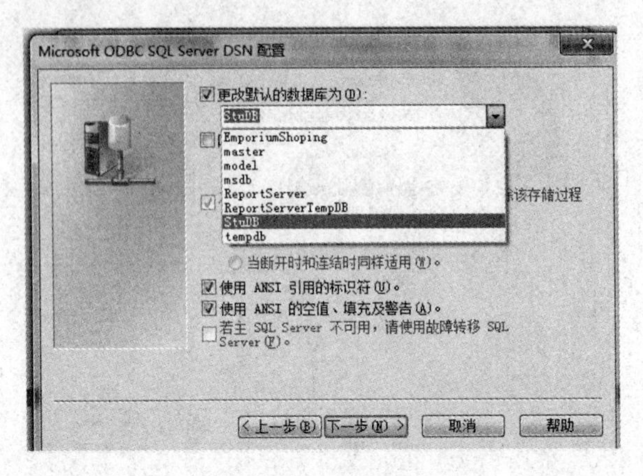

图 6.58　选择 StuDB

(6) 单击“下一步”按钮，进入 DNS 配置对话框，如图 6.59 所示。选项取默认值，单击“完成”按钮，打开“ODBC Microsoft SQL Server 安装”对话框，如图 6.60 所示。

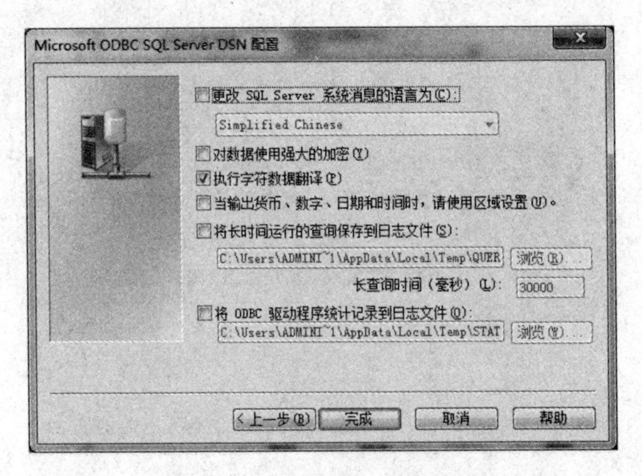

图 6.59　DNS 配置对话框 3

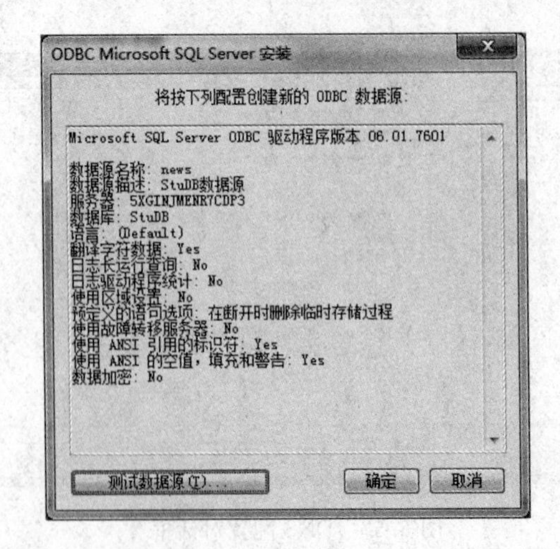

图 6.60　“ODBC Microsoft SQL Server 安装”对话框

(7) 单击“确定”按钮，返回“ODBC 数据源管理器”对话框，可以看到添加的数据源 news，如图 6.61 所示。至此，数据源添加完毕。

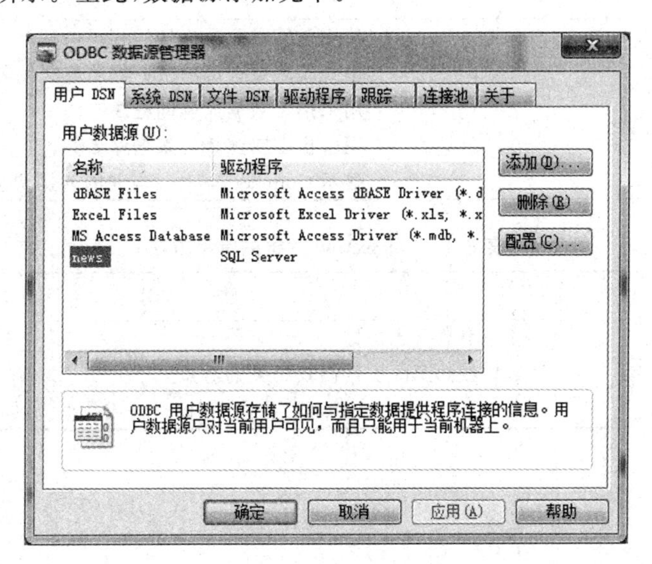

图 6.61　添加数据源 news

二、知识学习

1. ODBC 数据源

ODBC(Open DataBase Connectivity)又称为开放数据库互联，它建立了一组规范，并提供了一组对数据库访问的标准 API(应用程序编程接口)来管理和操作数据库。

2. 数据库存取技术 ADO

ADO(Active Data Objects)是一组具有访问数据库功能的对象和集合。它是微软对所支持的数据库进行操作的最有效和最简单的方法，可用于访问存储在数据库或其他表格形式数据结构中的数据。它包括 Connection、Command 及 Recordset 3 个主要对象，其中 Connection 为数据库连接对象，主要负责建立与数据库的连接；Command 对象为数据库命令对象，负责执行数据库的数据操作；Recordset 对象为记录集对象，用于返回从数据库查询到的记录。记录集类似于一个数据库中的表，由若干列和若干行组成，可以看作是一个虚拟的表。

由于 3 个对象功能有交叉，所以使用时 Command 对象经常可以省略。

1) Connection 对象

Web 页面要访问数据库，必须和数据源建立连接，因此，可以使用 Connection 对象，建立并管理 Web 程序和数据库之间的连接。

Connection 对象的常用属性如表 6.2 所示，Connection 对象的常用方法如表 6.3 所示。

在使用 Connection 对象之前，必须先创建 Connection 对象实例。可通过调用 Server 对象的 CreateObject 方法实现。

表 6.2 Connection 对象的常用属性

属　性	作　用
ConnectionString	建立与数据源的连接的相关信息
DataSource	用来获取数据源的服务器名或文件名
Provider	用来指定数据库驱动程序
Database	用来指定要连接的数据库名称
State	显示 Connection 对象当前的连接状态

表 6.3 Connection 对象的常用方法

方　法	作　用
Open	打开一个数据源连接
Close	关闭与数据源的连接以及相关的对象
Execute	执行一个相关的查询(SQL 语句、存储过程或数据提供者特定文本)

语法格式:

```
Set Connection 对象实例 = Server.CreateObject("ADODB.Connection")
```

建立了实例以后,并没有实现与数据库的真正连接,还需要利用 Connection 对象的 Open 方法建立与数据库真正的连接。

语法格式:

```
Connection 对象实例.Open 数据库连接字符串
```

这里的数据库连接方式有多种,下面主要介绍 SQL Server 数据库的连接。

例如,现在已建立了一个 SQL Server 数据库,数据库名为 StuDB,数据库登录账号为 admin,密码为 admin,ODBC 数据源名称为 news。

(1) ASP 下连接方式有以下 3 种。

① 基于 ODBC 数据源的连接。

```
<%
   Dim conn
   Set conn = Server.CreateObject("ADODB.Connection")
   conn.Open "DSN = news;Uid = admin;Pwd = admin"
%>
```

说明:DSN 为数据源,Uid 为数据库登录账号,Pwd 为数据库登录密码。

② 基于 ODBC,但是不用数据源的连接方式。

```
<%
   Dim conn
   Set conn = Server.CreateObject("ADODB.Connection")
   conn.Open"Driver = {SQL Server}; Server = localhost;Database = StuDB;
   Uid = admin; Pwd = admin"
%>
```

说明:Server 为 SQL Server 的服务器名称,Database 为数据库的名称,Uid 为数据库登录账号,Pwd 为数据库登录密码。

③ 基于 OLE DB 的连接方式。

```
<%
    Dim conn
    Set conn = Server.CreateObject("ADODB.Connection")
    conn.Open "Provider = SQLOLEDB; Data?Source = localhost; initial?Catalog = StuDB; Uid =
admin; Pwd = admim"
%>
```

说明：Data Source 为 SQL Server 的服务器名称，initial Catalog 为数据库的名称，Uid 为数据库登录账号，Pwd 为数据库登录密码。

(2) ASP .NET 下的连接方式如下。

```
<connectionStrings>
    <add name = "conn" connectionString = "server = .;database = StuDB;uid  = admin;
      pwd  = admin"/>
</connectionStrings>
```

说明：name 是连接字符串的名称，connectionString 指定要连接数据库的字符串，server 为 SQL Server 的服务器名称(如果 server=. 表示本地服务器，也可以写成 server=ip 地址)，database 为数据库的名称，Uid 为数据库登录账号，Pwd 为数据库登录密码。

例 6.16 在 Windows 7(64 位)操作系统中，编写程序验证在 ASP 下的 Connection 对象连接数据库并读取数据。以 SQL Server 2008 登录账户为 sa、登录密码为 LUOjiaohuang123456789!、数据库为 StuDB 和数据表为 student 为例。

connection. asp 代码如下：

```
<%
Dim conn
Set conn = Server.CreateObject("ADODB.Connection")
conn.Open"Driver = {SQL Server}; Server = localhost;Database = StuDB;Uid = sa;
Pwd = LUOjiaohuang123456789!"
dim rs,aa
aa = "select  *  from student"
set rs = conn.execute(aa)
%>
<table align = "center"><tr><td>student 表</td></tr></table>
<table border = "1" align = "center">
<% do while not rs.eof %>
<tr><td>
<%  = rs("学号") %>,<%  = rs("姓名") %>,<%  = rs("性别") %>,<%  = rs("出生日期") %>,<%  = rs
("专业") %>
</td></tr>
<% rs.movenext
 loop %>
</table>
```

程序运行结果如图 6.62 所示。

例 6.17 在 Windows 7(64 位)操作系统下，ASP .NET 开发环境为 Visual Studio 2010，数据库为 SQL Server 2008，语言为 C#，编写程序测试 Connection 对象连接数据库

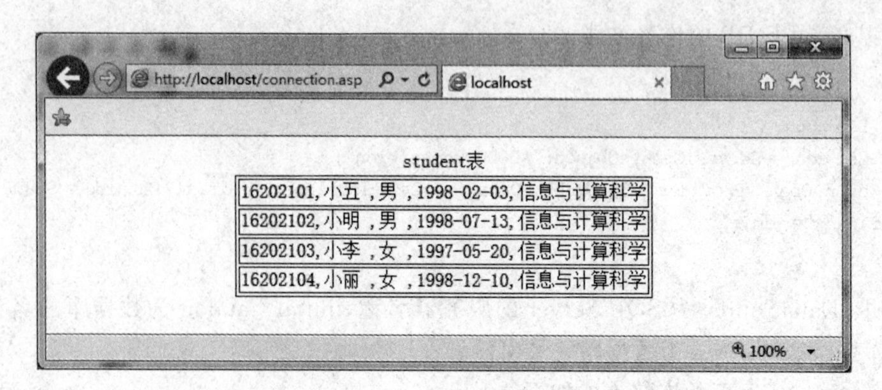

图 6.62 ASP 下 Connection 对象连接数据库并读取数据

状态。以 SQL Server 2008 登录账户为 sa、登录密码为 LUOjiaohuang123456789!、数据库为 StuDB 和数据表为 student 为例。

connection.aspx 代码如下：

```
<%@ Page Language = "C#" AutoEventWireup = "true" CodeFile = "connection.aspx.cs" Inherits
= "Ex4_11" %>
<!DOCTYPE html>
<html xmlns = "http://www.w3.org/1999/xhtml">
<head runat = "server">
<meta http - equiv = "Content - Type" content = "text/html; charset = utf - 8"/>
    <title>connection 连接测试</title>
</head>
<body>
  <form id = "form1" runat = "server">
    <div>
    </div>
  </form>
</body>
</html>
```

connection.aspx.cn 代码如下：

```
using System;
using System.Collections.Generic;
using System.Linq;
using System.Web;
using System.Web.UI;
using System.Web.UI.WebControls;
using System.Data.SqlClient;
public partial class Ex4_11 : System.Web.UI.Page
{
    protected void Page_Load(object sender, EventArgs e)
    {
        testmycon();
    }
    public void testmycon()
    {
```

```
        SqlConnection con = new SqlConnection();
        con.ConnectionString = "Data Source = .;Database" +
                " = StuDB;User Id = sa;Password = LUOjiaohuang123456789!";
        con.Open();
        Response.Write(""连接目前的状态:" + con.State.ToString() + "<br>");
        con.Close();
        Response.Write(""连接目前的状态:" + con.State.ToString() + "<br>");
    }
}
```

程序运行结果如图 6.63 所示。

图 6.63　测试 Connection 对象连接数据库状态

2）Command 对象

Command 对象表示要对数据库执行 SQL 语句。在建立了与数据源的连接后，可以用 Command 对象执行命令并从数据源中返回结果。Command 对象的常用属性如表 6.4 所示，Command 对象的常用方法如表 6.5 所示。

表 6.4　Command 对象的常用属性

属　　性	作　　用
CommandType	获取或设置 Command 对象要执行命令的类型
CommandText	获取或设置对数据源执行的 SQL 语句或表名
CommandTimeOut	获取或设置在终止对执行命令的尝试并生成错误之前的等待时间
Connection	获取或设置此 Command 对象使用的 Connection 对象的名称

表 6.5　Command 对象的常用方法

方　　法	作　　用
ExecuteNonQuery	执行 SQL 语句并返回受影响的行数
ExecuteScalar	执行查询，并返回查询所返回的结果集中第一行的第一列。忽略其他列或行
ExecuteReader	执行返回数据集的 Select 语句
Dispose	释放 Command 对象占有的资源

例 6.18　在 Windows 7(64 位)操作系统下，ASP .NET 开发环境为 Visual Studio 2010，数据库为 SQL Server 2008，语言为 C#，编写程序验证 Command 对象向数据库添加记录。以 SQL Server 2008 登录账户为 sa、登录密码为 LUOjiaohuang123456789!、数据库为 StuDB 和数据表为 student 为例。

command.aspx 代码如下：

```
<%@ Page Language="C#" AutoEventWireup="true" CodeFile="command.aspx.cs" Inherits="
Ex4_14" %>
<!DOCTYPE html>
<html xmlns="http://www.w3.org/1999/xhtml">
<head runat="server">
<meta http-equiv="Content-Type" content="text/html; charset=utf-8"/>
    <title></title>
</head>
<body>
    <form id="form1" runat="server">
    <div>
    </div>
    </form>
</body>
</html>
```

command.aspx.cs 代码如下：

```
using System;
using System.Collections.Generic;
using System.Linq;
using System.Web;
using System.Web.UI;
using System.Web.UI.WebControls;
using System.Data.SqlClient;
public partial class Ex4_14 : System.Web.UI.Page
{
    protected void Page_Load(object sender, EventArgs e)
    {
        testcommandsql();
    }
    SqlConnection getcon()
    {
        SqlConnection con = new SqlConnection();
        con.ConnectionString = "Data Source=.;Database" +
                "=StuDB;User Id=sa;Password=LUOjiaohuang123456789!";
        con.Open();
        return con;
    }
    public void testcommandsql()
    {
        SqlCommand cmd = new SqlCommand();
        cmd.Connection = getcon();
        cmd.CommandText = "INSERT INTO student(学号,姓名,性别,出生日期,专业)" +
            "VALUES('16202207','赵六','男','1996-01-30','工商管理')";
        cmd.ExecuteNonQuery();
        Response.Write("记录添加完毕!");
        cmd.Connection.Close();
        cmd.Dispose();
    }
}
```

程序运行结果如图 6.64 所示。程序运行后数据表 student 信息如图 6.65 所示。

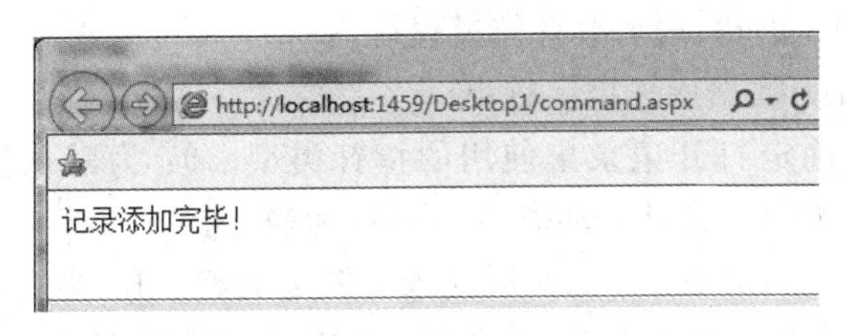

图 6.64 Command 对象添加记录提示

5XGINJMENR7CDP3.StuDB - dbo.student

	学号	姓名	性别	出生日期	专业
▸	16202101	小五	男	1998-02-03	信息与计算科学
	16202102	小明	男	1998-07-13	信息与计算科学
	16202103	小李	女	1997-05-20	信息与计算科学
	16202104	小丽	女	1998-12-10	信息与计算科学
	16202207	赵六	男	1996-01-30	工商管理
*	NULL	NULL	NULL	NULL	NULL

图 6.65 command.asp 程序运行后数据表 student 信息

3) Recordset 对象

利用 Connection 对象能方便地实现记录的查询、添加和删除等操作,但该对象返回的记录指针只能向前移动且记录集是只读的。因此,ADO 提供了功能强大的 Recordset 对象,使用该对象的一些属性和方法,能更加精确地控制指针的行为,提高查询和更新结果的效率。

Recordset 对象的常用属性如表 6.6 所示,Recordset 对象的常用方法如表 6.7 所示。

表 6.6 Recordset 对象的常用属性

属　性	作　用
RecordCount	用于返回记录集中的记录总数
Bof、Eof	用于判断指针是指域文件头或文件尾
PageSize	用于设置每一页的记录数
PageCount	用于返回数据页的总数

表 6.7 Recordset 对象的常用方法

方　法	作　用
Open	获取显示对象的真正数据
Close	关闭 Recordset 对象实例的记录集
AddNew	添加一条新的记录
Delete	删除当前记录
Update	更新数据库数据

创建 Recordset 对象有显式和隐式两种。使用 Connection 和 Command 对象执行 SQL 查询语句后就会隐式返回一个记录集对象,称为隐式 Recordset 对象。显式 Recordset 对象可通过调用 Server 对象的 CreateObject 方法实现。

语法格式:

```
Set Recordset 对象实例 = Server.CreateObject("ADODB.Recordset")
```

建立了实例以后,并没有任何可提供使用的记录数据,还需要利用 Recordset 对象的 Open 方法获取真正的数据记录。

语法格式:

```
Recordset 对象实例.Open [Source],[ActiveConnection],[CursorType],[LockType],[Options]
```

说明：

Source可以是SQL语句、表名或存储过程等。

ActiveConnection为数据库连接字符串。

CursorType用来确定打开记录集使用的指针类型。0：为默认值，指针仅向前移动；1：表示指针可前后移动；2：指针为动态；3：指针为静态。

LockType用来确定打开Recordset时使用的锁定类型。1：为默认值，只读，不允许修改记录集；2：只能同时由一个客户修改，修改时锁定，修改完毕释放；3：可以修改，只有在修改瞬间即调用Update方法时才锁定记录；4：在批量更新时使用锁定。

Options指定数据库查询指令类型。－1：默认值，由系统自己根据Source参数而确定；1：Source参数是SQL语句；2：Source参数是一个数据表名；3：Source参数是一个存储过程。

Open后带5个参数，如果没有具体要求，一般可以省略后面3个参数，省略时必须留出位置。

例6.19 在Windows 7(64位)操作系统中，编写程序验证在ASP下使用Recordset对象的属性和方法，向数据库添加一条记录。以SQL Server 2008登录账户为sa、登录密码为LUOjiaohuang123456789!、数据库为StuDB和数据表为student为例。

recordset.asp代码如下：

```
<%
Dim conn
Set conn = Server.CreateObject("ADODB.Connection")
conn.Open"Driver = {SQL Server}; Server = localhost;Database = StuDB;Uid = sa;
Pwd = LUOjiaohuang123456789!"
dim rs,sql
set rs = Server.CreateObject("ADODB.Recordset")
sql = "select * from student"
rs.open sql,conn,1,3
rs.addnew
rs("学号") = "16202204"
rs("姓名") = "小美"
rs("性别") = "女"
rs("出生日期") = #1998 - 10 - 03#
rs("专业") = "电子商务"
rs.update
rs.close
set rs = nothing
response.write"添加记录完成"
%>
```

程序运行结果如图6.66所示。程序运行后数据表student信息如图6.67所示。

例6.20 在Windows 7(64位)操作系统下，ASP .NET开发环境为Visual Studio 2010，数据库为SQL Server 2008，语言为C#，编写程序验证使用DataReader对象显示数据库记录。以SQL Server 2008登录账户为sa、登录密码为LUOjiaohuang123456789!、数据库为StuDB和数据表为student为例。

图 6.66 Recordset 对象添加记录提示

5XGINJMENR7CDP3.StuDB - dbo.student

	学号	姓名	性别	出生日期	专业
	16202101	小五	男	1998-02-03	信息与计算科学
	16202102	小明	男	1998-07-13	信息与计算科学
	16202103	小李	女	1997-05-20	信息与计算科学
	16202104	小丽	女	1998-12-10	信息与计算科学
▸	16202204	小美	女	1998-10-03	电子商务
	16202207	赵六	男	1996-01-30	工商管理
*	NULL	NULL	NULL	NULL	NULL

图 6.67 recordset.asp 程序运行后数据表 student 信息

DataReader.aspx 代码如下：

```
<%@ Page Language = "C#" AutoEventWireup = "true" CodeFile = "DataReader.aspx.cs" Inherits =
"Ex4_14" >%
<!DOCTYPE html>
<html xmlns = "http://www.w3.org/1999/xhtml">
<head runat = "server">
<meta http-equiv = "Content-Type" content = "text/html; charset = utf-8"/>
    <title></title>
</head>
<body>
    <form id = "form1" runat = "server">
    <div>
    </div>
    </form>
</body>
</html>
```

DataReader.aspx.cs 代码如下：

```
using System;
using System.Collections.Generic;
using System.Linq;
using System.Web;
using System.Web.UI;
using System.Web.UI.WebControls;
using System.Data.SqlClient;
public partial class Ex4_14 : System.Web.UI.Page
{
```

```
    protected void Page_Load(object sender, EventArgs e)
    {
        testDatareader();
    }
    SqlConnection getcon()
    {
        SqlConnection con = new SqlConnection();
        con.ConnectionString = "Data Source = .;Database" +
                " = StuDB;User Id = sa;Password = LUOjiaohuang123456789!";
        con.Open();
        return con;
    }
    public void testDatareader()
    {
        String sql = "SELECT * FROM student";
        SqlCommand cmd = new SqlCommand(sql,getcon());
        SqlDataReader reader = cmd.ExecuteReader();
        int i;
        Response.Write("<table border = '1'><tr Align = 'center'>");
        for(i = 0;i < reader.FieldCount;i++)
        {
            Response.Write("<td>" + reader.GetName(i) + "</td>");
        }
        Response.Write("</tr>");
        while (reader.Read())
        {
            Response.Write("<tr>");
            for(i = 0;i < reader.FieldCount;i++)
            {
                if ( reader.GetName(i)!= "birthdate")
                {
                    Response.Write("<td>" + reader.GetValue(i) + "</td>");
                }
                else
                {
                    Response.Write ( "<td>" + Convert.ToDateTime ( reader.GetValue ( i)).
ToShortDateString() + "</td>");
                }
            }
            Response.Write("</tr>");
        }
        Response.Write("</table>");
        reader.Close();
        cmd.Connection.Close();
        cmd.Dispose();
    }
}
```

程序运行结果如图 6.68 所示。

说明：DataReader 对象用于顺序读取数据，每次以只读的方式读取一条记录；

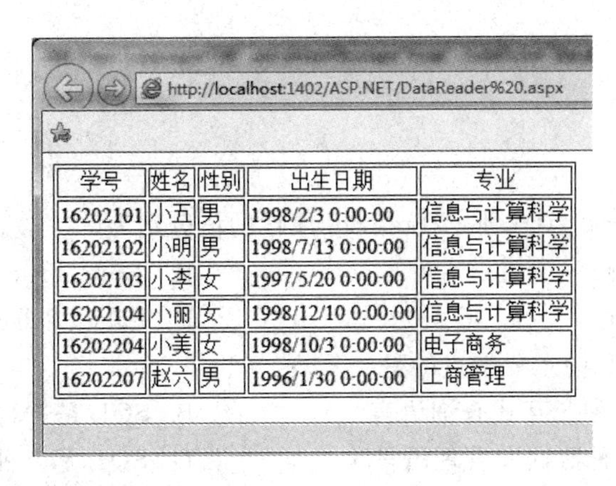

学号	姓名	性别	出生日期	专业
16202101	小五	男	1998/2/3 0:00:00	信息与计算科学
16202102	小明	男	1998/7/13 0:00:00	信息与计算科学
16202103	小李	女	1997/5/20 0:00:00	信息与计算科学
16202104	小丽	女	1998/12/10 0:00:00	信息与计算科学
16202204	小美	女	1998/10/3 0:00:00	电子商务
16202207	赵六	男	1996/1/30 0:00:00	工商管理

图 6.68　使用 DataReader 对象读取数据表 student 数据

DataReader 对象是抽象类，不能直接实例化，而是通过 Command 对象的 ExecuteReader 方法返回 DataReader 实例。

DataReader 对象的常用属性如表 6.8 所示，DataReader 对象的常用方法如表 6.9 所示。

表 6.8　DataReader 对象的常用属性

属　　性	作　　用
FieldCount	获取当前行的列数
Item	索引器属性，以原始格式获得一列的值
IsClose	获得一个表明数据阅读器有没有关闭的一个值
RecordsAffected	获取执行 SQL 语句所更改、添加或删除的行数

表 6.9　DataReader 对象的常用方法

方　　法	作　　用
Read	使 DataReader 对象前进到下一条记录(如果存在记录)
Close	关闭 DataReader 对象，但不会关闭底层连接
Get	用来读取数据集的当前行的某一列的数据
NextResult	获取执行 SQL 语句所更改、添加或删除的行数
GetName	用来获得当前行某一字段的名称
GetValue	用来获得当前行某一字段的值

项目练习

一、实训题

1. 在自己的计算机上安装 SQL Server 2008 数据库。

2. 使用 SQL Server 2008 新建一个课程表(字段自定，记录自定)，并练习使用 Select、Insert Into、Update 和 Delete 语句对输入的记录进行操作。

3. 在 ASP 下使用 Connection 对象和 Recordset 对象对课程表数据进行存取操作。

4. 在 ASP.NET 环境下使用 Command 对象向课程表存入数据；使用 DataReader 对

象读取课程表数据。

二、练习题

1. 选择题

(1) 如果一个记录集为空，那么 Bof、Eof 属性的值分别为(　　)。

A. True、False　　B. True、True

C. False、True　　D. False、False

(2) 以下不是 SQL 的主要特点的是(　　)。

A. SQL 是一种交互式查询语言　　B. SQL 是一种数据库编程语言

C. SQL 是一种数据库管理语言　　D. SQL 是一种非结构化编程语言

(3) 输出 student 表中的前 3 条记录，以下语句(　　)是正确的。

A. Select top 3 from student　　B. Select 3 from student

C. Select 3 top from student　　D. Select * from student

(4) 以下(　　)不是 ADO 包含的 3 个常用的主要对象。

A. Connection　　B. Command　　C. Open　　D. Recordset

(5) 创建一个 Connection 对象实例为 conn，以下语句(　　)是正确的。

A. Set Connection conn=Server. CreateObject("ADODB. Connection")

B. Set conn=Server. CreateObject("ADODB. Connection")

C. Set Connection conn=Server. CreateObject(ADODB. Connection)

D. Set Connection conn=Server("ADODB. Connection")

2. 填空题

(1) DBS 是指________，DBMS 是指________，RDB 是指________。

(2) 表是由________和________组成。

(3) 记录在关系模型中称为________，字段在关系模型中称为________。

(4) ________能唯一地标识表中的某一条记录的字段，它可以是单个字段也可以是多个字段的组合。

(5) 外键又称为________。

3. 简答题

(1) 分别写出连接 SQL Server 数据库的几种方式。

(2) Connection 对象的 Execute 方法返回的记录集与显式建立的 Recordset 对象有什么不同?

(3) 简述安装 SQL Server 2008 的操作流程。

项目七 电子商务网站的运营管理与维护

项目学习目标

1. 了解电子商务网站运营管理的概念和意义；
2. 掌握电子商务网站安全防范措施；
3. 熟悉网站运营与管理的内容；
4. 掌握网站推广的概念和方法。

项目任务

- **任务1　电子商务网站服务器(Windows Server 2008 R2)的安全设置**

本任务的目标是学会利用注册表对端口号进行设置，对网站的访问权限进行设置，对系统自带防火墙的入站规则进行设置。

- **任务2　利用网络媒体对某电子商务网站进行推广**

本任务的目标是学会应用网络媒体和网络技术对电子商务网站进行推广，掌握网络媒体推广的方法和作用。

任务1　电子商务网站服务器(Windows Server 2008 R2)的安全设置

一、任务实现

1. 修改3389端口与更新补丁

(1) 选择"开始"|"运行"命令，打开"运行"输入框，输入regedit，按Enter键，打开注册表，展开HKEY_LOCAL_MACHINE\SYSTEM\CurrentControlSet\Control\Terminal Server\Wds\rdpwd\Tds\tcp，在右侧找到PortNumber，如图7.1所示。双击该项值，默认显示的是十六进制数据d3d，选择"十进制"后变为3389，修改它就是修改远程连接的端口，如修改为3798，如图7.2所示，单击"确定"按钮保存。

(2) 展开HKEY_LOCAL_MACHINE\SYSTEM\CurrentControlSet\Control\Terminal Server\WinStations\RDP-Tcp，如图7.3所示。在右侧将其PortNumber的值修

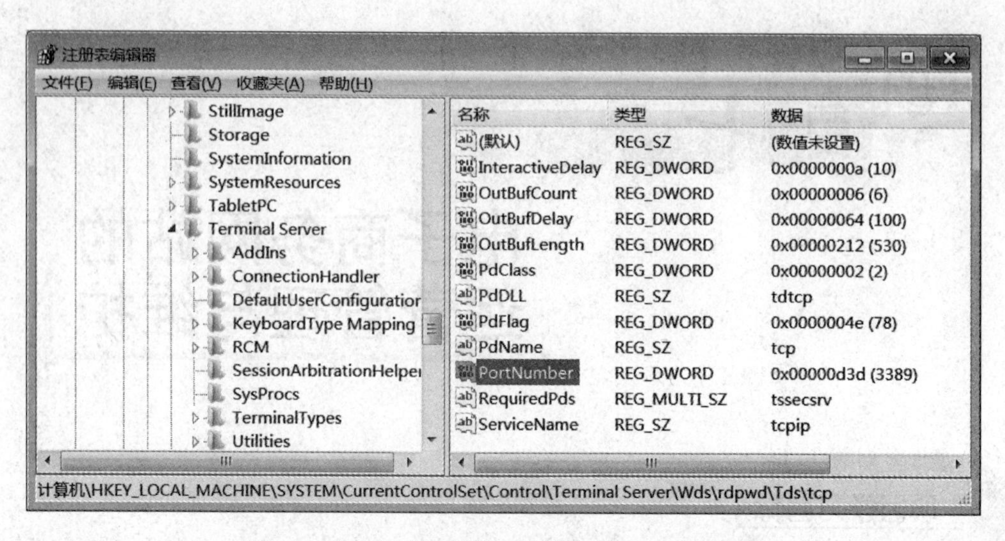

图 7.1　修改远程连接端口注册表项 PortNumber 1

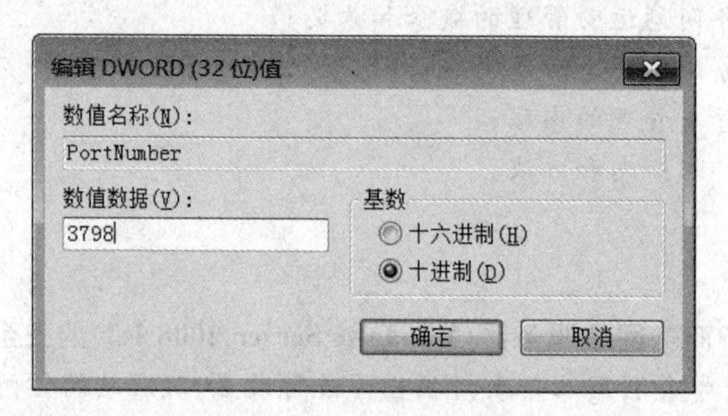

图 7.2　修改 PortNumber 值

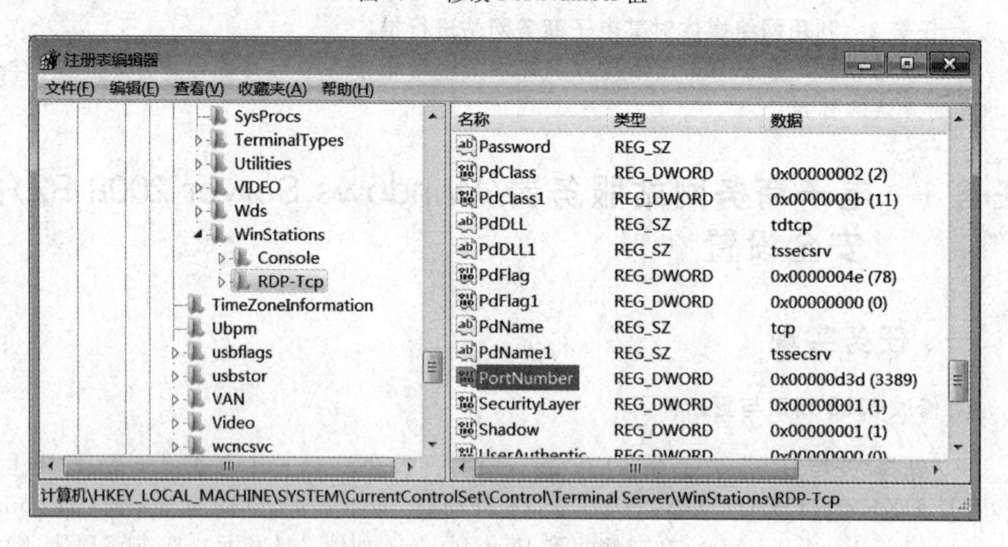

图 7.3　修改远程连接端口注册表项 PortNumber 2

改为 3798，然后保存并关闭注册表。

经过上面两步的操作，远程连接的端口已经在注册表里修改完成。

(3) 打开系统自带的 Windows 防火墙，进入高级设置，进入“入站规则”，“服务器管理器窗口"如图 7.4 所示。单击"新建规则"，打开"新建入站规则向导"对话框，规则类型选择"端口"，如图 7.5 所示。

图 7.4　"服务器管理器"窗口

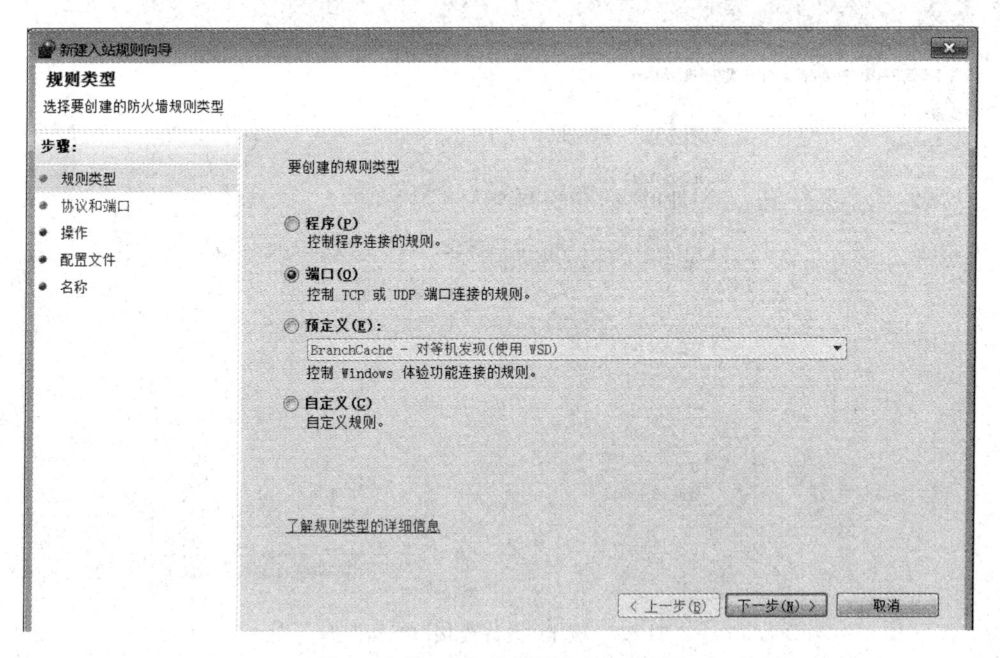

图 7.5　"新建入站规则向导"对话框

(4) 单击“下一步”按钮，进入“协议和端口”页面，在“该规则应用于 TCP 还是 UDP”下选择 TCP 单选按钮，在“此规则适用于所有本地端口还是特定本地端口”下选择“特定本地端口”单选按钮，并在文本框中输入上面步骤 1 和步骤 2 在注册表里修改的值 3798，如图 7.6 所示。

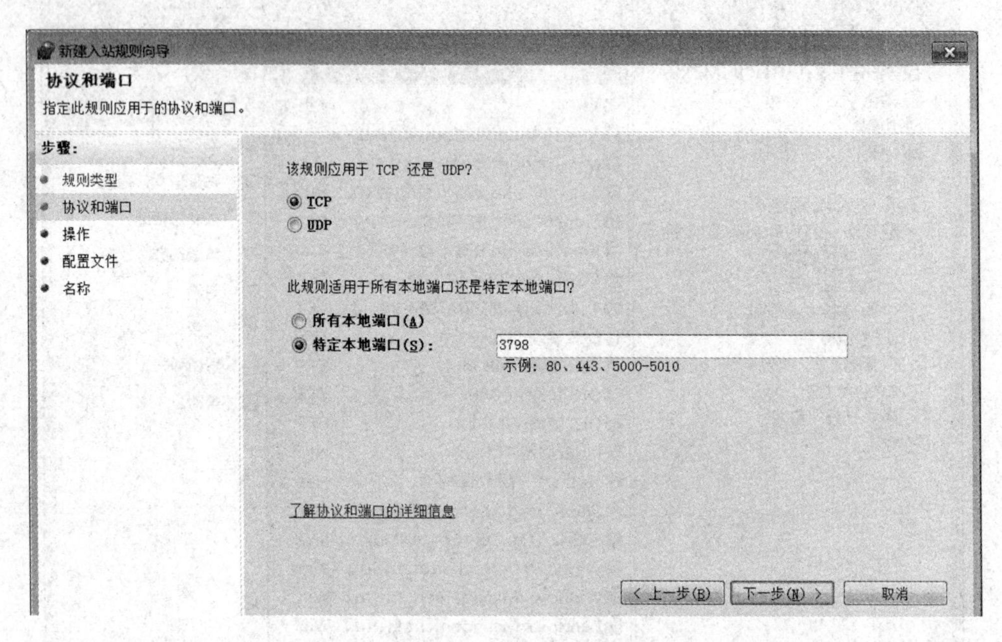

图 7.6　选择协议和端口并设置端口值

(5) 单击“下一步”按钮，进入“操作”页面，在“连接符合指定条件时应该进行什么操作”下选择“允许连接”单选按钮，如图 7.7 所示。

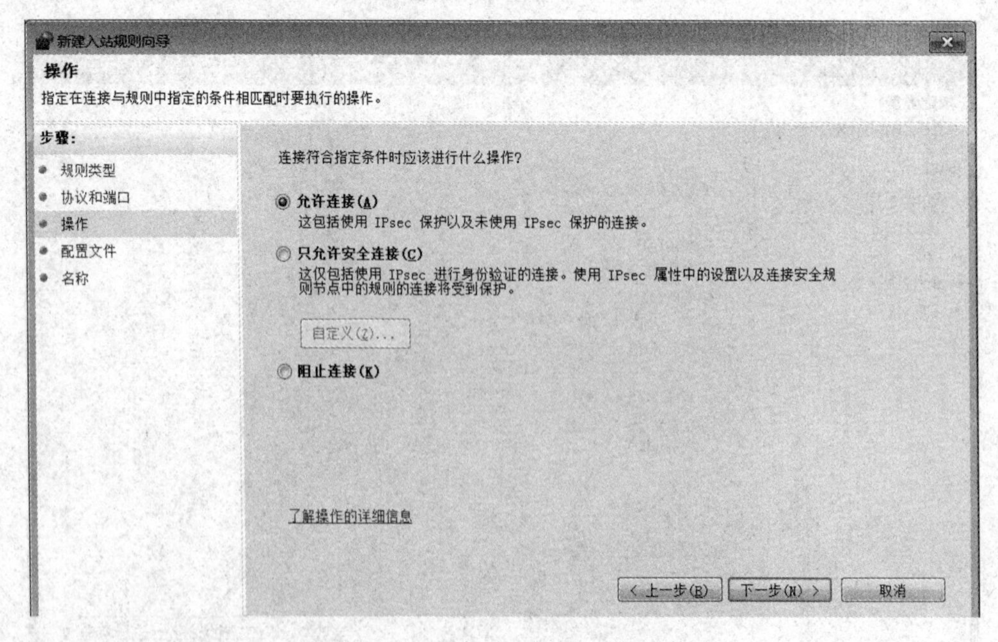

图 7.7　选择“允许连接”单选按钮

(6) 单击“下一步”按钮,进入“配置文件”页面,在“何时应用该规则”下勾选“域”“专用”和“公用”复选框,如图 7.8 所示。

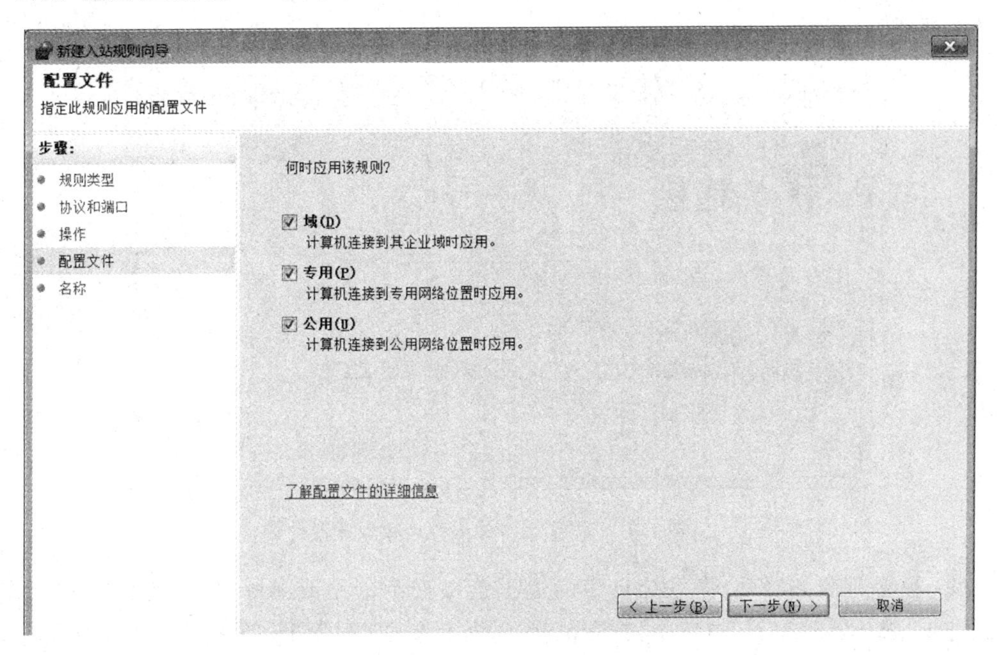

图 7.8　设置配置文件

(7) 单击“下一步”按钮,进入“名称”页面,在右侧“名称”文本框中输入“我的远程连接规划”,如图 7.9 所示。单击“完成”按钮保存新建规则设置。

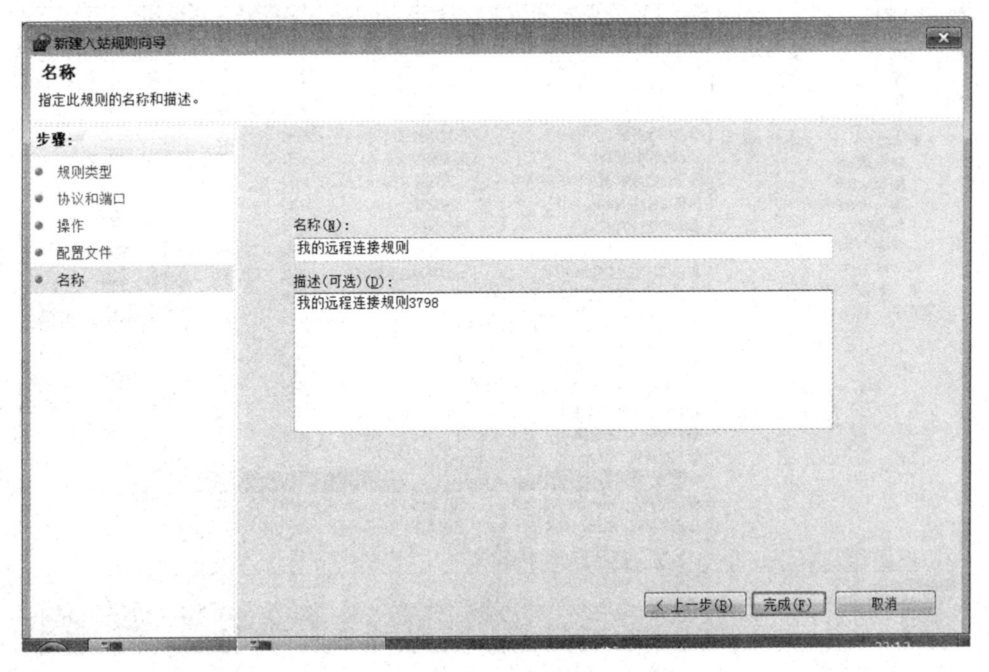

图 7.9　为防火墙新建规则设置名称

(8) 重新启动服务器,并在另外一台计算机上启动远程桌面连接,打开“远程桌面连接”窗口,在“计算机(C)”中输入服务器 IP 地址和端口号,如图 7.10 所示。单击“连接”按钮,即可登录到服务器。

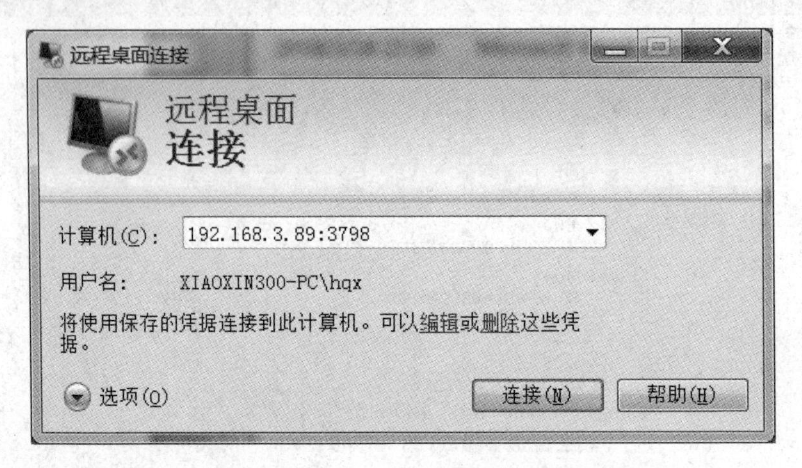

图 7.10 用新端口号远程连接服务器

(9) 登录到服务器后,将系统自带的远程连接规则禁用或删除,因为它已经不起作用了。进入“服务器管理器”窗口中,在右侧找到“远程桌面(TCP-In)”并右击,弹出快捷菜单,选择“禁用规则(I)”或“删除(D)”命令,如图 7.11 所示。

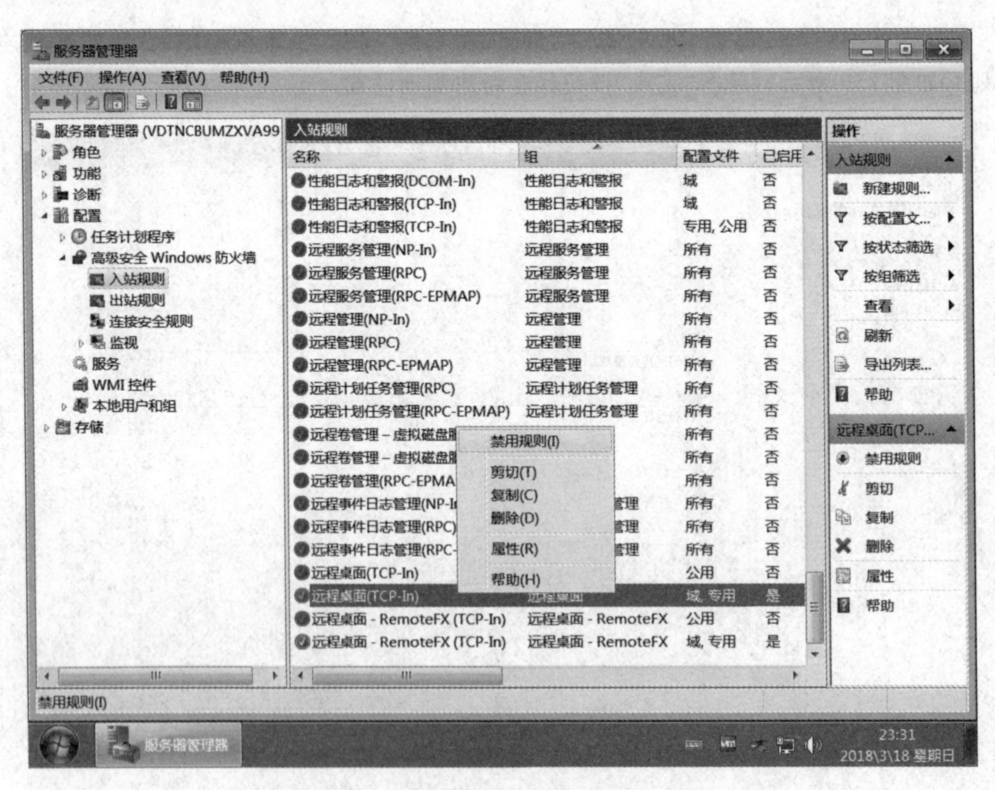

图 7.11 禁用系统自带的远程连接规则

(10) 进一步提高远程桌面连接的安全性,设置"仅允许运行使用网络级别身份验证的远程桌面的计算机连接",这样将只有 Windows Vista 以上的系统才能连接到服务器。右击桌面上的"计算机"|"属性",打开"系统属性"对话框,在"远程"选项卡的"远程桌面"下选择"仅允许运行使用网络级别身份验证的远程桌面的计算机连接"选项,如图 7.12 所示。单击"应用"按钮,即完成对远程连接默认端口 3389 的修改。

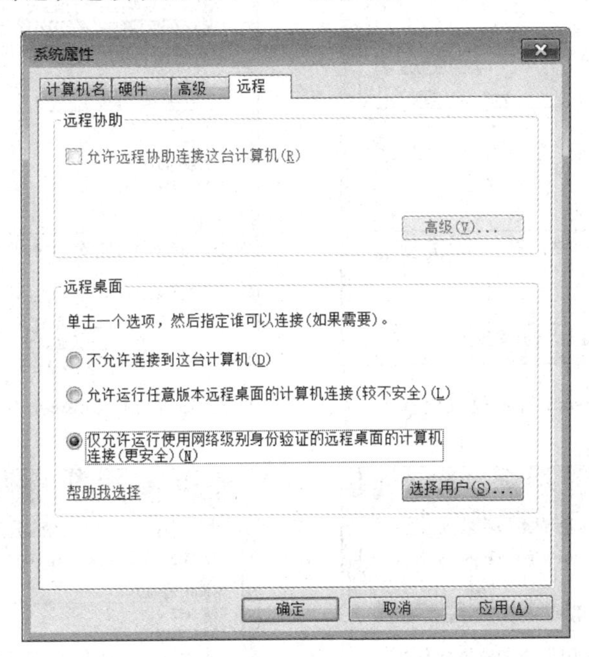

图 7.12　设置远程桌面连接身份

2. 设置网站目录文件夹权限

通过控制文件夹权限来提高站点的安全性。这里主要介绍网站的目录以及上传文件目录的权限设置。

例如,在 C 盘根目录下创建一个 webroot 目录,再在 webroot 目录下创建一个 myweb 目录,这个目录里面放的是网站程序(如上传目录 fileupload)。其中 webroot 只保留 SYSTEM 用户和 Administrators 组即可,而 myweb 这个目录,需要再添加二个权限,即 IUSR 用户和 IIS_IUSRS 组。

(1) 要求系统所有分区都是 NTFS 格式,如果不是,可以用命令 convert x:/fs:ntfs 将其转换为 NTFS 格式,x 为盘符。

(2) webroot 目录权限设置如图 7.13 所示。myweb 目录权限设置如图 7.14 所示。

(3) 对上传目录 fileupload 的 IUSR 设置"读取"权限,如图 7.15 所示。对 IIS_IUSRS 组添加"修改""写入"等权限,如图 7.16 所示。

(4) 打开"Internet 信息服务(IIS)管理器"窗口,在左侧找到站点 myweb,选中上传目录 fileupload,在右侧中间栏 IIS 下双击"处理程序映射",如图 7.17 所示,打开如图 7.18 所示的窗口,在最右侧"操作"面板下单击"编辑功能权限"命令,打开如图 7.19 所示的对话框,取消勾选"脚本"复选框。

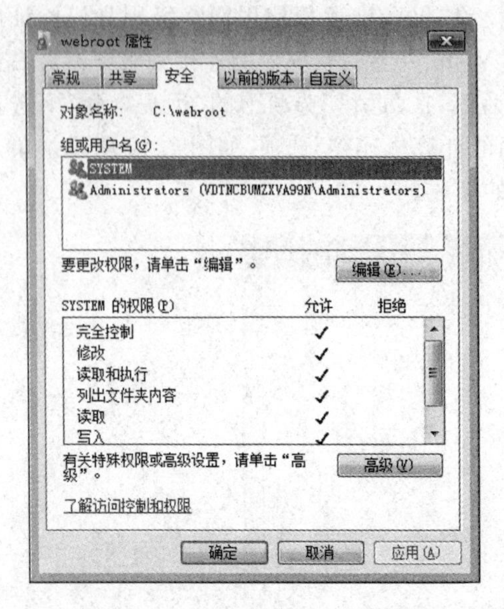

图 7.13 webroot 目录权限设置

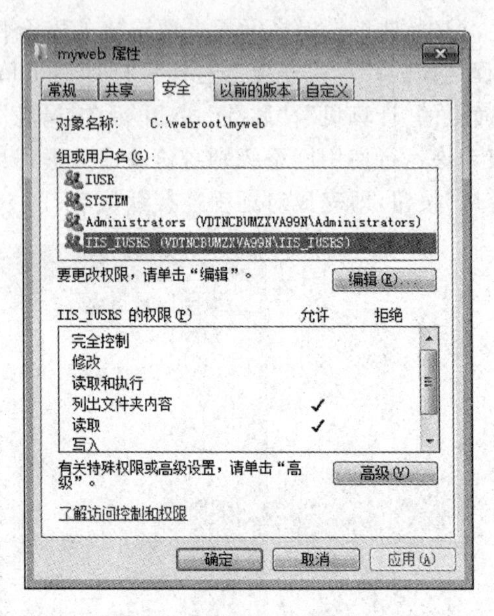

图 7.14 myweb 目录权限设置

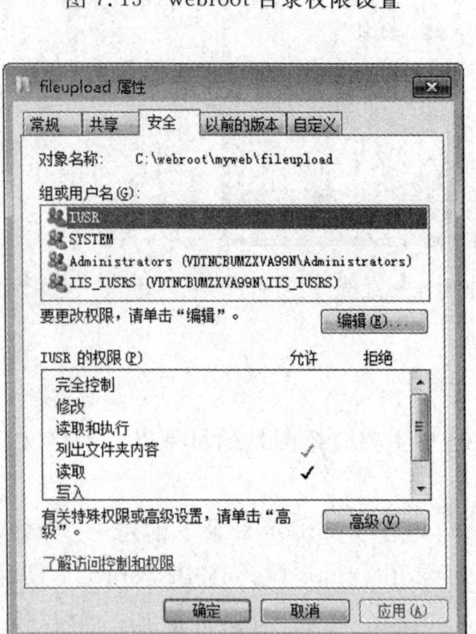

图 7.15 上传文件目录 IUSR 权限设置

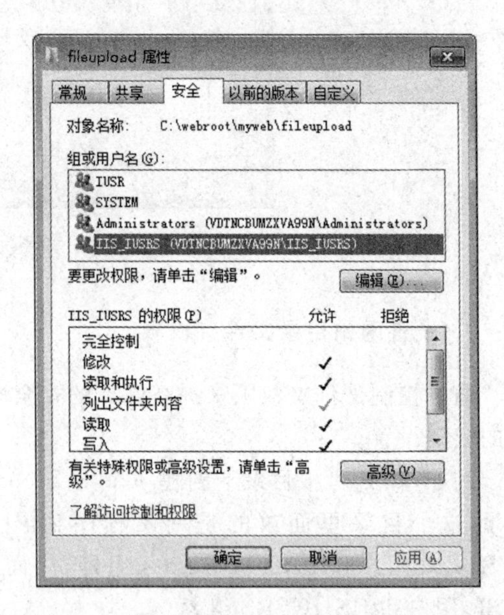

图 7.16 上传文件目录 IIS_IUSRS 组权限设置

(5) 单击“确定”按钮，完成上传目录的权限设置。打开 myweb 网站下的 fileupload 文件，会发现多了一个 web.config 文件，如图 7.20 所示。

web.config 的内容如下：

```
<?xml version = "1.0" encoding = "UTF - 8"?>
<configuration>
    <system.webServer>
        <handlers accessPolicy = "Read" />
    </system.webServer>
</configuration>
```

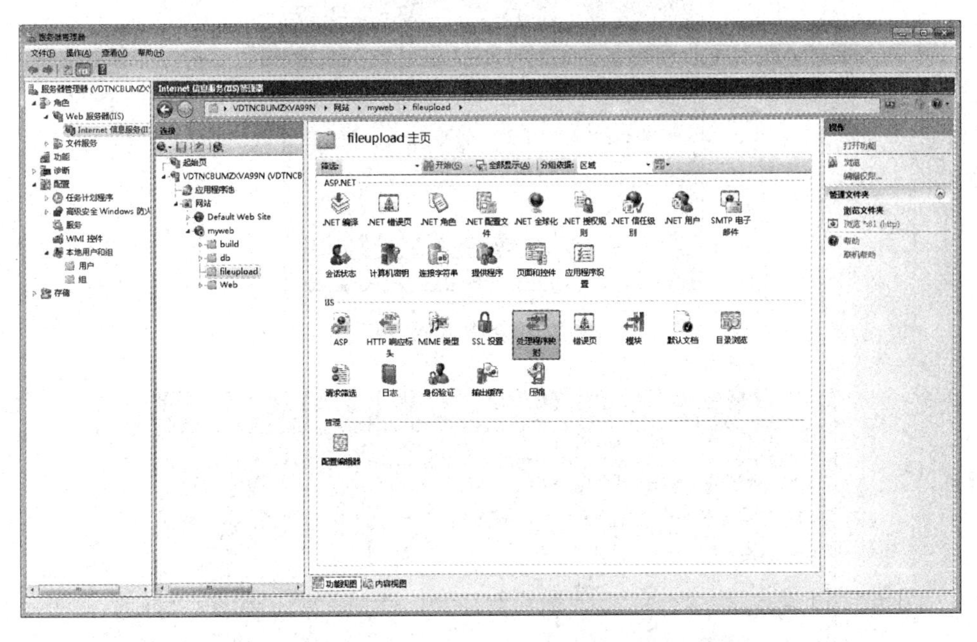

图 7.17　IIS 管理器对上传文件目录“处理程序映射”

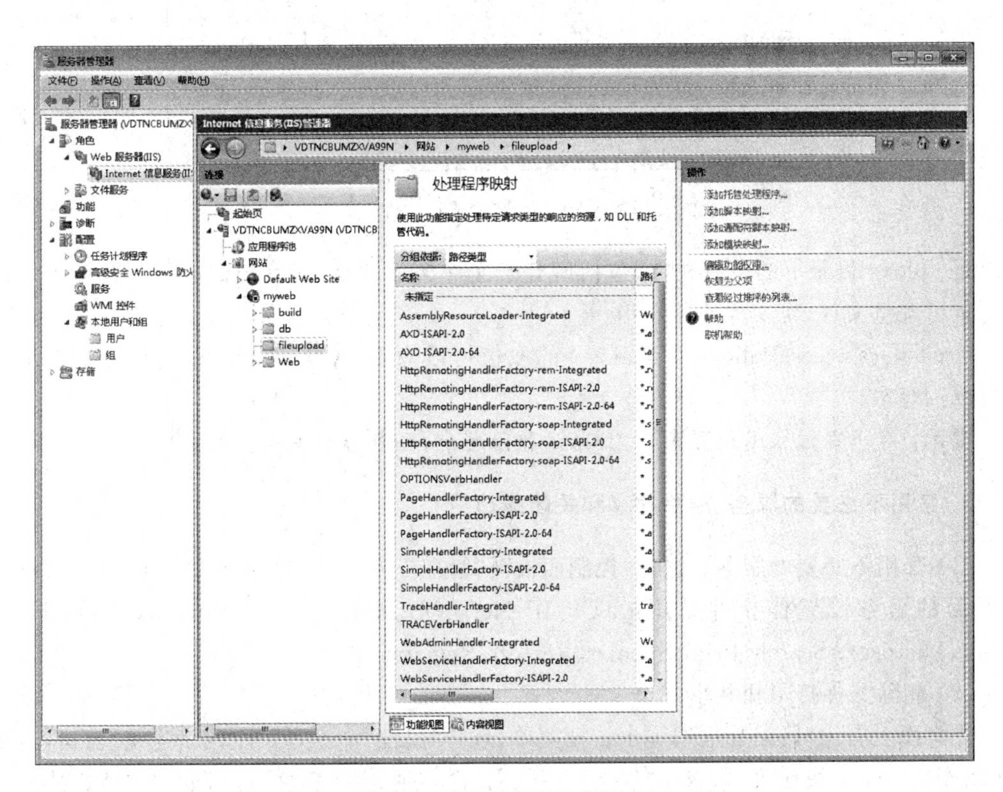

图 7.18　“处理程序映射”窗口

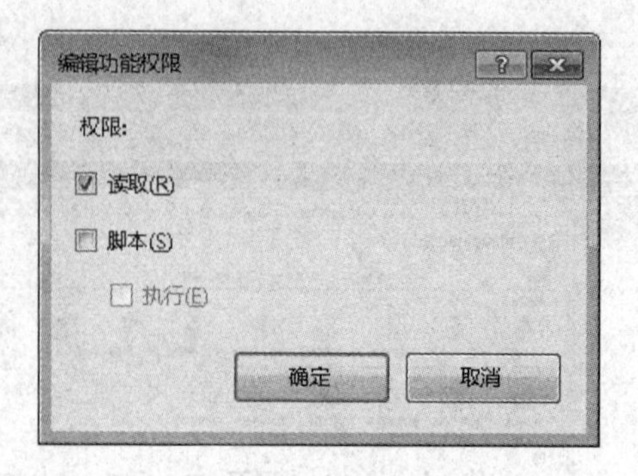

图 7.19 “编辑功能权限”对话框

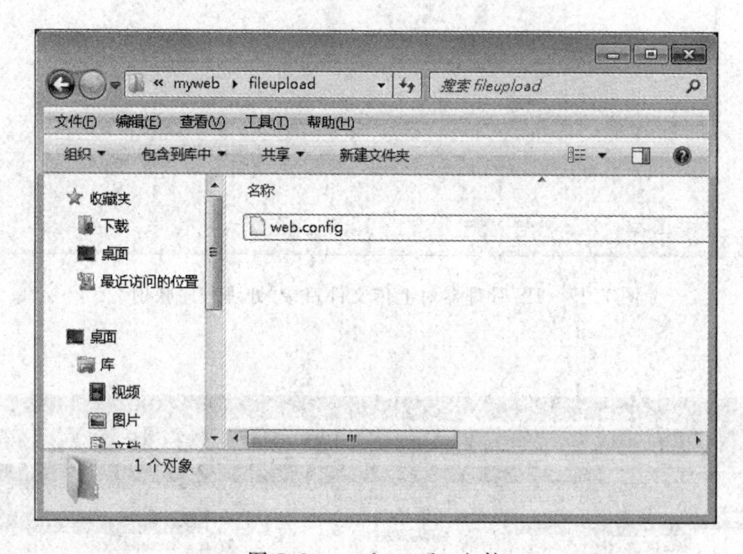

图 7.20 web.config 文件

意思是 upload 目录下的所有文件(包括所有子文件夹下的)将只有只读权限。这样用户即使上传了恶意文件,也发挥不了作用。

<handlers accessPolicy="Read" />的取值可以为 Read、Execute、Script,分别表示只读、执行、脚本。

提示:对于目录权限设置来说,目录的权限越少,服务器越安全。

3. 禁用不必要的服务、删除共享和关闭端口

(1) 禁用不必要的服务。选择“控制面板”|“管理工具”|“服务”命令,在“服务”窗口中,将下面的服务设置停止并禁用:TCP/IP NetBIOS Helper、Distributed Link Tracking Client、Microsoft Search、Print Spooler、Remote Registry。

(2) 删除文件打印和共享。

在桌面上右击“网站邻居”,弹出快捷菜单,选择“属性”命令,打开“网络连接”窗口,右击“本地连接”,弹出快捷菜单,选择“属性”命令,打开“本地连接 属性”对话框,在“此连接使用下列项目(D)”中取消勾选“Microsoft 网络客户端”“Microsoft 网络的文件和打印机共享”“Internet 协议版本 6(TCP/IPv6)”复选框,如图 7.21 所示。

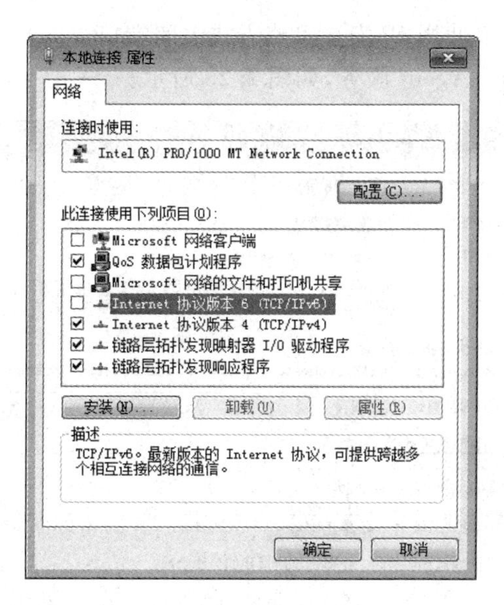

图 7.21　取消勾选“Microsoft 网络客户端”“Microsoft 网络的文件和打印机共享”“Internet 协议版本 6(TCP/IPv6)”

(3) 选择“服务器管理器”|“配置”|“高级 Windows 防火墙”|“入站规则”命令，将其右侧所有的“网络发现”“文件和打印机共享”的规则全部禁用，如图 7.22 所示。

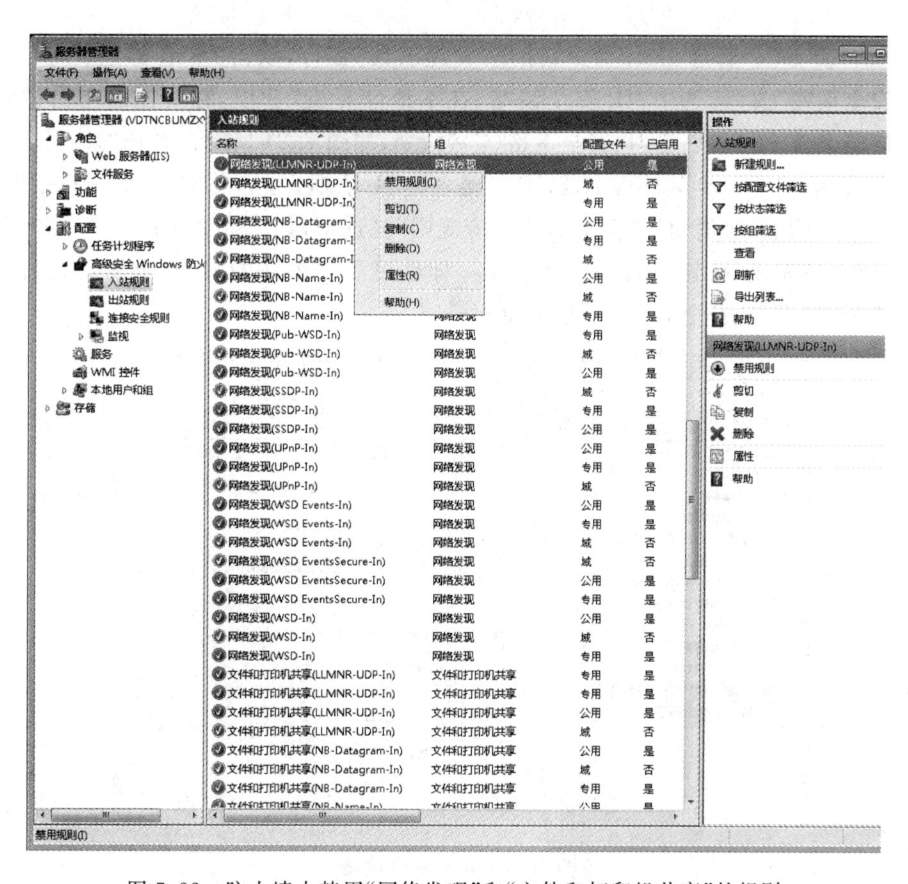

图 7.22　防火墙中禁用“网络发现”和“文件和打印机共享”的规则

(4) 关闭端口。下面以使用IP安全策略方式关闭端口。

首先启动IPsec Policy Agent服务，如图7.23所示。

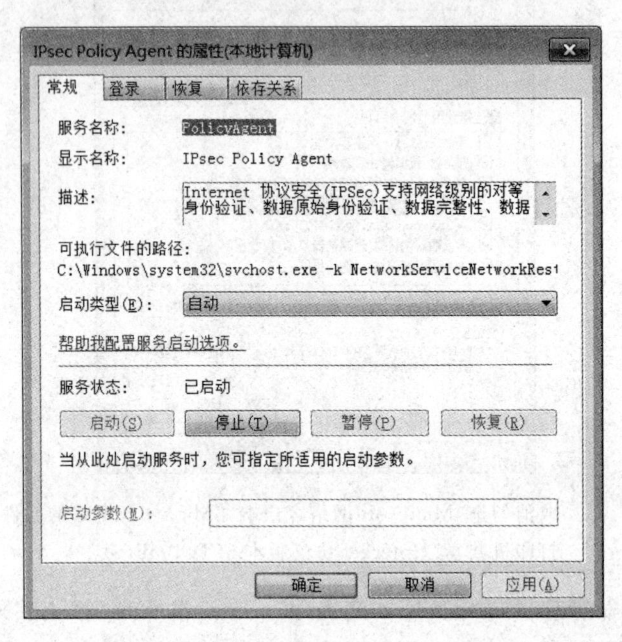

图7.23　启用IPsec Policy Agent服务

① 选择“开始”|“管理工具”命令，打开“管理工具”窗口，双击“本地安全策略”命令，打开“本地安全策略”窗口，选中“IP安全策略，在本地计算机”选项，在右侧的空白位置处右击，弹出快捷菜单，选择“创建IP安全策略(C)”命令，如图7.24所示。弹出“IP安全策略向导”对话框。单击“下一步”按钮，出现“IP策略名称”对话框，再单击“下一步”按钮，出现“安全通信请求”对话框，取消勾选“激活默认相应规则”复选框，如图7.25所示。单击“下一步”按钮，直至单击“完成”按钮，如图7.26所示。即创建了一个新的IP安全策略同时打开如图7.27所示的“新IP安全策略 属性”对话框。

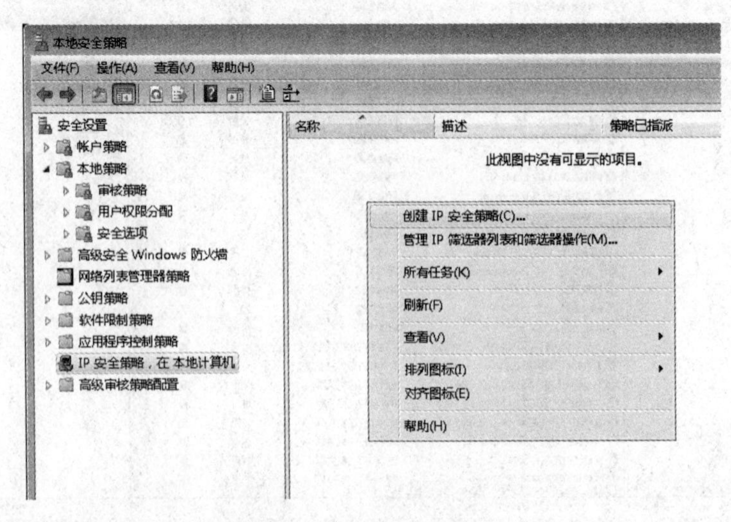

图7.24　新建安全策略

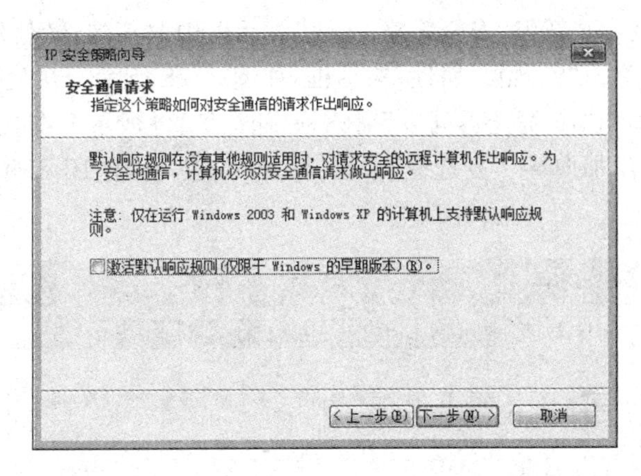

图 7.25　新建安全策略向导安全通信请求设置

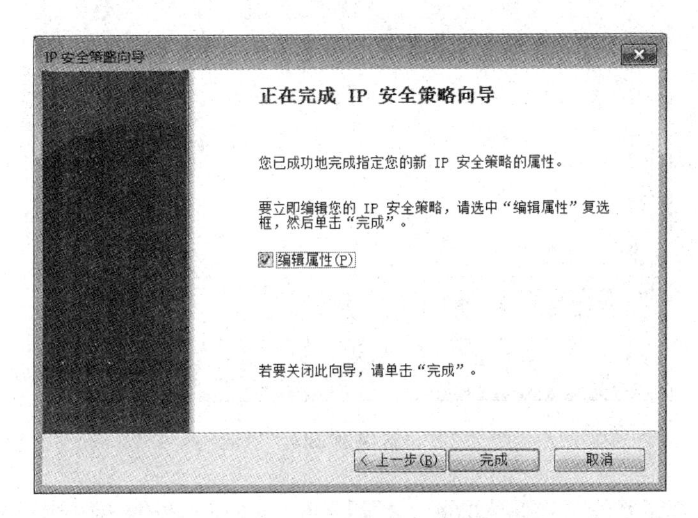

图 7.26　IP 安全策略向导完成界面

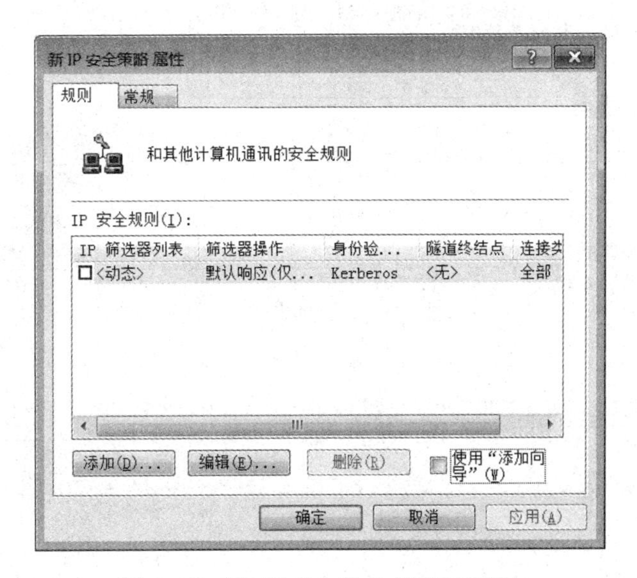

图 7.27　“新 IP 安全策略 属性”对话框

② 在图 7.27 所示的“新 IP 安全策略 属性”对话框中取消勾选“使用‘添加向导’”复选框，单击“添加”按钮，弹出“新规则 属性”对话框，如图 7.28 所示。在“新规则 属性”对话框中单击“添加”按钮，弹出“IP 筛选器列表”对话框，如图 7.29 所示。在“IP 筛选器列表”对话框中取消勾选“使用‘添加向导’”复选框，单击“添加”按钮，打开“IP 筛选器 属性”对话框，如图 7.30 所示。

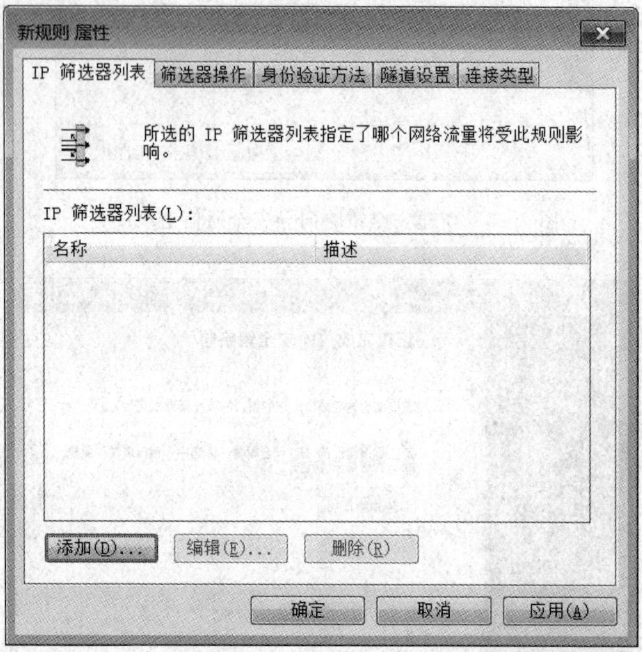

新规则 属性
IP 筛选器列表 | 筛选器操作 | 身份验证方法 | 隧道设置 | 连接类型
所选的 IP 筛选器列表指定了哪个网络流量将受此规则影响。
IP 筛选器列表(L):
名称 | 描述
添加(D)... 编辑(E)... 删除(R)
确定 取消 应用(A)

图 7.28 “新规则 属性”对话框

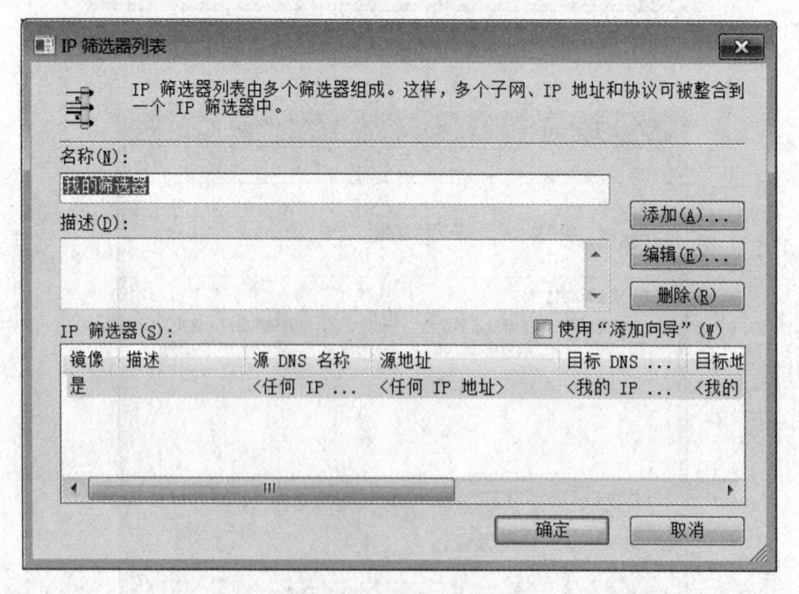

图 7.29 “IP 筛选器列表”对话框

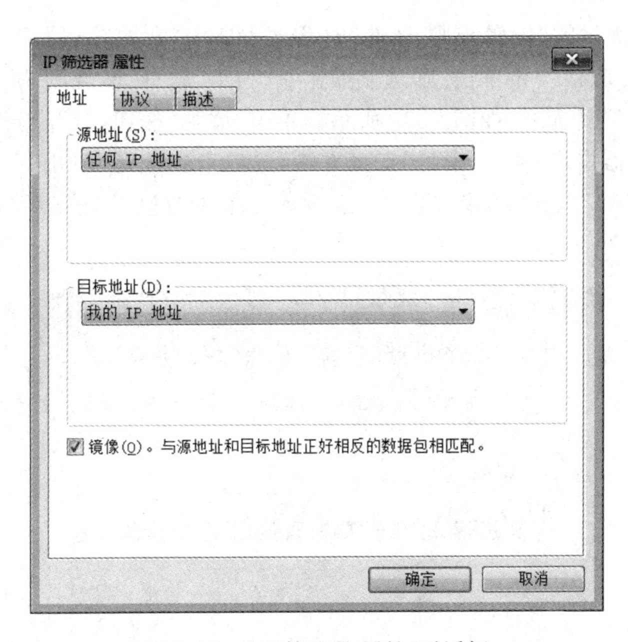

图 7.30　“IP 筛选器 属性”对话框

③ 在“IP 筛选器 属性”对话框中单击“协议”选项卡，在“选择协议类型”下拉列表中选择 TCP 选项，在“到此端口”下的文本框中输入 135，单击“确定”按钮，如图 7.31 所示。这样就添加了一个屏蔽 TCP135 端口的筛选器，可以防止外界通过 135 端口连上服务器。单击“确定”按钮后，回到筛选器列表的对话框中，可以看到已经添加了一条策略。

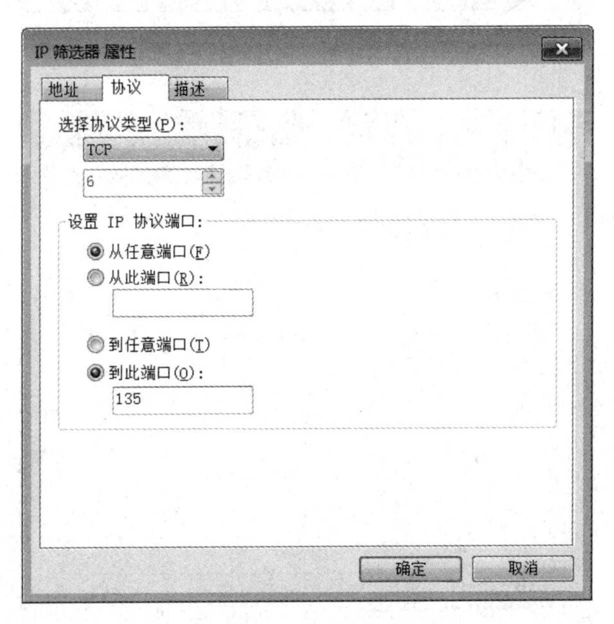

图 7.31　协议设置

④ 从步骤②开始重复以上步骤继续添加 TCP137、139、445、593、1025、2745、3127、3128、3389、6129 端口和 UDP135、139、445 端口，为它们建立相应的筛选器。建立好以上端口的筛选器后，单击“确定”按钮。

⑤ 在图 7.32 所示的"编辑规则 属性"对话框中选中"我的筛选器",单击选中其左边的单选按钮,表示已经激活。再单击"筛选器操作"选项卡,打开"新规则 属性"对话框,取消勾选"使用'添加向导'"复选框,如图 7.33 所示。单击"添加"按钮,打开"新筛选器操作 属性"对话框,在"新筛选器操作 属性"中的"安全方法"选项卡中选择"阻止"单选按钮,如图 7.34 所示。单击"应用(A)"按钮,结果如图 7.35 所示。单击"确定"按钮后,返回"编辑规则 属性"对话框,如图 7.36 所示。

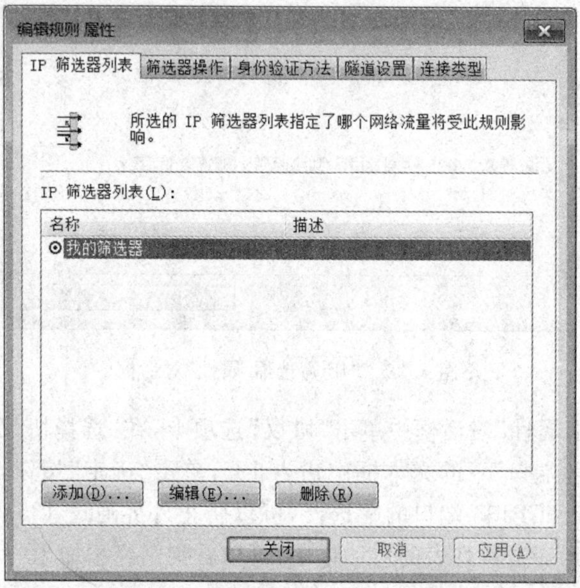

编辑规则 属性
IP 筛选器列表 | 筛选器操作 | 身份验证方法 | 隧道设置 | 连接类型
所选的 IP 筛选器列表指定了哪个网络流量将受此规则影响。
IP 筛选器列表(L):
名称 描述
我的筛选器
添加(D)... 编辑(E)... 删除(R)
关闭 取消 应用(A)

图 7.32 "编辑规则 属性"对话框

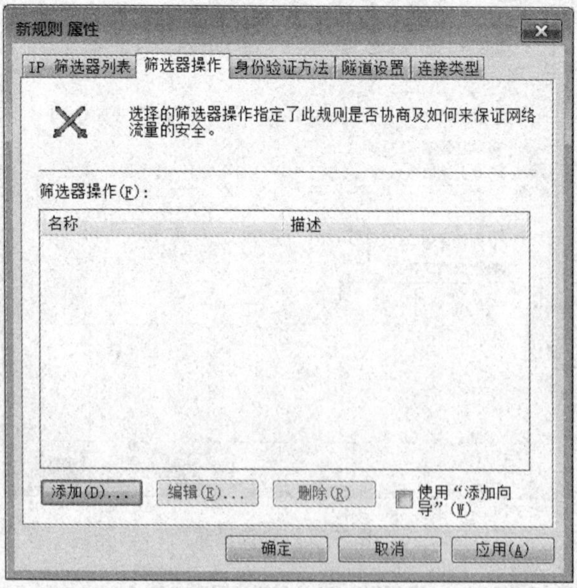

新规则 属性
IP 筛选器列表 | 筛选器操作 | 身份验证方法 | 隧道设置 | 连接类型
选择的筛选器操作指定了此规则是否协商及如何来保证网络流量的安全。
筛选器操作(F):
名称 描述
添加(D)... 编辑(E)... 删除(R) 使用"添加向导"(W)
确定 取消 应用(A)

图 7.33 "新规则 属性"对话框

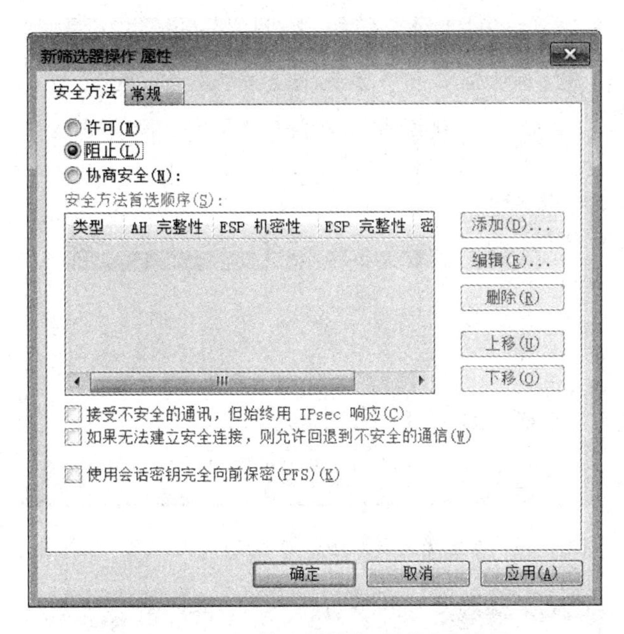

图 7.34　“新筛选器操作 属性”对话框

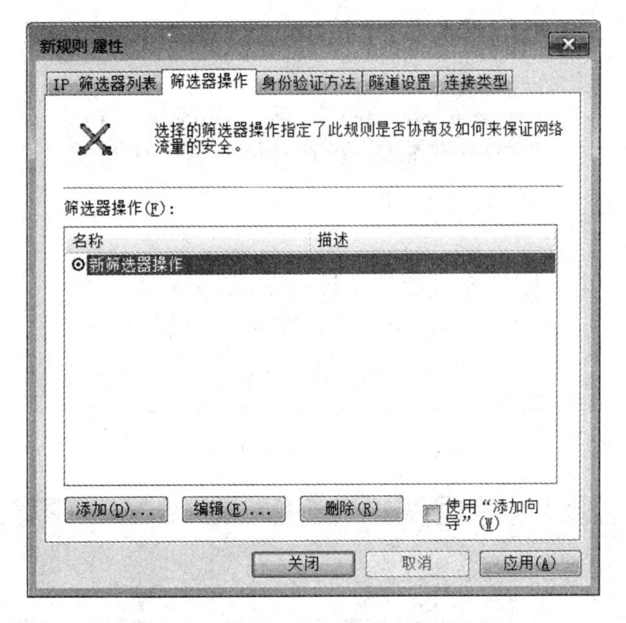

图 7.35　应用“新筛选器操作”

⑥ 在“编辑规则 属性”对话框中选中“新筛选器操作”左边的单选按钮，单击“应用(A)”按钮，表示已经激活，再单击“关闭”按钮，关闭对话框。在“新 IP 安全策略 属性”对话框中的“IP 安全规则(I)”下勾选“我的筛选器”复选框，如图 7.37 所示。单击“确定”按钮，关闭对话框。在“本地安全策略”窗口中右击“新 IP 安全策略”命令，弹出快捷菜单，如图 7.38 所示。选择“分配(A)”命令，使得所设置的端口访问规则生效。至此，已完成服务器的安全设置。

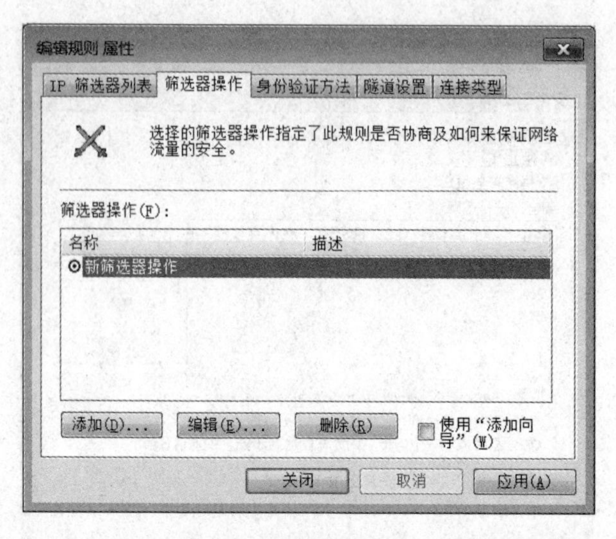

图 7.36 设置筛选器操作后的"编辑规则 属性"对话框

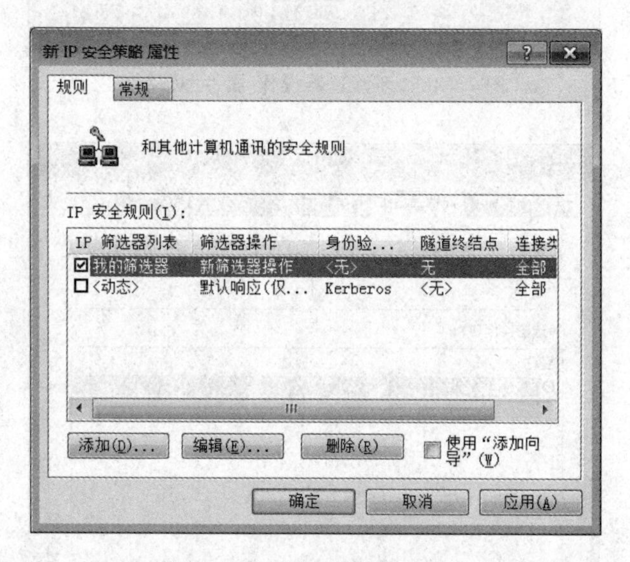

图 7.37 选中"我的筛选器"

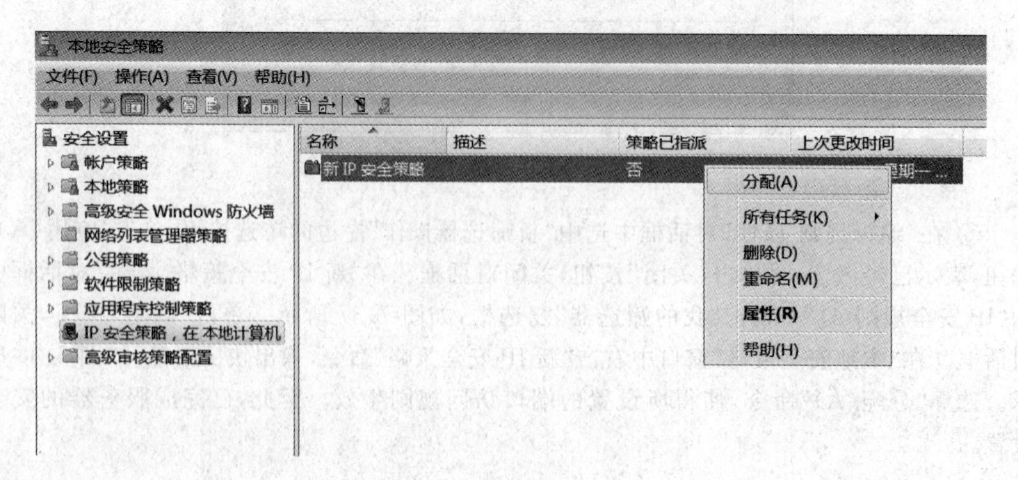

图 7.38 分配 IP 筛选器

二、知识学习

1. 电子商务网站运营管理的概念

1）电子商务网站管理的概念和意义

完成了电子商务网站的规划设计以及建设发布，这只是完成了网站建设的一半，后续除了网站内容需持续更新外，还有大量的电子商务网站管理和运营推广工作。从广义上来说，电子商务网站管理是对网站人员权限、网站数据管理、网站客户服务、网站内容、网站硬件及网站安全的管理。狭义的电子商务网站管理是对网站在线系统的管理。

电子商务网站管理是企业系统化管理的一个重要组成部分，是企业信息化的政策的实施；电子商务网站管理直接或间接影响到企业利润的变化，是企业通过信息化获得收益的重要源泉。从这个意义上说，网站管理是网络信息资源管理的关键，研究电子商务网站管理对网络信息资源管理工作的开展具有特定的现实意义。

2）电子商商务网站管理的作用

为了保证电子商务网站的正常运行，电子商务网站的管理人员需要对构成网站的网页、网站的软件、客户及商业的各种信息进行管理，目的就是要保证电子商务系统中的信息流有序、快速并且安全地流动。网站管理在网站运作和维护中都发挥着举足轻重的作用，而且在促进网站信息有序化、提高信息安全性、使网站信息多样化以及提高企业人员的工作效率等方面都有着重要的作用。

(1) 促使网站信息有序和规范。

在网站的运行过程中，企业和客户之间会有大量的信息来往，企业需要及时发布企业产品和服务的相关信息，并且还需要迅速地响应来自客户的订单信息、交易信息及反馈信息等，同时还要做到快速响应用户发出的请求，因而会有各种各样的杂乱无章的信息频繁来往于企业网站和客户之间，使这些信息流可以井然有序地在网站和客户之间流动就是网站信息的有序化。从信息资源管理的角度来看，信息只有通过有序的管理才能够成为有效的信息。在如今互联网逐渐兴盛、大量而杂乱的信息充斥着网络资源的环境下，人们常常不能够从浩如烟海的信息中找到自己所需要的信息，因而就需要通过有序化的信息管理来确保人们对信息的搜寻和利用。电子商务网站管理是对网站信息有序化管理的重要途径，它根据信息管理科学、有效地进行信息的发布、收集、组织、存储和传递，确保电子商务系统的正常运行，为企业实现电子商务目标保驾护航。

(2) 确保电子商务网站的安全性。

确保电子商务网站的安全性是网站管理工作的重点。对于一个不安全的电子商务网站来讲，任何的管理工作都是无用的。随着电子商务影响力的不断扩大和人们需求的不断提升，企业不能够仅仅将自己的网站定位在宣传自己的产品和提高自身知名度上，还需要企业的网站可以提供在线销售、在线支付等功能，提供这样功能的网站对安全性的要求很高，要求网站的管理工作可以为网站提供安全的运行环境。网站的安全性管理工作需要按照交易信息的层次进行信息加工与存储，并对交易信息中包含的商业秘密进行数据加密与解密的管理，对于不同的用户和管理员还会分配不同的访问权限。通过对电子商务网站科学、有效的安全管理，可以确保网上商务活动在安全的环境中顺利地进行。因而，决定一个电子商务网站系统是否稳定、是否可以成功运行的关键就在这里,需要网站管理人员给予高度重视。

(3) 提高企业品牌声誉。

对于一个 B2C 或 B2B 企业来说,良好的电子商务网站管理为企业开展多样的商务活动提供帮助,对提高企业品牌声誉起到很好的促进作用。任何形式的在线商务活动的开展都是建立在一个良好的网站管理的基础上的。如果一个企业还没有一个健全、可靠的网站管理,那么企业也不会有更多的精力投入到丰富网站内容、创新网站设计以及改良网站结构等工作上。因为没有良好的网站管理做保障,这些工作就没有开展的条件。在有了稳定、可靠的网站管理之后,企业就可以游刃有余地运作它的网上商务活动,可以顺理成章地收集各种商业信息,实现企业的各种商业设想,企业会逐步地从电子商务上获得利益,从而达到促进整个企业发展的目的。

(4) 提高管理人员的工作效率。

良好的电子商务网站管理会对提高管理人员的工作效率起到很好的促进作用。对于专业的网站维护人员而言,他们可以通过很复杂的工作程序,完成网站在技术方面的维护工作。但是这样的专业网站维护人员一般不会参与网站内容更新等日常管理工作,而且有时这样的专业人员也不能够很好地贯彻企业的商务意图。这就需要具备更多商业知识的人员完成这些工作,然而这些人员在网站维护上的专业程度不够。这就需要有一个良好的网站管理来帮助他们工作,这样既减轻了他们在管理维护网站上的工作量和复杂程度,又提高了电子商务网站管理的效率。

2. 电子商务网站运营管理内容

电子商务网站是一个不断更新的动态系统,需要由企业网站的管理人员进行长期监控、维护和管理。因此,网站管理是非常重要的环节。电子商务网站的管理是指通过监控和管理网站的各种软硬件资源和网站输入以及输出信息流,来确保整个网站内容的完整性和一致性,保证企业的在线交易业务可以安全顺利地进行,从而为企业的电子商务运营提供良好的服务。电子商务网站运营管理的内容主要有四方面:网站文件管理、网站内容管理、网站综合管理和网站安全管理。

1) 网站文件管理

网站文件管理是指对构成网站资源的文件应用层进行的文件管理,以及对支持企业与客户之间数据信息往来的文件传输系统和电子邮件系统的管理。电子商务网站的资源由服务器端一个个网页代码文件和其他各类资源文件组成。一般来说,网站文件管理包括网站文件的组织、网站数据备份、网站数据恢复、网站文件传输管理和网站垃圾文件处理等。

2) 网站内容管理

网站内容管理是网站管理的核心,是保证电子商务网站有序和有效运作的基本手段。网站内容管理一般分为用户信息管理、在线购物管理、新闻发布管理、广告发布管理、企业在线支持管理等。

电子商务网站的内容管理属于电子商务网站业务应用层,它主要是指面向电子商务活动中的具体业务而进行对输入、输出信息流的内容管理。它包含的内容很广泛,具体可以分为对两类信息的管理:一类是对外部流入的数据和信息的管理,包括用户信息管理、供应商的管理、在线购物管理、交易管理等;另一类是对网站内部本身业务信息的管理,如产品管理、新闻管理、广告管理、企业论坛管理、留言板管理、邮件订阅管理、网上调查管理、在线技术支持管理等。

(1) 用户信息管理。

用户信息管理包括用户基本信息管理和用户反馈信息管理两部分。由于用户是企业开拓市场、分析市场、制定经营策略、创造利润的重要资源,因此,建立基于企业电子商务网站的用户管理系统是极有必要的,应把其纳入企业信息系统建设和发展电子商务的整体框架之中,从而为企业经营发展提供良好的服务。

① 用户基本信息管理。在电子商务活动中,电子商务网站对顾客通常采用会员制度,使顾客登录为会员,以保留顾客的基本资料。用户的基本信息管理包括用户注册管理、忘记密码查找、用户消费倾向分析、用户信用分析等管理活动。由于这项功能能够帮助企业收集目标用户的资料,为企业网站营销提供分析的资料,并可以考查网站的使用频率及对目标消费者的吸引程度,所以,在以后的网络营销中,这些注册会员是相当准确的目标用户。

② 用户反馈信息管理。用户反馈信息管理几乎是所有网站必备的管理内容,它用于管理者从网上获取各种用户反馈信息。目前,一些网站的用户反馈功能是以邮件的形式直接发送到管理者信箱中,还有一些是采用基于数据库开发的设计。前者的反馈信息是散乱的,难以对反馈信息进行分类存档、管理、查询及统计;后者提供了强大的后台管理功能,形成了用户信息反馈系统。

(2) 在线购物管理。

在线购物是当前许多电子商务网站运营的主要模式。当用户访问电子商务网站时,能够查询、浏览该网站提供的所有商品信息、随时选择自己感兴趣的商品并将其放入虚拟的购物车中。而所购商品的数量、价格等信息则由网站数据库存储和管理。当用户选购商品完毕后,可对购物车中的选购商品进行修改。当用户确定所选购商品,提交购物车数据后,就完成了一次订单操作过程。根据在线购物流程,在线购物管理可以分为系统账号管理、产品信息管理、购物车管理、订单管理等。

① 系统账号管理。系统账号管理是针对电子商务网站管理系统的安全性而设置的。因为电子商务网站管理系统负责整个网站所有资料的管理,因此管理系统的安全性显得格外重要。一般要求该管理系统应提供超级用户的管理权限控制,根据不同的用户进行不同的管理列表控制,设定和修改企业内部不同部门用户的权限,限制所有使用电子商务网站管理系统的人员与相关的使用权限。它将给予每个管理账号专属的进入代码与确认密码,以确认各管理者的真实身份,做到级别控制。超级用户可根据要求管理所设定的相应的管理功能,如对订单、产品目录、历史信息、用户管理、超级用户管理、次目录管理、功能列表控制、购物车管理等进行添加、删除、修改等进行一系列操作。

② 产品信息管理。为了保证用户浏览到的始终是最新的产品信息,产品信息管理应该能够让网站管理员通过浏览器,根据企业产品的特点在线进行产品分类,并将产品按不同层级进行分类展示,提供产品的动态增减和修改,对数据进行批量更新。同时,可以随时更新最新产品、畅销产品以及特价产品等,方便日后产品信息的维护,提高企业的工作效率。

③ 购物车管理。该模块类似于产品的在线管理,其功能与产品信息管理大致一样。购物车管理应能对用户正在进行的购买活动进行实时跟踪,从而使管理员能够看到消费者的购买、挑选和退货的全部过程,并实时监测用户的购买行为,纠正一些错误或防止不正当事

件的发生。

④ 订单管理。这是网上销售管理的一个不可缺少的部分,它用于对网上全部交易产生的订单进行跟踪管理。管理员可以浏览、查询、修改订单,对订单进行分析,追踪从订单发生到订单完成的全过程。只有通过完善、安全的订单管理,才能使基于网络的电子商务活动顺利进行。

(3) 新闻发布管理。

新闻发布管理的主要内容包括在线新闻发布、新闻动态更新与维护、过期新闻内容组织与存储、新闻检索系统的建立等。目前,网站的新闻管理可以做到工作人员在模板中输入相应的内容并提交后,信息就会自动发布在 Web 页上。这是因为网站信息通过一个操作简单的界面输入数据库,然后通过一个能够对有关新闻文字和图片信息进行自动处理的网页模板与审核流程发布到网站上。通过网络数据库的引用,网站的更新维护工作简化到只需录入文字和上传图片,从而使网站的更新速度大大加快。网上新闻更新速度的提升极大地加快了信息的传播速度,也吸引了更多的长期用户群,使网站时刻保持着活力和影响力。

(4) 广告发布管理。

网络广告最重要的优势就在于可以被精确统计,即广告被浏览的次数、广告被单击的次数,甚至浏览广告后实施了购买行为的用户数量,都可以获得记录数据。而所有这些都需要完善的广告管理。广告发布管理系统应该操作简单、维护方便,具有综合管理网站的广告编辑、播放等功能,可以很容易地实现统计、分析每个页面广告播放的情况,并且可以指定某页面的广告轮播。

(5) 企业在线支持管理。

企业在线支持管理包括在线帮助管理、留言板管理、企业论坛管理、在线技术支持管理。

① 在线帮助管理。在线帮助管理主要是提供用户对网站功能的使用帮助,指导用户使用公司的电子商务网站。它具体提供包括使用信息查询系统浏览商品信息;填写订单,参与购物;使用留言板、电子邮件、论坛、聊天室等和企业交互等方面的帮助信息。

② 留言板管理。网站留言板是为了增加网站及顾客间良好的互动关系而设的,它的作用是记录来访用户的留言信息,收集他们的意见和建议,为网站与用户提供双向交流的区域,为优化服务提供用户依据。留言板管理应提供多项辅助功能,以协助管理者方便地增加、删除与修改留言板上的留言内容,以及对部分留言内容加以回应。

③ 企业论坛管理。企业论坛是一个电子商务网站必不可少的功能模块,它为网站与用户、用户与用户提供广泛的交流场地,也是企业进行技术交流和用户服务的最重要的手段。企业可以利用该功能进行新产品的发布、征求消费者意见、接受消费者投诉等;可以定期或选定某个时段,邀请嘉宾或专门人员参与该系统的主持与维护。企业论坛管理包括在线发布、维护信息等内容。

④ 在线技术支持管理。在线技术支持可以提供给用户相关产品的技术或服务信息。企业可以将一些常见的技术或服务问题罗列在网站上,供用户浏览。

总之,电子商务网站的内容管理既包含了对网站内容的管理,也包含了对客户的管理。从本质上讲,电子商务网站内容管理的目的就是保证商务系统中信息流、资金流和物资流有序、快速而安全地流动,也就是对网站输入与输出这两个方向上进行管理与监控,使得电子商务活动能顺利地进行。

3）网站综合管理

网站综合管理是指除文件管理、网站内容管理之外对网站提供的个性化服务等方面的管理，主要包括网站运行平台的管理、Web服务器和数据库服务器管理、个性化服务管理、网站统计管理和系统用户管理等。

4）网站安全管理

网站安全管理贯穿在以上3方面的电子商务网站的管理之中，主要是分析网站安全威胁的来源，并采取相应的措施。电子商务网站的安全是电子商务网站可靠运行并有效开展电子商务活动的基础和保证，也是消除客户安全顾虑、扩大网站客户群的重要手段。广义地说，它应该包括信息安全管理、通信安全管理、交易安全管理和设备安全管理等。因此，网站安全管理必须与其他的计算机安全技术（如网络安全和信息系统安全）等结合起来，才能充分发挥其作用。

3．电子商务网站的安全问题

安全问题是任何一个和网络连接的计算机设备都不能避开的，当然在电子商务网站的管理中安全管理同样是不可缺少的。电子商务网站有一个安全可靠的运行环境、良好的安全管理，可以很大程度上消除用户对网站安全性的疑虑，提高客户对企业的信任程度，从而扩大企业的客户群体。安全管理不是某一时间、某一地点的管理，它会贯穿于网站所有管理活动的始终。

1）电子商务网站安全隐患

电子商务网站主要存在物理和软件两个方面的安全隐患。

物理方面的安全隐患是由于设备的硬件运行时间过长、不规则操作等造成设备失灵，或由于受到外力的攻击造成硬件的损坏，如硬件设备的功能失常、电源故障、电磁波故障、恐怖袭击及自然灾害等。

软件方面的安全隐患主要为服务器内部、系统软件以及网络协议存在漏洞等安全隐患。

2）电子商务网站攻击

攻击电子商务网站的主要分为有2种，分别为：利用Web服务器的漏洞进行攻击，如CGI缓冲区溢出、目录遍历漏洞利用等攻击；利用网页自身的安全漏洞进行攻击，如SQL注入、跨站脚本攻击等。

攻击电子商务网站的主要应用技术主要有：

- 缓冲区溢出——攻击者利用超出缓冲区大小的请求和构造的二进制代码让服务器执行溢出堆栈中的恶意指令。
- Cookie假冒——精心修改Cookie数据进行用户假冒。
- 认证逃避——攻击者利用不安全的证书和身份管理。
- 非法输入——在动态网页的输入中使用各种非法数据，获取服务器敏感数据。
- 强制访问——访问未授权的网页。
- 隐藏变量篡改——对网页中的隐藏变量进行修改，欺骗服务器程序。
- 拒绝服务攻击——构造大量的非法请求，使Web服务器不能响应正常用户的访问。
- 跨站脚本攻击——提交非法脚本，其他用户浏览时盗取用户账号等信息。

- SQL 注入——构造 SQL 代码让服务器执行，获取敏感数据。
- URL 访问限制失效——黑客可以访问非授权的资源链接强行访问一些登录网页、历史网页。
- 被破坏的认证和 Session 管理——Session token 没有被很好地保护，在用户推出系统后，黑客能够盗窃 Session。
- DNS 攻击——黑客利用 DNS 漏洞进行欺骗 DNS 服务器，从而达到使 DNS 解析不正常、IP 地址被转向，导致网站服务器无法正常打开。

3）电子商务网站安全措施

（1）登录页面加密。

在登录之后实施加密可能有用，这就像把大门关上以防止马儿跑出去一样，不过它们并没有对登录会话加密，这就有点儿像在锁上大门时却将钥匙放在了锁眼里一样。即使登录会话被传输到了一个加密的资源，在许多情况下，这仍有可能被一个恶意的黑客攻克，他会精心地伪造一个登录表单，借以访问同样的资源，并访问敏感数据。通常，加密方式有 MD5 加密、数据库加密等。

（2）专业工具辅助。

在市面上，目前有许多针对网站安全漏洞的检测监测系统，但大多数是收费的，但也有一些免费的网站安全检测平台，利用它们能够迅速找到网站的安全隐患，同时一般也会给出相应的防范措施。

（3）加密连接管理站点。

使用不加密的连接（或仅使用轻度加密的连接），如使用不加密的 FTP 或 HTTP 用于 Web 站点或 Web 服务器的管理，就会将自己的大门向“中间人”攻击和登录/口令的嗅探等手段敞开大门。如果某人截获了登录和口令信息，他就可以执行一切操作。因此请务必使用加密的协议，如 SSH 等来访问安全资源，要使用经证实的一些安全工具。

（4）兼容性加密。

根据目前的发展情况，SSL 已经不再是 Web 网站加密的最先进技术。可以考虑 TLS，即传输层安全，它是安全套接字层加密的继承者。选择的任何加密方案要保证不会限制用户的正常使用。

（5）连接安全网络。

避免连接安全特性不可知或不确定的网络，也不要连接一些安全性差的网络，如一些未知的开放的无线访问点等。无论何时，只要必须登录到服务器或 Web 站点实施管理，或访问其他的安全资源时，都要注意这一点。如果连接到一个没有安全保障的网络时，还必须访问 Web 站点或 Web 服务器，就必须使用一个安全代理，这样到安全资源的连接就会是来自于一个有安全保障的网络代理。

（6）不共享登录信息。

共享登录机要信息会引起诸多安全问题。这不但适用于网站管理员或 Web 服务器管理员，还适用于在网站拥有登录凭证的人员，客户也不应当共享其登录凭证。登录凭证共享得越多，就越可能更公开地共享，甚至对不应当访问系统的人员也是如此；登录机要信息共享得越多，建立一个跟踪索引借以跟踪、追查问题的源头就越困难，而且如果因安全性受到损害或威胁而需要改变登录信息时，就会有更多的人受到影响。

（7）采用基于密钥的认证而不是口令认证。

口令认证要比基于密钥的认证更容易被攻破。设置口令的目的是在需要访问一个安全的资源时能够更容易地记住登录信息。不过如果使用基于密钥的认证，并仅将密钥复制到预定义的、授权的系统（或复制到一个与授权的系统相分离的独立介质中，直接需要它时才取回），将会得到并使用一个更健壮的难于破解的认证凭证。

（8）运用冗余性保护网站。

备份和服务器的失效转移可有助于维持较长的正常运行时间。虽然失效转移可以极大地减少服务器的宕机时间，但这并不是冗余性的唯一价值。用于失效转移计划中的备份服务器可以保持服务器配置的最新，这样在发生灾难时就不必从头开始重新构建服务器。备份可以确保客户端数据不会丢失，而且如果担心受到损害系统上的数据落于不法之徒手中，就会毫不犹豫地删除这种数据。当然，还必须保障失效转移和备份方案的安全，并定期地检查以确保在需要这些方案时不至于无所适从。

（9）确保对所有的系统都实施强健的安全措施，而不仅运用特定的Web安全措施。

在这方面，可以采用一些通用的手段，如采用强口令，采用强健的外围防御系统、及时更新软件和为系统打补丁、关闭不使用的服务、使用数据加密等手段保证系统的安全等。

（10）利用防火墙防护网站安全。

例如使用操作系统自带的Internet连接防火墙（ICF），检查出入防火墙的所有数据包，决定拦截或是放行那些数据包。防火墙可以是一种硬件、固件或者软件，例如专用防火墙设备就是硬件形式的防火墙，包过滤路由器是嵌有防火墙固件的路由器，而代理服务器等软件就是软件形式的防火墙。

4. 电子商务网站的维护概述

电子商务网站维护是为了让网站能够长期稳定地运行在Internet上。一个好的电子商务网站需要定期或不定期地更新内容，只有这样才能不断地吸引更多的浏览者，增加访问量。电子商务网站的维护主要包括网页维护、网站软件与硬件维护、网站操作系统维护。

1）网页维护

网页的精心维护和管理是一个网站成功以及持续发展的关键。网页维护的内容包括网页测试、页面更新与检查、网页布局更新、网站升级等内容。

（1）网页测试。

- 外观测试。
- 连接测试。
- 速度测试。
- 脚本和程序测试。
- 服务器日志测试。

（2）页面更新与检查。

网页的更新与检查主要有以下几部分。

① 专人专门维护新闻栏目。电子商务网站中的新闻栏目是一个企业的宣传口，是提升企业形象的重要途径。在这个栏目中，一方面要把企业、业界动态都反映在里面，让访问者觉得这个企业是一个可以发展的企业、有前途的企业；另一方面也要在网上收集相关资料，

放置到网站上,吸引同类客户,并使他们产生兴趣,所以,新闻栏目需要由专人负责,专人管理,专人维护,这样可以保证此栏目的质量,并吸引更多的浏览者单击该栏目。

② 时常检查相关的链接。任何一个电子商务网站不可能将它全部的内容都放在其主页面上,都需要使用链接进行,对于链接是否连通,可以通过测试软件对网站中所有的网页链接进行测试,但最好还是用手工的方法进行检测,这样才能发现问题。尤其是网站的导航栏目,可能经常出问题,因此,在网页正常运行期间也要经常使用浏览器查看、测试页面,查缺补漏,精益求精。

③ 时常检查日志文件。网页更新最有用的依据是系统的日志文件记录,通过对 Web 服务器的日志文件进行分析和统计,能够有效掌握系统运行情况以及网站内容的受访问的情况,加强对整个网站及其内容的维护和管理。

④ 时常检查客户意见。网页更新也与客户意见有直接的关系,经常看看客户的意见,例如,有的客户希望网站论坛中加入一个音乐论坛,有的客户希望在网站中出售的 CD 音乐中加入试听页面。这些意见反映的问题,网站完全有能力解决。通过不断地整理、更新、增加栏目和内容,网络将会一天天地丰富、成熟起来,另外,每次更新都不要忘了在公告栏中发布最新消息,这样一方面增加了公告栏的内容,另一方面提升了企业的形象。

(3) 网页布局更新。

网页布局大致可分为国字型、拐角型、标题正文型、左右框架型、上下型、综合型、封面型、Flash 型、变化型等几种类型。对主页面布局的更新是更新工作中最为重要的,因为人们很重视第一印象,对主页的更新宜采用重新制作,不过网站的 Logo 是不能变动的。

(4) 网站升级。

在网页维护的同时,要做好网站的升级工作。网站升级的主要工作包括以下几方面。

① 网站应用程序的升级。网站应用程序经过长期的使用和运行,难免会出现一些问题,如泄露源代码、注册用户信息、网站管理者信息等,这些应用程序的问题都会产生很严重的后果,轻者使服务器停机,重者有法律纠纷,甚至使整个网站瘫痪。所以,管理人员一定要对应用程序进行监控,一旦出现错误和问题,马上进行维护,必要时对其应用程序进行升级。

② 网站后台数据库升级。网站后台数据库是每一个电子商务网站中所必需的,也是使用非常频繁的一个软件。一般情况下,开始时网站都使用比较小的数据库,例如,Windows 下的 Access、DBF、MySQL 数据库,对于大批量的数据访问这些数据库会使服务器有停机的危险。当发现访问量很大、网站响应变慢时,就要考虑对数据库的升级了。

③ 服务器软件的升级。服务器软件随着版本的升高,性能和功能都会有提高,适时地升级服务器软件能提高网站的访问质量。例如,Windows NT 的 ISLinux 下的 Apache 等 Web 服务器都可以适时地升级其软件。

④ 操作系统的升级。一个稳定、强大的操作系统也是服务器性能的保证,应该根据操作系统的性能情况不断升级操作系统。例如,Windows 的 Update 升级、Linux 的内核升级。但是要注意的是,操作系统的升级具有一定的危险性,需要把握好。

2) 网站硬件与软件维护

(1) 硬件维护。

硬件维护主要包括服务器、网络联接设备及其他硬件的维护,要保持所有硬件设备处于良好状态,维护网络设备不间断地安全运行,对可能出现的硬件故障问题进行评估,制订出一套良好的应急方案。

(2) 软件维护。

电子商务网站软件维护包括服务器软件、应用软件和其他相关软件的维护。

3) 网站操作系统维护

Windows 本身是一个非常开放同时也非常脆弱的系统，稍微使用不慎就可能会导致系统受损，甚至瘫痪。如果经常进行应用程序的安装与卸载，也会造成系统的运行速度降低、系统应用程序冲突明显增加等问题的出现。这些问题导致的最终后果就是不得不重新安装 Windows。下面介绍对 Windows 操作系统进行维护的几种方法。

(1) 定期对磁盘进行碎片整理和磁盘文件扫描。

使用 Windows NT 系统自身提供的"磁盘碎片整理"和"磁盘扫描程序"对磁盘文件进行优化，这两个工具都非常简单。为防止数据丢失、系统崩溃和文件破坏，Windows 磁盘碎片整理程序可以和文件系统及 API 一起使用。磁盘碎片整理程序可以通过以下操作优化磁盘并保持磁盘的高效运行。

- 查找磁盘中每个文件的碎片。
- 将其连续复制到一个新位置。
- 确保该副本是原件的精确复制。
- 更新主文件表(MFT)，以便设置新文件的位置。
- 取消分配原位置并将其重新划分为可用空间。

(2) 维护系统注册表。

Windows 的注册表是控制系统启动、控制系统运行的底层设置，其文件为 Windows 安装路径下的 System. dat 和 User. dat。这两个文件并不是以明码方式显示系统设置的，普通用户根本无从修改。如果经常安装/卸载应用程序，这些应用程序在系统注册表中添加的设置通常并不能够彻底删除，时间长了会导致注册表变得非常大，系统的运行速度就会受到影响。目前市面上流行的专门针对 Windows 注册表的自动除错、压缩、优化工具也非常多，可以说 Norton Utilities 提供的 Windows Doctor 是较好的，它不但提供了强大的系统注册表错误设置的自动检测功能，而且提供了自动修复功能。使用该工具，即使对系统注册表一无所知，也可以非常方便地进行操作，因为只需单击程序界面中的 Next 按钮，就可完成系统错误修复。

(3) 经常性地备份系统注册表。

对系统注册表进行备份是保证 Windows 系统可以稳定运行、维护系统、恢复系统的最简单、最有效的方法。系统的注册表信息保存在 Windows 文件夹下，其文件名是 System. dat 和 User. dat。这两个文件具有隐含和系统属性，现在需要做的就是对这两个文件进行备份，可以使用 regedit 的导出功能直接将这两个文件复制到备份文件路径下，当系统出错时再将备份文件导入到 Windows 路径下，覆盖源文件即可恢复系统。

(4) 清理 System 路径下的无用的 DLL 文件。

这项维护工作大家可能并不熟悉，但它也是影响系统能否快速运行的一个至关重要的因素。应用程序安装到 Windows 中后，通常会在 Windows 的安装路径下的 System 文件夹中复制一些 DLL 文件。而当将相应的应用程序删除后，其中的某些 DLL 文件通常会保留下来；当该路径下的 DLL 文件不断增加时，将在很大程度上影响系统整体的运行速度。而对于普通用户来讲，进行 DLL 文件的手工删除是非常困难的。

针对这种情况，建议使用 Clean System 自动 DLL 文件扫描、删除工具，只要在程序界面中选择可供扫描的驱动器，然后单击界面中的 Start Scanning 按钮就可以了，程序会自动分析相应磁盘中的文件与 System 路径下的 DLL 文件的关联，然后给出与所有文件都没有关联的 DLL 文件列表，此时可单击界面中的 OK 按钮进行删除和自动备份。

任务 2　利用网络媒体对某电子商务网站进行推广

一、任务实现

1. 做好宣传推广前准备工作

(1) 熟悉电子商务网站所销售的产品的价格、规格、特点等信息。

(2) 撰写产品宣传广告。

(3) 撰写产品宣传语。

(4) 提炼产品宣传关键词。

(5) 准备产品图片。

(6) 准备产品音频、视频资料。

2. 利用电子邮件群发功能，给用户发送推广网站的电子邮件

(1) 收集潜在客户的邮箱，将这些用户邮箱录入到邮箱的“通讯录”，并按适当小组分类管理。

(2) 利用建立好的通讯录小组，选择一组或多组邮件收件人作为推广的目标。

(3) 设计邮件的内容，注意邮件内容。

(4) 设计要发送邮件的主题，注意主题应简单、有吸引力。

3. 利用搜索引擎宣传推广网站。

在百度网站 http://e.baidu.com 直接注册登录。将网站提交给百度网站。

4. 利用 BBS 论坛推广网站

(1) 利用腾讯论坛 http://bbs.qcloud.com/发布推广网站的带有网站链接的帖子。

(2) 利用天涯社区 http://www.tianya.cn/发布推广网站的带有网站链接的帖子。

5. 利用博客推广网站

(1) 利用腾讯微博 http://t.qq.com/查找与网站相关的圈子，然后在其中发布推广带有网站链接的帖子。

(2) 利用搜狐博客 http://blog.sohu.com/查找与网站相关的圈子，然后在其中发布推广带有网站链接的帖子。

(3) 利用新浪博客 http://blog.sina.com.cn/查找与网站相关的圈子，然后在其中发布

推广带有网站链接的帖子。

(4) 利用百度贴吧 http://tieba.baidu.com 查找与网站相关的贴吧，然后在其中发布推广网站的带有网站链接的帖子。

6. 利用微信推广网站

(1) 利用在朋友圈中发布推广网站的带有网站链接的帖子。

(2) 利用在微信群中发布推广网站的带有网站链接的帖子。

(3) 利用热门公众号的评论发布推广网站的带有网站链接的帖子。

(4) 申请公众号并在其中发布推广网站的带有网站链接的帖子。

二、知识学习

网站推广，即以互联网为主要手段进行的，为达到一定营销目的的推广活动。网站推广的目的在于让尽可能多的潜在用户了解并访问网站，通过网站获得有关产品和服务等信息，为最终形成购买决策提供支持。网站推广需要借助于一定的网络工具和资源。常用的网站推广工具和资源包括两大类，即利用传统媒体和网络媒体来进行网站推广，其中传统媒体是指电视、广播、报纸、杂志、印刷品、户外广告等，这些都是宣传网站的良好途径。同时在互联网上，网络营销已是网站推广的必要途径，而网络营销又是如何通过几个链接点进行推广的呢？一般的方法有搜索引擎推广、新闻营销、博客营销、微信营销、论坛营销等手段，而最为权威的、最为有力度的则为搜索引擎的推广。

下面以搜索引擎推广为主介绍网络推广的手段。

1. 搜索引擎推广

1) 认识搜索引擎分类

(1) 目录式搜索引擎。把因特网中的资源收集起来，由其提供的资源类型不同而分成不同的目录，再一层层地进行分类，人们要找自己想要的信息可按分类一层层进入，就能最后到达目的地，找到自己想要的信息。

(2) 智能式搜索引擎。这种搜索引擎能自动收录网页资源(如 Google、百度)，其工作原理是利用其内部的蜘蛛(spider)程序，自动搜索网站每一开始页，放入数据库，供用户来查询。一般而言，其搜索程序包括以下几个步骤。

收集——利用蜘蛛(spider)程序自动访问互联网，并沿着网页中的 URL 爬到任何网页，并收集爬过的所有网页。

索引——由分析系统对收集回来的网页进行分析，提取相关网页信息(包括页面内容包含的关键词、编码类型、被其他网页链接次数等)。

搜索——当用户输入关键词提交一次搜索请求后，由搜索系统从检索数据库中搜索出所有含有该关键词的网页。

排序——对搜索到的大量网页结果，根据一定的相关度算法进行计算，然后按照与查询关键词的相关性进行排序，系统将搜索结果返回给用户。

(3) 地址栏搜索引擎。例如，中文关键词寻址技术(3721 网络实名)。通过建立自然语言词汇与网站地址的对应关系，从而实现用户对网站的便捷访问。目前，国内市场上主要有三大厂商掌握了中文寻址技术，这些技术是：3721 的网络实名、百度的搜索伴侣以及中国互联网络信息中心的通用网址。

2）制订搜索引擎推广计划

(1) 关键字优化计划。关键字策略是搜索引擎优化的核心问题，甚至可以说关键字不仅是搜索引擎优化的核心，也是整个搜索引擎营销都必须围绕的核心。所以制订搜索引擎推广计划时，首先要解决的是关键字的选择、关键字的使用密度，以及关键字分布方案。对企业商家而言，核心关键字就是经营范围，如产品/服务名称、行业定位，以及企业名名称或品牌名称等。选择关键词时要注意：

- 不用意义太泛的关键字。
- 用自己的品牌作为关键词。
- 使用地理位置作为关键词，地理位置对于服务于地方的企业尤其重要。
- 回顾竞争者使用的关键词。
- 不用与自己无关的关键词。
- 控制关键词数量，一页中的关键词以最多不超过 3 个为佳。

(2) 制订搜索引擎登录计划。搜索引引擎对不同行业的网站作用有差别。调查显示，旅游、食品、住房、保健、零售等行业网站的访问量对搜索引擎依赖程度较高，搜索引擎对制造业和政府机构的作用最小。

企业可以根据实际情况，选择不同的门户网站或搜索引擎进行网站登录。以下是国内几大网站的目标客户定位，可作为企业选择登录对象时的参考。新浪网的搜索用户比较集中在政府部门和计算机行业。搜狐网在 IT 行业用户、传统行业如制造业用户中，利用率最高。针对一些比较受年轻群体欢迎的产品，推荐使用网易搜索引擎，如日常用品(特别是化妆品)、时尚用品类的产品。这几类门户网站的登录方式目前都是付费登录方式。百度的运营模式是投放关键词竞价排名，适合制造业等标准化产品行业。而 Google 则在页面右侧投放关键词广告，适合开展外贸业务进行海外推广的企业。除了向搜索引擎提交网站外，还有很多专业网站的推广价值也不容忽视，所以可以在这些专业网站上进行注册，宣传、推广网站。

具体做法如下。

① 在重要网站发表专业文章。围绕目标关键词在一些重要站点发表文章，在文章中或结尾带上网站签名，或在作者简介中放上链接和围绕关键字的网站描述。这样既可能获得高质量的互惠链接，也可能获得目标客户。

② 在博客、日志或个人主页上也要加上网站链接。注意，发表的文章标题都应该包含关键词在内。同时将所在行业目录提交给网站。尽可能将更多的相关网络目录、行业目录、商务目录、黄页提交给网站，加入企业库。

虽然搜索引擎对网站推广起到的作用是很大的，但是要达到效果还必须是多维的营销，也就是多管齐下，才能有更大成效。

3）做好网站优化，提升自然排名

提升网站自然排名很有技巧，但绝不可作弊，否则将遭到惩罚。提升网站自然排名的过程就是让网站更加迎合访问者的需要，提高网站运营效率的过程。这并非单纯迎合搜索引擎，一定要注意以下几点。

(1) 网站内容的优化。

① 建立一个有用的、内容丰富的能清楚、准确描述网站主题的页面，使网站层次分明、文本链接清晰，页面之间通过至少一个文本与其他页面相互链接。

② 为访问者提供一个通向所有重要页面的网站地图，如果网站地图页的链接数超过100，那么应该把它分成多个页面(即每页最多只能有100个链接)。

③ 收集那些搜索者将使用到的发现你网站的关键字，确保你的页面里适当地包含这些关键字。

④ 使用文本而不是图片去表达那些较为重要的名字、内容或者链接。因为很多搜索引擎的搜索程序不能识别包含在图片里的文本。

⑤ 设置导航系统。

⑥ 检查死链接及HTML代码错误。

⑦ 保证每个页面有适当的链接数。

(2) 网站结构优化。

有序、合理安排文件目录结构，规范命名。简单的网站最多呈现三个层次就可以了。重要内容放在顶级目录。目录文件夹名含关键词，HTML网页文件名含关键词，图片文件也含关键词。这里的关键词主要针对具体页面内容而言。文件名是词组时就用短横线或下画线隔开，规范的做法是使用英文而不是拼音字母。

2. 交换链接推广

网站之间的资源合作也是互相推广的一种重要方法，其中最简单的合作方式为交换链接。网站其他合作还包括内容共享、资源互换、互为推荐等。尽管形式和操作方法各不相同，但是基本思路是一样的，即在自己拥有一定营销资源的情况下通过合作以达到共同发展的目的。交换链接本身也是一项常用的网站推广手段。被其他网站链接的机会越多，越有利于推广自己的网站，尤其对于大多数中小网站来说，这种免费的推广手段是一种常用的且有一定效果的方法。

3. 网络社区推广

网络社区是网上特有的一种虚拟社会，主要通过把具有共同兴趣爱好的访问者集中到一个虚拟空间，达到成员相互沟通的目的。网络社区是用户常用的服务之一，由于有众多用户的参与，因而已不仅仅具备交流的功能，实际上也成为一种营销场所。

(1) 网络社区的主要形式和功能。

① 论坛(或BBS)。它是虚拟网络社区的主要形式，大量的信息交流都是通过论坛(或BBS)完成的，会员通过张贴信息或者回复信息达到互相沟通的目的。有些简易的社区甚至只有一个论坛(或BBS)系统。

② 聊天室(Chat Room)。在线会员可以实时交流，对某些话题感兴趣的网友通常可以利用聊天室进行深入交流。

③ 讨论组(Discussion Group)。如果一组成员需要对某些话题进行交流，通过基于电子邮件的讨论组会觉得非常方便，而且有利于形成大社区中的专业小组。

④ 网络寻呼(QQ/OICQ)。现在上网的人中多数都有QQ或OICQ号，在线好友可以

即时交流,也可离线留言,更有人喜欢用 QQ 群来交流,发送广告也非常方便。

论坛和聊天室是网络社区中最主要的两种表现形式,在网络营销中有着独到的应用。网络社区可以增进和访问者或客户之间的关系,也可以直接促进网上销售。

(2) 网络社区在营销中的主要作用。

网络社区营销是网络营销区别于传统营销的重要表现。网络社区营销主要有两种形式:利用其他网站的社区和利用自己网站的社区进行营销。

网站社区的主要作用如下。

① 交流平台。可以与访问者直接沟通,容易得到访问者的信任。如果网站是商业性的站点,则可以了解客户对产品或服务的反馈意见,访问者很可能通过和你的交流而成为真正的客户,因为人们更愿意从了解的商店或公司购买产品;如果网站是学术性的站点,则可以方便地了解同行的观点,收集有用的信息,并有可能给自己带来启发;为参加讨论或聊天,人们愿意重复访问你的网站,因为那里是和他志趣相投者聚会的场所,除了相互介绍各自的观点之外,一些有争议的问题也可以在此进行讨论。

② 客服工具。作为一种顾客服务的工具,利用 BBS 或聊天室等形式在线回答顾客的问题。作为实时顾客服务工具,聊天室的作用已经得到用户认可。

③ 建立互惠链接。可以与那些没有建立社区的网站合作,允许使用自己的论坛或聊天室。当然,那些网站必须为进入你的社区建立链接和介绍,这种免费宣传机会很有价值。建立了论坛或聊天室之后,可以在相关的分类目录或搜索引擎登记,有利于更多人发现你的网站,也可以与同类的社区建立互惠链接。

④ 方便进行在线调查。无论是进行市场调研,还是对某些热点问题进行调查,在线调查都是一种高效廉价的手段。在主页或相关网页设置一个在线调查表是通常的做法。然而,对多数访问者来说,由于占用额外的时间,大都不愿参与调查,即使提供某种奖励措施,参与的人数可能仍然不多,如果充分利用论坛和聊天室的功能,主动、热情地邀请访问者或会员参与调查,参与者的比例一定会大幅增加,同时,通过收集 BBS 上顾客的留言也可以了解到一些关于产品和服务的反馈意见。

4. 网络广告投放推广

网络广告投放虽然要花钱,但是给网站带来的流量却是很可观的,不过如何花最少的钱获得最好的效果,这就有许多技巧了。

(1) 低成本,高回报。怎样才能收到如此效果呢?取决于对媒体的选择。如果想获得知名度,那么就出钱到那些有知名度的网站投放广告;如果只是为了流量,那么就把这些媒体网站过滤掉,因为它们的价格都很贵。那么选什么样子的网站作为投放媒体?名气不大但流量大的网站。目前,许多个人站点虽然名气不是很大,但是流量特别大,在上面做广告,价格一般都不贵。如 duddy.net 在某流量很大的软件下载网站投放广告,一个月才 300 元,每天就可以带来几百的客流,还是比较实惠。

(2) 高成本,高收益。这个收益不是流量,而是收入。对于一个商务网站,客流的质量和客流的流量一样重要。此类广告投放要选择的媒体非常有讲究。首先,要了解自己的潜在客户是哪类人群、他们有什么习惯,然后寻找他们出现频率比较高的网站进行广告投放。也许价格会高些,但是它带来的客户质量比较高,所以带来的收益也比较高。例如,作为卖化妆品的网站，在某著名女性网站投放，价格虽然有点高，但是带来的质量比较高，成为自己客户的人也比较多，可以获得很好的收益。

5. 广告邮件推广

广告邮件目前大多都成了垃圾邮件，主要的原因是因为邮件地址选择、邮件设计等。广告邮件的设计要得当，选择适合的人群发放也很重要。如果广告邮件群发操作得当，其效果也非常有效的，而且成本不高。目前，在国内，200 元就可以买到带 1 亿个邮件地址的群发功能。另外，可以在自己的网站加入邮件列表功能，可以让网友订阅自己的电子杂志，然后在电子杂志中融入营销的相关策略，也可以取得很好的效果。

广告邮件设计原则如下。

(1) 标题建议。吸引人，简单明了，不要欺骗人。

(2) 内容建议。采用 HTML 格式比较好，排版一定要清晰。

6. 病毒式营销推广

病毒式营销主要是利用互利的方法，让大家帮助宣传，制造一种像病毒传播一样的效果。下面介绍几个常用的方法。

(1) 免费服务。如果有条件，可以提供免费留言板、免费域名、免费邮件列表、免费新闻、免费计数器等。在这些服务中都可以加入自己的广告或者链接。

(2) 提供有趣页面。制作精美的页面或有趣的页面，常常可以在网上被网友迅速地宣传。所以，可以制作此类页面推荐给朋友。

(3) 软件插件推广。这种推广比较适用于并不太在意品牌的网站。软件推广的常用方法是发布包含常用软件的软件包，在里面穿插强制性修改系统程序的网站代码，用户一旦安装软件包，即可修改其浏览器设置，如将某网址设为首页、收藏某网址等。这些都会给网站带来不错的曝光度，但是也会带来不良的影响。

7. 活动宣传推广

通过举行一系列活动，让更多的用户参与到活动中，在与用户互动的过程中，逐步达到网站推广的目的，这种推广方法最显著的特点是可以提高网站认知度。不过不是什么活动都能够有效果，想有很好的效果，就必须有很好的策划。网站的最好的宣传方式是口碑相传，活动宣传推广常见的形式有举办大赛、注册送积分、大优惠、购买赢取大奖等。

8. 微博推广

微博推广是指通过微博平台为商家、个人等创造价值而执行的一种推广方式，也是指商家或个人通过微博平台发现并满足用户的各类需求的商业行为方式。微博推广以微博作为推广平台，每一个听众(粉丝)都是潜在的推广对象，企业利用更新自己的微博向网友传播电子商务网站链接、企业信息、产品信息，树立良好的企业形象和产品形象。每天只要更新内容就可以跟大家交流互动，或者发布大家感兴趣的话题，这样来达到电子商务网站推广的目的，这样的方式就是互联网新推出的微博推广。

该推广方式注重价值的传递、内容的互动、系统的布局、准确的定位。微博的火热发展也使得其推广效果尤为显著。微博推广涉及的范围包括认证、有效粉丝、朋友、话题、名博、开放平台、整体运营等。自2012年12月，新浪微博推出企业服务商平台，为企业网站在微博上进行推广提供一定帮助。

9．微信推广

微信推广是网络经济时代企业或个人推广模式的一种，是伴随着微信的火热而兴起的一种网络推广方式。微信不存在距离的限制，用户注册微信后，可与周围同样注册的“朋友”形成一种联系，订阅自己所需的信息；商家通过提供用户需要的信息，推广自己的产品或网站链接，从而实现点对点的推广。

微信推广主要体现在以安卓系统、苹果系统的手机或者平板电脑中的移动客户端进行的区域定位推广，商家通过微信公众平台，结合转介率，微信会员管理系统展示商家微官网、微会员、微推送、微支付、微活动，已经形成了一种主流的线上线下微信互动推广方式。

项目练习

一、实训题

1．利用BBS、博客和微信对某电子商务网站进行推广。

2．使用注册表修改3389端口为3790端口。

3．在D盘根目录下创建一个Website目录，在Website目录下创建一个myweb子目录，该子目录里存放的是网站程序文件(如上传目录fileupload)。设置Website目录权限只保留SYSTEM用户和Administrators组，myweb子目录权限只保留IUSR用户和IIS_IUSRS组。

二、练习题

1．选择题

(1) SEO是指(　　)。

A. 搜索引擎优化　　B. 站点流量统计

C. 搜索机制　　D. 搜索引擎营销

(2) 以下(　　)不是搜索引擎的组成部分。

A. 信息搜集　　B. 信息整理　　C. 流量统计　　D. 用户查询

(3) 以下(　　)不属于搜索引擎网站。

A. 百度　　B. 淘宝　　C. 谷歌　　D. 雅虎

(4) 网页中关键字的部署基本原则是：主关键字可能在网页中出现(　　)次。

A. 1～2　　B. 3～4　　C. 5～6　　D. 7～8

2．填空题

(1) 软件方面的安全隐患主要有________、________和________等安全隐患。

(2) 攻击电子商务网站主要分为________和________。

(3) 常见的网络推广方法一般有搜索引擎推广、________、________、________和论坛推广等。而最权威、最有力度的则为________。

(4) 广告邮件设计原则有________和________。

(5) 常见的病毒式营销推广方法有________和________。

3. 简答题

(1) 简要说明对网站的维护主要包括哪几个部分。

(2) 什么是防火墙？按软硬件分类方法,防火墙的种类有哪些?

(3) 列举网站推广的方式和方法。

(4) 电子商务网站的服务器中为什么建议修改 3389 端口?

(5) 为什么建议禁用 135、137、138、139、445 端口?

(6) 试分析当前电子商务网站运营与推广的手段与方法。

项目八 电子商务网站建设综合实例

项目学习目标

1. 能开发简单的电子商务动态网站。
2. 掌握电子商务网站的规划、分析和设计思想。
3. 熟悉网站功能模块程序的算法和代码编写。

项目任务

- **任务 1　商场在线购物网站**

本任务的目标是通对前面所学的知识，根据对网站的需求分析、方案设计和功能模块划分等，对商场在线购物网站进行开发。

- **任务 2　网上图书销售系统**

本任务的目标是通过前面所学的知识，根据对网上书店的需求分析、方案设计和功能模块划分等，对网上图书销售系统进行开发。

任务 1　商场在线购物网站

一、任务实现

1. 前台主要功能页面

(1) 首页。

打开首页 index.aspx，效果如图 8.1 所示。

首页(index.aspx.cs)脚本代码如下。

```
using System;
using System.Data;
using System.Configuration;
using System.Collections;
using System.Web;
using System.Web.Security;
using System.Web.UI;
using System.Web.UI.WebControls;
```

图 8.1　首页

```
using System.Web.UI.WebControls.WebParts;
using System.Web.UI.HtmlControls;
public partial class Index : System.Web.UI.Page
{
    protected void Page_Load(object sender, EventArgs e)
    {
        if (!Page.IsPostBack)
        {
            this.BindFLXX();
            this.BindSPXX();
            this.BindSPCount();
            if (Session["UserID"] != null)
            {
                Panel2.Visible = false;
                Panel3.Visible = true;
                username.Text = Session["UserName"].ToString();
                level.Text = Session["PersonType"].ToString();
            }
        }
    }
    protected void ImageButton1_Click(object sender, ImageClickEventArgs e)
    {
        string str = Request.Cookies["yanzhenma"].Value.ToString();
        if (txtyzm.Text.Trim() == str)
        {
            //判断登录人员的密码和用户名是不是正确
```

```
            if (txtusername.Text.Trim().ToLower() == "administrator")
            {
                DataTable tmpda = new DataTable();
                tmpda = DataBase.Get_Table("select * from glyxx where dlm = '" + this.
txtusername.Text.Trim() + "' and mm = '" + this.txtpassword.Text.Trim() + "'");
                if (tmpda.Rows.Count <= 0)
                {
                    Response.Write("<script>alert('用户名或密码错误');window.location.
href = 'index.aspx';</script>");
                    return;
                }
                else
                {
                    Session["PersonType"] = "管理员";
                    Session["UserName"] = "系统管理员";
                }
            }
            else
            {
                DataTable tmpda = new DataTable();
                tmpda = DataBase.Get_Table("select * from hyxx where hydlm = '" + this.
txtusername.Text.Trim() + "' and mm = '" + this.txtpassword.Text.Trim() + "'");
                if (tmpda.Rows.Count <= 0)
                {
                    Response.Write("<script>alert('用户名或密码错误');window.location.
href = 'index.aspx';</script>");
                    return;
                }
                else
                {
                    Session["UserName"] = tmpda.Rows[0]["xm"].ToString();
                    Session["PersonType"] = tmpda.Rows[0]["hydj"].ToString();
                }
            }
            //保存用户名到公用 Session
            Session["UserID"] = this.txtusername.Text.Trim();

            Response.Redirect("index.aspx");
        }
        else
        {
            Response.Write("<script>alert('验证码错误!!!');window.location.href = 'index.
aspx';</script>");
        }
    }
    protected void Imagebutton3_Click(object sender, ImageClickEventArgs e)
    {
        Session.Remove("UserID");
        Session.Remove("UserName");
        Session.Remove("PersonType");
        Response.Redirect("index.aspx");
```

```
    }

    public void BindFLXX()
    {
        DataTable tmpda = new DataTable();
        tmpda = DataBase.Get_Table("select * from spflxx");
        DataList4.DataSource = tmpda;
        DataList4.DataBind();
    }

    public void BindSPXX()
    {
        DataTable tmpda = new DataTable();
        if (Request.QueryString["spflbh"] == null)
        {
            //显示全部的商品信息
            tmpda = DataBase.Get_Table("select * from spxx");
        }
        else
        {
            //显示指定类型的商品信息
             tmpda = DataBase.Get_Table("select * from spxx where spflbh = " + Request.
QueryString["spflbh"].ToString());
        }

        PagedDataSource page = new PagedDataSource();
        page.DataSource = tmpda.DefaultView;
        page.AllowPaging = true;
        page.PageSize = 8;

        int curpage;
        if (Request.QueryString["page"] != null)
            curpage = int.Parse(Request.QueryString["page"]);
        else
            curpage = 1;
        page.CurrentPageIndex = curpage - 1;

        Label4.Text = "当前页:" + curpage.ToString();
        if (!page.IsFirstPage)
        {
            if (Request.QueryString["spflbh"] == null)
                HyperLink2.NavigateUrl = "Index.aspx?page=" + Convert.ToString(curpage - 1);
            else
                HyperLink2.NavigateUrl = "Index.aspx?spflbh=" + Request.QueryString
["spflbh"].ToString() + "&page=" + Convert.ToString(curpage - 1);
        }
        if (!page.IsLastPage)
        {
            if (Request.QueryString["spflbh"] == null)
                HyperLink3.NavigateUrl = "Index.aspx?page=" + Convert.ToString(curpage + 1);
            else
```

```
                HyperLink3.NavigateUrl = " Index.aspx? spflbh = " + Request.QueryString
["spflbh"].ToString() + "&page = " + Convert.ToString(curpage + 1);
            }

            DataList1.DataSource = page;
            DataList1.DataBind();
        }

        public void BindSPCount()
        {
            DataTable tmpda = new DataTable();
            if (Request.QueryString["spflbh"] == null)
            {
                //显示全部的商品信息
                tmpda = DataBase.Get_Table("select * from spxx");
                Label3.Text = "全部商品";
            }
            else
            {
                tmpda = DataBase.Get_Table("select * from spflxx where spflbh = " + Request.
QueryString["spflbh"].ToString());
                Label3.Text = tmpda.Rows[0]["spflmc"].ToString();

                //显示指定类型的商品信息
                 tmpda = DataBase.Get_Table("select * from spxx where spflbh = " + Request.
QueryString["spflbh"].ToString());
            }

            int count = tmpda.Rows.Count;
            Label5.Text = "共有商品" + count.ToString() + "件";

            if (count % 8 != 0)
                Label6.Text = "共" + Convert.ToString(count / 8 + 1) + "页";
            else
                Label6.Text = "共" + Convert.ToString(count / 8) + "页";
        }

        public string GetText(string strText, int intLen)
        {
            //如果参数大于指定的长度,则省略显示
            byte[] bstr = System.Text.Encoding.GetEncoding("GB2312").GetBytes(strText.ToCharArray());

            if (bstr.Length >= intLen)
                return System.Text.Encoding.Default.GetString(bstr, 0, intLen) + "...";
            else
                return System.Text.Encoding.Default.GetString(bstr);
        }
```

```
    public string GetPicPath(string picname)
    {
        return "image/" + picname;
    }
}
```

(2) 注册页面。

在首页上单击“注册”按钮，显示如图 8.2 所示。

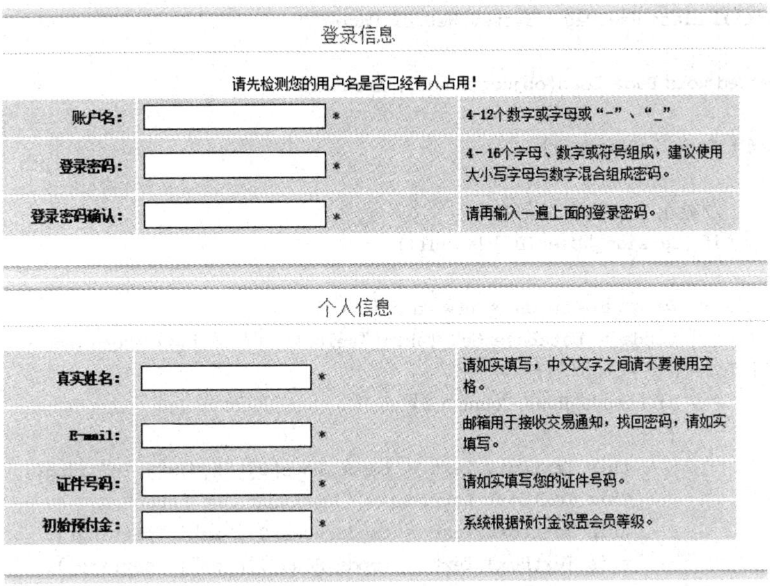

登录信息

请先检测您的用户名是否已经有人占用！

账户名：	*	4-12个数字或字母或“-”、“_”
登录密码：	*	4-16个字母、数字或符号组成，建议使用大小写字母与数字混合组成密码。
登录密码确认：	*	请再输入一遍上面的登录密码。

个人信息

真实姓名：	*	请如实填写，中文文字之间请不要使用空格。
E-mail：	*	邮箱用于接收交易通知，找回密码，请如实填写。
证件号码：	*	请如实填写您的证件号码。
初始预付金：	*	系统根据预付金设置会员等级。

(a)

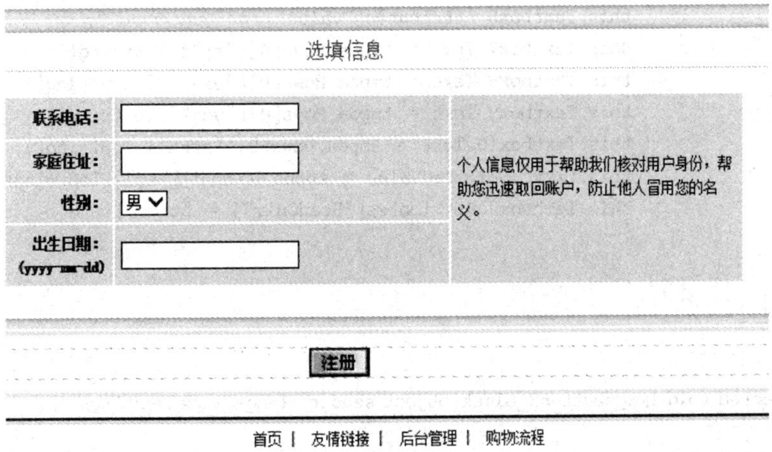

选填信息

联系电话：		个人信息仅用于帮助我们核对用户身份，帮助您迅速取回账户，防止他人冒用您的名义。
家庭住址：		
性别：	男	
出生日期：(yyyy-mm-dd)		

注册

首页 ｜ 友情链接 ｜ 后台管理 ｜ 购物流程

(b)

图 8.2　注册页面

注册页面(UserReg.aspx.cn)脚本代码如下。

```
using System;
using System.Data;
```

```
using System.Configuration;
using System.Collections;
using System.Web;
using System.Web.Security;
using System.Web.UI;
using System.Web.UI.WebControls;
using System.Web.UI.WebControls.WebParts;
using System.Web.UI.HtmlControls;

public partial class UserReg : System.Web.UI.Page
{
    protected void Page_Load(object sender, EventArgs e)
    {
        if (!Page.IsPostBack)
        {
            //显示当前的会员信息
            if (Session["UserID"] != null)
            {
                DataTable tmpda = new DataTable();
                tmpda = DataBase.Get_Table("select * from hyxx where hydlm = '" + Session
["UserID"].ToString() + "'");
                if (tmpda.Rows.Count > 0)
                {
                    this.TextBox1.Text = tmpda.Rows[0]["hydlm"].ToString();
                    this.TextBox1.Attributes["ReadOnly"] = "true";
                    this.Textbox2.Text = tmpda.Rows[0]["xm"].ToString();
                    this.TextBox3.Text = tmpda.Rows[0]["dz"].ToString();
                    this.TextBox4.Text = tmpda.Rows[0]["dh"].ToString();
                    this.Textbox5.Attributes["value"] = "********";
                    this.Textbox6.Attributes["value"] = "********";
                    this.Textbox7.Text = tmpda.Rows[0]["sr"].ToString();
                    this.Textbox8.Text = tmpda.Rows[0]["email"].ToString();
                    this.Textbox9.Text = tmpda.Rows[0]["ycj"].ToString();
                    this.Textbox10.Text = tmpda.Rows[0]["sfzh"].ToString();
                    this.txtxb.SelectedValue = tmpda.Rows[0]["xb"].ToString();
                    this.Textbox9.Attributes["ReadOnly"] = "true";
                }
            }
        }
    }

    protected void Imagebutton2_Click(object sender, ImageClickEventArgs e)
    {
        //判断信息是否正确
        if (TextBox1.Text.Trim() == "")
        {
            Page.ClientScript.RegisterStartupScript(this.GetType(), "info", "<script>
alert('会员账号不能为空!');</script>");
            return;
        }
        if (TextBox1.Text.Trim() == "Administrator")
```

```
            {
                Page.ClientScript.RegisterStartupScript(this.GetType(), "info", "<script>
alert('账号错误!');</script>");
                return;
            }
            if (this.Textbox5.Text.Trim() != this.Textbox6.Text.Trim())
            {
                Page.ClientScript.RegisterStartupScript(this.GetType(), "info", "<script>
alert('密码不一致!');</script>");
                return;
            }
            if (Session["UserID"] == null)
            {
                DataTable tmpda = new DataTable();
                tmpda = DataBase.Get_Table("select * from hyxx where hydlm = '" + this.
TextBox1.Text.Trim() + "'");
                if (tmpda.Rows.Count > 0)
                {
                    Page.ClientScript.RegisterStartupScript(this.GetType(), "info", "<script>
alert('此账户已经存在,请重新输入!');</script>");
                    return;
                }
            }
            string ycj = "0";
            if (this.Textbox9.Text.Trim() != "")
                ycj = this.Textbox9.Text.Trim();
            string hydj = "普通会员";
            if (Convert.ToDecimal(ycj) >= 500)
                hydj = "VIP 会员";
            if (Session["UserID"] == null)
            {
                //添加注册的会员信息到数据库中
                DataBase.ExecSql("insert into hyxx(hydlm, mm, xb, xm, dz, dh, sr, Email, ycj, ljycj,
                    sfzh, hydj) " + " values('" + this.TextBox1.Text.Trim() + "','" + this.
                    Textbox5.Text.Trim() + "','" + this.txtxb.SelectedValue + "', " + " '" +
                    this.Textbox2.Text.Trim() + "','" + this.TextBox3.Text.Trim() + "'," +
                    " '" + this.TextBox4.Text.Trim() + "','" + this.Textbox7.Text.Trim() +
                    "'," + " '" + this.Textbox8.Text + "'," + ycj + "," + ycj + ",'" +
                    Textbox10.Text.Trim() + "', '" + hydj + "')");

            }
            else
            {
                //更新当前的会员信息
                if (this.Textbox5.Text.Trim() != "********")
                {
                    DataBase.ExecSql("update hyxx set mm = '" + this.Textbox5.Text.Trim() +
                    "'," + " xm = '" + this.Textbox2.Text.Trim() + "',dz = '" +
                    this.TextBox3.Text.Trim() + "', hydj = '" + hydj + "', " + " dh = '" +
                    this.TextBox4.Text.Trim() + "',sr = '" + this.Textbox7.Text.Trim() +
```

```
                "'," + "email='" + this.Textbox8.Text + "' where hydlm= '" +
                Session["UserID"].ToString() + "'");
            }
            else
            {
                DataBase.ExecSql("update hyxx set " +
                " xm='" + this.Textbox2.Text.Trim() + "',dz='" +
                 this.TextBox3.Text.Trim() + "', hydj = '" + hydj + "', " +
                " dh='" + this.TextBox4.Text.Trim() + "',sr='" +
                this.Textbox7.Text.Trim() + "'," +
                " email='" + this.Textbox8.Text + "' where hydlm= '" +
                Session["UserID"].ToString() + "'");

            }
        }
        Session["UserName"] = this.Textbox2.Text.Trim();
        Session["PersonType"] = hydj;
        Session["UserID"] = this.TextBox1.Text.Trim();
        Page.ClientScript.RegisterStartupScript(this.GetType(), "info", "<script>alert
('保存成功!');window.location.href='Index.aspx';</script>");
    }
}
```

注册后,登录页面如图 8.3 所示。

图 8.3 登录界面

(3) 商品详细信息。

在登录页面中,单击商品下的“点击查看”按钮,打开如图 8.4 所示的页面。

图 8.4　商品详细信息

商品详细信息(SPLook.aspx.cs)脚本代码如下所示。

```
using System;
using System.Data;
using System.Configuration;
using System.Collections;
using System.Web;
using System.Web.Security;
using System.Web.UI;
using System.Web.UI.WebControls;
using System.Web.UI.WebControls.WebParts;
using System.Web.UI.HtmlControls;
using System.Data.SqlClient;

public partial class SPLook : System.Web.UI.Page
{
    protected void Page_Load(object sender, EventArgs e)
    {
        if (!Page.IsPostBack)
        {
            this.BindFLXX();
            this.BindSPXX();
            BindStudent(Convert.ToInt32(Request.QueryString["spbh"].ToString()));
            if (Session["UserID"] != null)
            {
                Panel2.Visible = false;
                Panel3.Visible = true;
```

```
                username.Text = Session["UserName"].ToString();
                level.Text = Session["PersonType"].ToString();

            }
        }
    }
    private void BindStudent(int id)
    {
        string myStr = ConfigurationManager.AppSettings["DBConn"].ToString();
        using (SqlConnection sqlCnn = new SqlConnection(myStr))
        {
            using (SqlDataAdapter da = new SqlDataAdapter("select * from lyb where spid =
'" + id + "'", sqlCnn))
            {
                DataSet ds = new DataSet();
                da.Fill(ds);
                this.Repeater22.DataSource = ds;
                this.Repeater22.DataBind();
            }
        }
    }
    protected void ImageButton1_Click(object sender, ImageClickEventArgs e)
    {
        string str = Session["yanzhenma"].ToString();
        if (txtyzm.Text.Trim() == str)
        {
            //判断登录人员的密码和用户名是不是正确
            if (txtusername.Text.Trim().ToLower() == "administrator")
            {
                DataTable tmpda = new DataTable();
                tmpda = DataBase.Get_Table("select * from glyxx where dlm = '" + this.
txtusername.Text.Trim() + "' and mm = '" + this.txtpassword.Text.Trim() + "'");
                if (tmpda.Rows.Count <= 0)
                {
                    Response.Write("<script>alert('用户名或密码错误');window.location.
href = 'SPLook.aspx?spbh = " + Request.QueryString["spbh"].ToString() + "';</script>");
                    return;
                }
                else
                {
                    Session["PersonType"] = "管理员";
                    Session["UserName"] = "系统管理员";
                }
            }
            else
            {
                DataTable tmpda = new DataTable();
                tmpda = DataBase.Get_Table("select * from hyxx where hydlm = '" + this.
txtusername.Text.Trim() + "' and mm = '" + this.txtpassword.Text.Trim() + "'");
                if (tmpda.Rows.Count <= 0)
                {
```

```
                    Response.Write("< script > alert('用户或密码错误');window.location.
href = 'SPLook.aspx?spbh = " + Request.QueryString["spbh"].ToString() + "';</script>");
                    return;
                }
                else
                {
                    Session["UserName"] = tmpda.Rows[0]["xm"].ToString();
                    Session["PersonType"] = tmpda.Rows[0]["hydj"].ToString();
                }
            }
            //保存用户名到公用 Session
            Session["UserID"] = this.txtusername.Text.Trim();

            Response.Redirect("SPLook.aspx?spbh = " + Request.QueryString["spbh"].ToString());
        }
        else
        {
            Response.Write("< script > alert('验证码错误!');window.location.href = 'SPLook.
aspx?spbh = " + Request.QueryString["spbh"].ToString() + "';</script>");
        }
    }
    protected void Imagebutton4_Click(object sender, ImageClickEventArgs e)
    {
        Session.Remove("UserID");
        Session.Remove("UserName");
        Session.Remove("PersonType");
        Response.Redirect("index.aspx");
    }

    public void BindFLXX()
    {
        DataTable tmpda = new DataTable();
        tmpda = DataBase.Get_Table("select * from spflxx");
        DataList4.DataSource = tmpda;
        DataList4.DataBind();
    }

    public void BindSPXX()
    {
        DataTable tmpda = new DataTable();
        tmpda = DataBase.Get_Table("select spxx.*, spflxx.spflmc from spxx, spflxx where
spxx.spflbh = spflxx.spflbh and spbh = " + Request.QueryString["spbh"].ToString());
        if (tmpda.Rows.Count > 0)
        {
            DataRow dr = tmpda.Rows[0];
            Label1.Text = dr["spflmc"].ToString();
            Image1.ImageUrl = "image/" + dr["sptpwjm"].ToString();
            Label3.Text = dr["spmc"].ToString();
            Label4.Text = dr["sccj"].ToString();
            Label6.Text = dr["spjg"].ToString();
            Label7.Text = dr["spjs"].ToString().Replace("\r\n", "<br>");
```

```
            }
        }

        protected void ImageButton3_Click(object sender, ImageClickEventArgs e)
        {
            if (Session["UserID"] == null)
            {
                Response.Write("< script > alert('请先登录!');window.location.href = 'SPLook.
aspx?spbh = " + Request.QueryString["spbh"].ToString() + "';</script >");
                return;
            }

            //判断购物车中是否有此商品,有的话,更新数量,没有的话,添加一条新的记录
            DataTable tmpda = new DataTable();
            tmpda = DataBase.Get_Table("select * from gwcxx where hydlm = '" + Session["UserId"].
ToString() + "' and spbh = " + Request.QueryString["spbh"].ToString());
            if (tmpda.Rows.Count > 0)
            {
                DataBase.ExecSql("update gwcxx set sl = sl + " + this.TextBox4.Text.Trim() +
" where hydlm = '" + Session["UserId"].ToString() + "' and spbh = " + Request.QueryString
["spbh"].ToString());
            }
            else
            {
                DataBase.ExecSql ( " insert into gwcxx ( hydlm, spbh, sl ) values ( '" + Session
["UserId"].ToString() + "'," + Request.QueryString["spbh"].ToString() + "," + this.
TextBox4.Text.Trim() + ")");
            }

            Response.Redirect("GwcList.aspx");
        }
        protected void Button1_Click(object sender, EventArgs e)
        {
            if (Session["UserID"] == null)
            {
                Page.ClientScript.RegisterStartupScript(this.GetType(), "alert", "< script >
alert('请先登录!');</script >");
            }
            else
            {
                if(ExcuteNoQuery("insert into lyb(userid,neirong,time_key,spid) values('" +
Session["UserID"] + "','" + TextBox5.Text + "','" + DateTime.Now + "','" + Convert.ToInt32
(Request.QueryString["spbh"].ToString()) + "')")> 0)
                {
                    Page.ClientScript.RegisterStartupScript(this.GetType(), "alert", "< script >
alert('留言成功!');</script >");
                    BindStudent(Convert.ToInt32(Request.QueryString["spbh"].ToString()));
                }
            }
        }
        public static int ExcuteNoQuery(string sql)
```

```
    {
        string myStr = ConfigurationManager.AppSettings["DBConn"].ToString();
        int result = 0;
        SqlConnection con = new SqlConnection(myStr);
        SqlCommand cmd = new SqlCommand(sql, con);
        con.Open();

        return result = cmd.ExecuteNonQuery();
    }
}
```

(4) 购物车。

单击“放入购物车”按钮，打开如图 8.5 所示的页面。

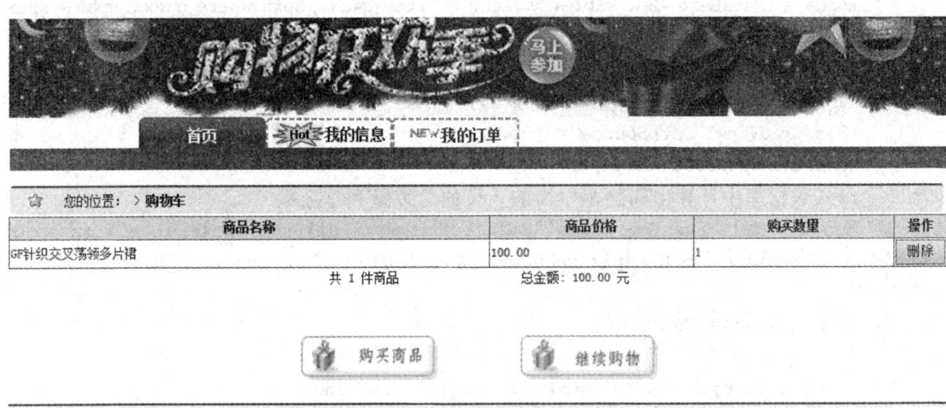

图 8.5　购物车信息

购物车(GwcList.aspx.cs)脚本代码如下所示。

```
using System;
using System.Data;
using System.Configuration;
using System.Collections;
using System.Web;
using System.Web.Security;
using System.Web.UI;
using System.Web.UI.WebControls;
using System.Web.UI.WebControls.WebParts;
using System.Web.UI.HtmlControls;

public partial class GwcList : System.Web.UI.Page
{
    protected void Page_Load(object sender, EventArgs e)
    {
        if (!Page.IsPostBack)
        {
            if (Session["UserID"] == null)
            {
                Response.Write("<script>alert('请先登录!');window.location.href = 'Index.
```

```
aspx';</script>");
            }
            else
            {
                BindGWCXX();
            }
        }
    }

    private void BindGWCXX()
    {
        //将购物车的当前人员的数据显示在当前列表中
        DataTable tmpda = new DataTable();
        tmpda = DataBase.Get_Table("select * from gwcxx, spxx where gwcxx.spbh = spxx.spbh
and gwcxx.hydlm = '" + Session["UserID"].ToString() + "'");
        if (tmpda.Rows.Count < 1)
            tmpda.Rows.Add(tmpda.NewRow());
        this.GridView1.DataSource = tmpda;
        this.GridView1.DataBind();
        //从数据库中计算出购物车中当前人员的总数量和总金额
        tmpda = DataBase.Get_Table("select sum(gwcxx.sl),sum(gwcxx.sl * spxx.spjg) from
gwcxx,spxx where gwcxx.spbh = spxx.spbh and gwcxx.hydlm = '" + Session["UserID"].ToString()
+ "'");
        if (tmpda.Rows.Count > 0)
        {
            this.Label2.Text = tmpda.Rows[0][0].ToString();
            this.Label1.Text = tmpda.Rows[0][1].ToString();
        }
    }

    protected void GridView1_RowCommand(object sender, GridViewCommandEventArgs e)
    {
        //删除购物车里的当前商品
        string Key = this.GridView1.DataKeys[Convert.ToInt32(e.CommandArgument)].Value.
ToString();
        if (e.CommandName == "Del")
        {
            DataBase.ExecSql("delete from gwcxx where gwcbh = " + Key + "");
            BindGWCXX();
        }
        if (e.CommandName == "UserUpdate")
        {
            Response.Write(e.CommandArgument.ToString());
        }
    }
    protected void ImageButton1_Click(object sender, ImageClickEventArgs e)
    {
        if (this.Label2.Text == "" || this.Label2.Text == " ")
            return;
        Response.Redirect("DDList.aspx");
    }
```

```
    protected void ImageButton2_Click(object sender, ImageClickEventArgs e)
    {
        Response.Redirect("Index.aspx");
    }
    protected void GridView1_RowDataBound(object sender, GridViewRowEventArgs e)
    {
        if (e.Row.RowType == DataControlRowType.DataRow)
        {
            if (e.Row.Cells[1].Text == "" || e.Row.Cells[1].Text == " ")
                e.Row.Cells[this.GridView1.Columns.Count - 1].Visible = false;
        }
    }
}
```

(5) 购买商品。

在“购物车”中,单击“购买商品”按钮,打开如图 8.6 所示的页面。

图 8.6　订单信息

购买商品(DDList.aspx.cs)脚本代码如下所示。

```
using System;
using System.Data;
using System.Configuration;
using System.Collections;
using System.Web;
using System.Web.Security;
using System.Web.UI;
using System.Web.UI.WebControls;
using System.Web.UI.WebControls.WebParts;
using System.Web.UI.HtmlControls;

public partial class DDList : System.Web.UI.Page
{
```

```
    protected void Page_Load(object sender, EventArgs e)
    {
        //在此处放置用户代码以初始化页面
        if (!Page.IsPostBack)
        {
            DataTable tmpda = new DataTable();
            tmpda = DataBase.Get_Table("select * from gwcxx,spxx where gwcxx.spbh = spxx.
spbh and gwcxx.hydlm = '" + Session["UserID"].ToString() + "'");
            this.GridView1.DataSource = tmpda;
            this.GridView1.DataBind();
            this.GridView1.Columns[1].Visible = false;
            tmpda = DataBase.Get_Table("select * from hyxx where hydlm = '" + Session["
UserID"].ToString() + "'");
            if (tmpda.Rows.Count > 0)
            {
                this.TextBox5.Text = tmpda.Rows[0]["ljycj"].ToString();
            }

            //从数据库中计算出购物车中当前人员的总数量和总金额
            tmpda = DataBase.Get_Table("select sum(gwcxx.sl),sum(gwcxx.sl * spxx.spjg)
from gwcxx,spxx where gwcxx.spbh = spxx.spbh and gwcxx.hydlm = '" + Session["UserID"].ToString() +
"'");
            if (tmpda.Rows.Count > 0)
            {
                this.TextBox3.Text = tmpda.Rows[0][0].ToString();
                this.TextBox4.Text = tmpda.Rows[0][1].ToString();
            }
            //初始化显示控件内容
            this.TextBox1.Text = Guid.NewGuid().ToString();
            this.TextBox2.Text = Session["UserID"].ToString();
            this.TextBox6.Text = DateTime.Now.Date.ToShortDateString();
            this.LinkButton2.Attributes.Add("onclick", "return confirm('订单生成以后只能
等待确认,您不能再继续操作,是否确认生成订单?');");
        }
    }
    protected void LinkButton1_Click(object sender, EventArgs e)
    {
        Response.Redirect("GwcList.aspx");
    }
    protected void LinkButton2_Click(object sender, EventArgs e)
    {
        if (Convert.ToDecimal(this.TextBox4.Text) > Convert.ToDecimal(this.TextBox5.Text))
        {
            Page.ClientScript.RegisterStartupScript(this.GetType(), "info", "<script>
alert('你的预付金不足,请充值!');</script>");
            return;
        }

        if (this.GridView1.Rows.Count > 0)
        {
            //循环保存购物车中的记录到订单明细表中
            for (int i = 0; i < this.GridView1.Rows.Count; i++)
            {
```

```
                string aa = "insert into hyddmx(ddbh, spbh, sl, je) values('" + this.
TextBox1.Text + "'," + Convert.ToInt32(this.GridView1.Rows[i].Cells[1].Text) + "," +
Convert.ToDecimal(this.GridView1.Rows[i].Cells[4].Text) + "," + Convert.ToDecimal(this.
GridView1.Rows[i].Cells[3].Text) * Convert.ToDecimal(this.GridView1.Rows[i].Cells[4].
Text) + ")";
                DataBase.ExecSql("insert into hyddmx(ddbh, spbh, sl, je) values('" + this.
TextBox1.Text + "'," + Convert.ToInt32(this.GridView1.Rows[i].Cells[1].Text) + "," +
Convert.ToDecimal(this.GridView1.Rows[i].Cells[4].Text) + "," + Convert.ToDecimal(this.
GridView1.Rows[i].Cells[3].Text) * Convert.ToDecimal(this.GridView1.Rows[i].Cells[4].
Text) + ")");
            }
            //保存订单主表信息
            DataBase.ExecSql("insert into hyddhz(ddbh, hydlm, zsl, zje, ddrq) values('" +
this.TextBox1.Text + "','" + Session["UserID"].ToString() + "'," + Convert.ToDecimal
(this.TextBox3.Text) + "," + Convert.ToDecimal(this.TextBox4.Text) + ",'" + this.
TextBox6.Text + "')");
            //删除购物车记录
            DataBase.ExecSql("delete from gwcxx where hydlm = '" + Session["UserID"].
ToString() + "'");
            Response.Redirect("Index.aspx");
        }
    }
}
```

(6) 生成订单。

单击“生成订单”按钮,打开如图 8.7 所示的对话框,单击“确定”按钮,返回网站首页。在首页菜单栏中,单击“我的订单”按钮,显示“生成订单”信息,如图 8.8 所示。

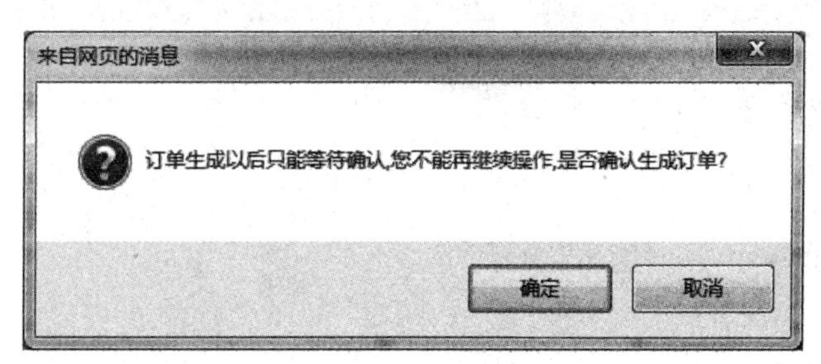

图 8.7　订单生成提示

会员账号	总数量	总金额	订单日期	确定订单	操作
1234	1	100	2018/2/23 0:00:00		查看订单

图 8.8　订单生成效果

2. 后台管理主要页面

(1) 登录页面。

打开登录页面,如图 8.9 所示,输入用户名、登录密码和验证码,单击“登录”按钮,打开如图 8.10 所示的页面。

图 8.9 登录页面

功能菜单
退出
会员管理
会员维护
会员充值
商品管理
商品分类维护
商品信息维护
留言管理
订单管理
订单审核

会员信息列表

新增会员

会员账号	姓名	性别	地址	电话	生日	Email	初始预付金	身份证号	会员等级	累计预付金	操作	操作
11	22	男	1212	2244	1988-02-03	11@sina.com	600.00	120102196803111117	VIP会员	500.00	修改	删除
1234	xh	男		110		123@qq.com	1000.00	350521198306283099	普通会员	1000.00	修改	删除
fanjiajia	321321	男				791811212@qq.com	30000.00	852741852965412587	VIP会员	30000.00	修改	删除
ls	李四	男	天津和平	022-97976444	1990-2-4	ls@sina.com	100.00	1201313646316446	普通会员	900.00	修改	删除
zs	张三	男	天津河东	022-64476947	1989-2-3	zs@sohu.com	500.00	120102201215465	VIP会员	1020.00	修改	删除

图 8.10 后台主页

登录页面(login.aspx.cn)脚本代码如下。

```
using System;
using System.Data;
using System.Configuration;
using System.Collections;
using System.Web;
using System.Web.Security;
using System.Web.UI;
using System.Web.UI.WebControls;
using System.Web.UI.WebControls.WebParts;
using System.Web.UI.HtmlControls;

public partial class Admin_login : System.Web.UI.Page
{
    protected void Page_Load(object sender, EventArgs e)
    {
```

```
    }
    protected void ImageButton1_Click(object sender, ImageClickEventArgs e)
    {
        string str = Request.Cookies["yanzhenma"].Value.ToString();
        if (txtyzm.Text.Trim() == str)
        {
            //判断登录人员的密码和用户名是不是正确
            DataTable tmpda = new DataTable();
            tmpda = DataBase.Get_Table ( " select * from glyxx where dlm = '" + this.
txtusername.Text.Trim() + "' and mm = '" + this.txtpassword.Text.Trim() + "'");
            if (tmpda.Rows.Count <= 0)
            {
                Response.Write("<script>alert('用户名或密码错误');window.location.href =
'login.aspx';</script>");
                return;
            }
            else
            {
                Session["PersonType"] = "管理员";
                Session["UserName"] = "系统管理员";
            }

            //保存用户名到公用 Session
            Session["UserID"] = this.txtusername.Text.Trim();

            Response.Redirect("AdminMain.aspx");
        }
        else
        {
            Response.Write("<script>alert('验证码错误!!!');window.location.href = 'login.
aspx';</script>");
        }

    }
    protected void ImageButton2_Click(object sender, ImageClickEventArgs e)
    {
        Response.Redirect("../Index.aspx");
    }
}
```

后台主页(AdminMain.aspx)脚本代码如下。

```
<%@ Page Language = "C#" AutoEventWireup = "true" CodeFile = "AdminMain.aspx.cs" Inherits
= "Admin_AdminMain" %>

<html xmlns = "http://www.w3.org/1999/xhtml">
<head runat = "server">
    <title>后台管理系统</title>
</head>
<frameset id = "frame1" cols = "160px, * ">
<frame src = "AdminLeft.aspx" noresize scrolling = "no" frameborder = "0">
```

```
<frame name="right1" src="Admindier.aspx" noresize scrolling="auto" frameborder="0">
</frameset>
</html>
```

后台主页(AdminMain.aspx.cs)脚本代码如下。

```
using System;
using System.Data;
using System.Configuration;
using System.Collections;
using System.Web;
using System.Web.Security;
using System.Web.UI;
using System.Web.UI.WebControls;
using System.Web.UI.WebControls.WebParts;
using System.Web.UI.HtmlControls;

public partial class Admin_AdminMain : System.Web.UI.Page
{
    protected void Page_Load(object sender, EventArgs e)
    {
    }
}
```

(2) 会员维护。

在后台主页左侧的功能菜单中,单击“会员维护”按钮,显示如图 8.11 所示的信息,单击“修改”按钮,显示如图 8.12 所示,可对会员进行信息修改;单击“删除”按钮,将删除相应的会员信息,如图 8.13 所示。

会员账号	姓名	性别	地址	电话	生日	Email	初始预付金	身份证号	会员等级	累计预付金	操作	操作
11	22	男	1212	2244	1988-02-03	11@sina.com	600.00	120102198803111117	VIP会员	500.00	修改	删除
1234	xh	男		110		123@qq.com	1000.00	350521198306283099	普通会员	900.00	修改	删除
fanjiajia	321321	男				791811212@qq.com	30000.00	852741852965412587	VIP会员	30000.00	修改	删除
ls	李四	男	天津和平	022-97976444	1990-2-4	ls@sina.com	100.00	1201313646316446	普通会员	900.00	修改	删除
zs	张三	男	天津河东	022-64476947	1989-2-3	zs@sohu.com	500.00	120102201215465	VIP会员	1020.00	修改	删除

图 8.11　会员维护信息

(3) 会员充值。

在后台主页左侧的功能菜单中,单击“会员充值”按钮,显示如图 8.14 所示的信息,可对会员进行充值。

(4) 商品分类维护。

在后台主页左侧的功能菜单中,单击“商品分类维护”按钮,显示如图 8.15 所示,可添加商品分类名称。

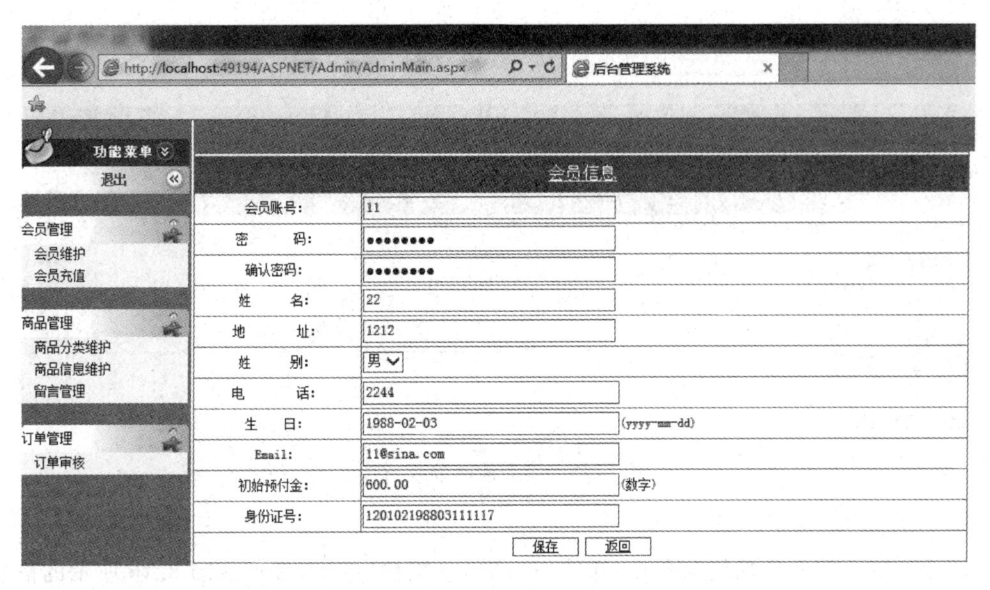

图 8.12　会员信息修改

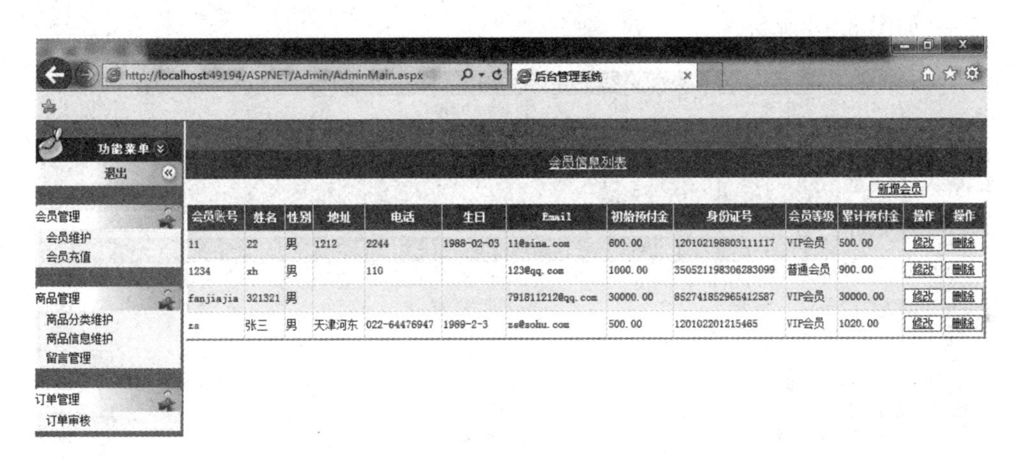

图 8.13　删除会员李四

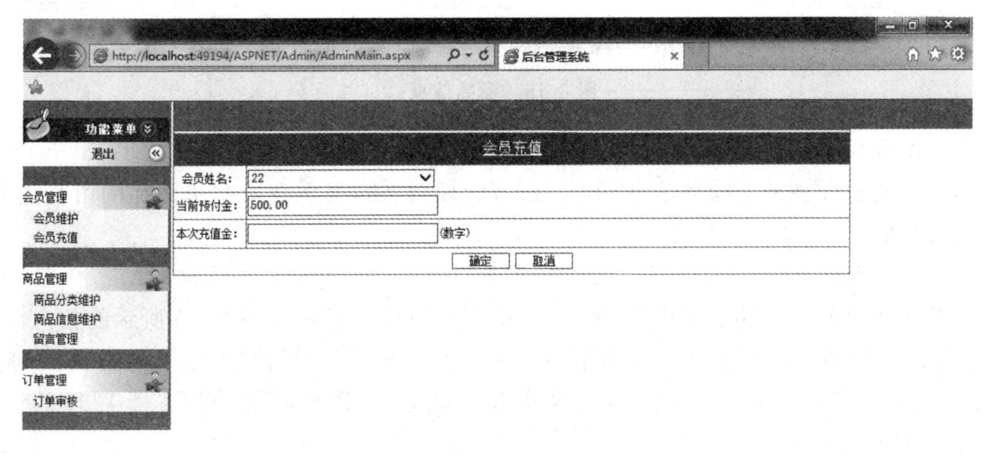

图 8.14　会员充值

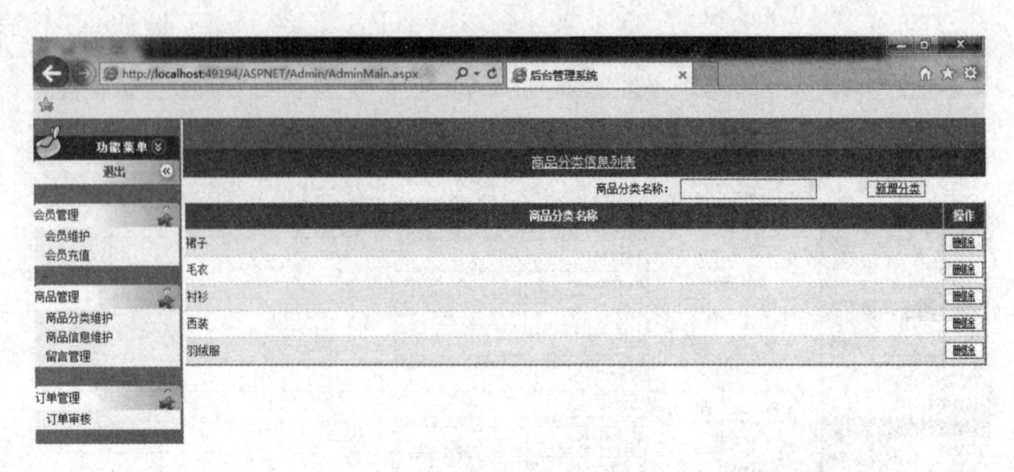

图 8.15 添加商品分类名称

(5) 商品信息维护。

在后台主页左侧的功能菜单中,单击“商品信息维护”按钮,显示如图 8.16 所示的信息。单击“修改”按钮,显示如图 8.17 所示,可对商品信息进行修改;单击“删除”按钮,将删除相应的商品,如图 8.18 所示。

http://localhost:49194/ASPNET/Admin/AdminMain.aspx 后台管理系统

功能菜单 退出 会员管理 会员维护 会员充值 商品管理 商品分类维护 商品信息维护 留言管理 订单管理 订单审核

商品信息列表

新增商品

商品名称	生产厂家	商品分类名称	商品价格	操作	操作
AVV蕾丝腰带丝绒裙米色	花花公子服装公司	裙子	100.00	修改	删除
真丝针织中袖连衣裙3322	花花公子服装公司	裙子	100.00	修改	删除
GF针织交叉荡领多片裙	亚太兴服装公司	裙子	100.00	修改	删除
COTE FEMME希腊古典式真丝吊带裙	亚太兴服装公司	裙子	100.00	修改	删除
AZONA蕾丝边高领毛衣	亚太兴服装公司	毛衣	100.00	修改	删除
法国apibil毛衣外套	亚太兴服装公司	毛衣	100.00	修改	删除
褂饰开身毛衣外套	亚太兴服装公司	毛衣	100.00	修改	删除
CHARLA贝壳扣饰方领薄毛衣	花花公子服装公司	毛衣	100.00	修改	删除
翻领提花衬衣	花花公子服装公司	衬衫	100.00	修改	删除
黑色格子长袖衬衫	花花公子服装公司	衬衫	100.00	修改	删除

1

图 8.16 商品信息

(6) 留言管理。

在后台主页左侧的功能菜单中,单击“留言管理”按钮,显示会员购买商品的留言信息,如图 8.19 所示。

(7) 订单审核。

在后台主页左侧的功能菜单中,单击“订单审核”按钮,显示如图 8.20 所示的信息。单击“查看订单”按钮,显示如图 8.21 所示的信息;单击“确认订单”按钮,显示如图 8.22 所示的信息,此时的会员账号 1234 的确定订单状态已变成“同意预定”。会员账号 1234 的订单信息显示如图 8.23 所示。

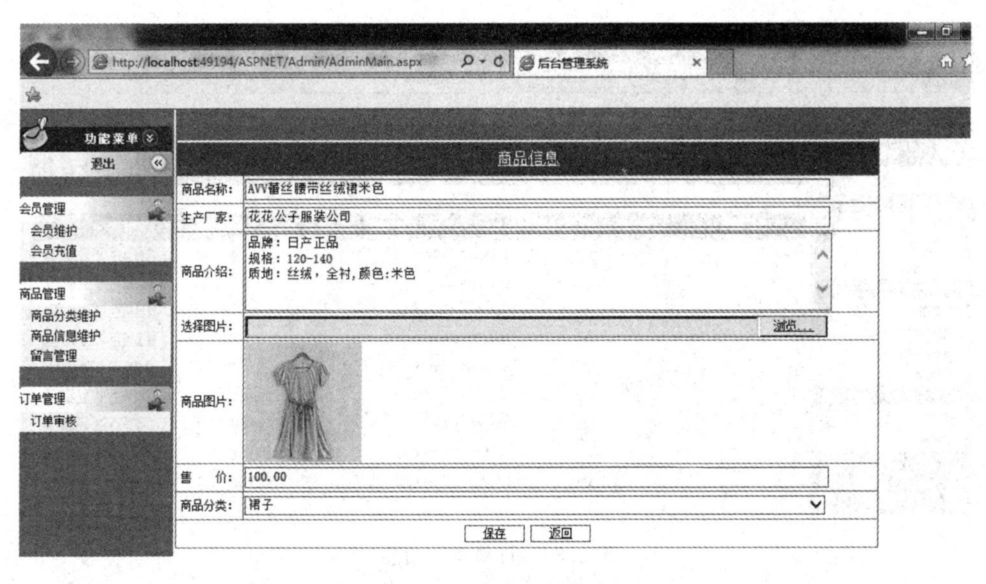

图 8.17　修改商品信息

商品信息列表

新增商品

商品名称	生产厂家	商品分类名称	商品价格	操作	操作
AVV蕾丝腰带丝绒裙米色	花花公子服装公司	裙子	100.00	修改	删除
真丝针织中袖连衣裙3322	花花公子服装公司	裙子	100.00	修改	删除
GF针织交叉荡领多片裙	亚太兴服装公司	裙子	100.00	修改	删除
COTE FEMME希腊古典式真丝吊带裙	亚太兴服装公司	裙子	100.00	修改	删除
AZONA蕾丝边高领毛衣	亚太兴服装公司	毛衣	100.00	修改	删除
法国apibil毛衣外套	亚太兴服装公司	毛衣	100.00	修改	删除
褂饰开身毛衣外套	亚太兴服装公司	毛衣	100.00	修改	删除
CHARLA贝壳扣饰方领薄毛衣	花花公子服装公司	毛衣	100.00	修改	删除
黑色格子长袖衬衫	花花公子服装公司	衬衫	100.00	修改	删除
流行绣花休闲衬衫	花花公子服装公司	衬衫	100.00	修改	删除

图 8.18　删除“翻领提花衬衣”商品

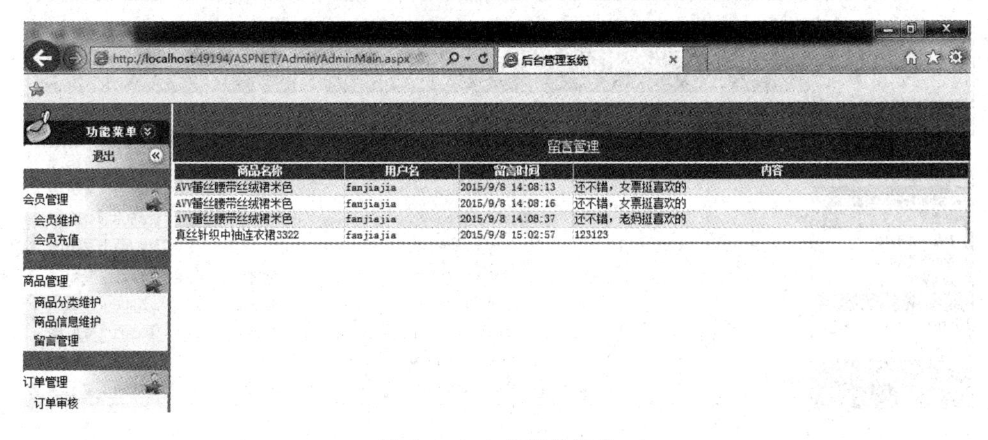

留言管理

商品名称	用户名	留言时间	内容
AVV蕾丝腰带丝绒裙米色	fanjiajia	2015/9/8 14:08:13	还不错，女票挺喜欢的
AVV蕾丝腰带丝绒裙米色	fanjiajia	2015/9/8 14:08:16	还不错，女票挺喜欢的
AVV蕾丝腰带丝绒裙米色	fanjiajia	2015/9/8 14:08:37	还不错，老妈挺喜欢的
真丝针织中袖连衣裙3322	fanjiajia	2015/9/8 15:02:57	123123

图 8.19　会员留言信息

图 8.20　订单审核信息

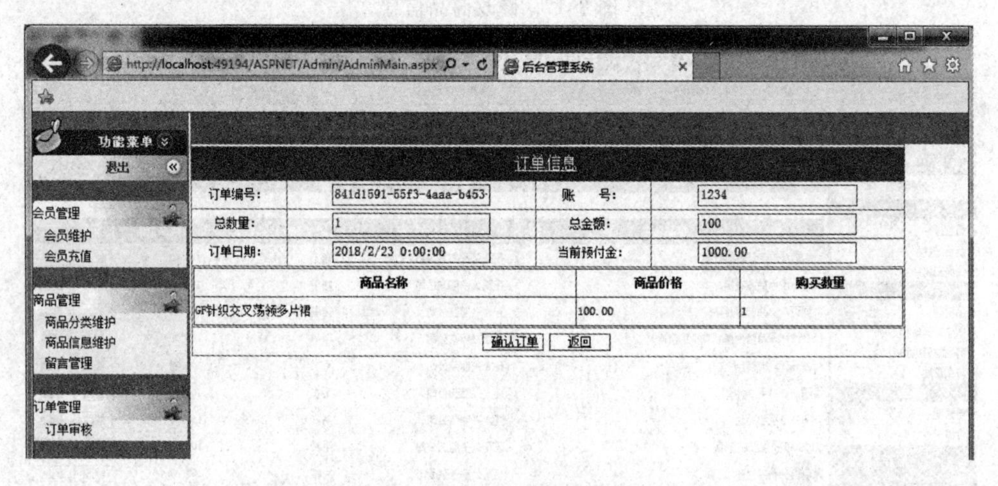

图 8.21　后台订单信息

图 8.22　后台订单处理信息

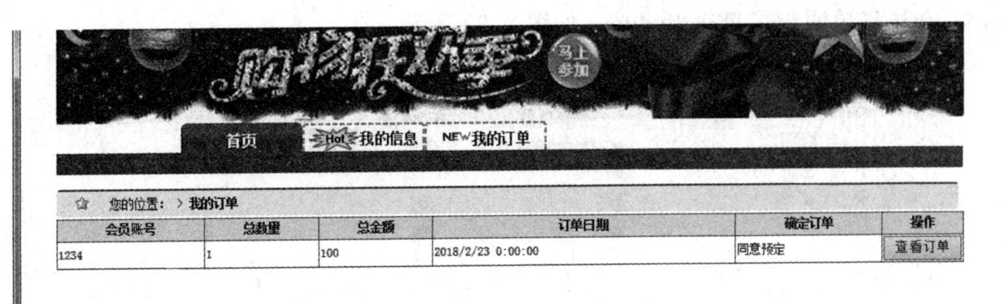

图 8.23　会员账号 1234 的订单

3. 数据表

(1) 管理员信息表 glyxx 如图 8.24 所示。

5XGINJMENR7CDP3....oping - dbo.glyxx

列名	数据类型	允许 Null 值
dlm	varchar(50)	☐
mm	char(10)	☑
		☐

图 8.24　管理员信息表

(2) 购物车信息表 gwcxx 如图 8.25 所示。

5XGINJMENR7CDP3....oping - dbo.gwcxx

列名	数据类型	允许 Null 值
gwcbh	int	☐
hydlm	varchar(50)	☑
spbh	int	☑
sl	int	☑
		☐

图 8.25　购物车信息表

(3) 会员订单汇总信息表 hyddhz 如图 8.26 所示。

5XGINJMENR7CDP3....ing - dbo.hyddhz

列名	数据类型	允许 Null 值
ddbh	uniqueidentifier	☐
hydlm	varchar(50)	☑
zsl	int	☑
zje	float	☑
ddrq	datetime	☑
qddd	varchar(50)	☑
		☐

图 8.26　会员订单汇总信息表

(4) 会员订单明细信息表 hyddmx 如图 8.27 所示。

5XGINJMENR7CDP3....ing - dbo.hyddmx

列名	数据类型	允许 Null 值
ddbh	uniqueidentifier	☐
spbh	int	☐
sl	int	☑
je	float	☑
		☐

图 8.27　会员订单明细信息表

(5) 会员信息表 hyxx 如图 8.28 所示。

5XGINJMENR7CDP3....oping - dbo.hyxx

列名	数据类型	允许 Null 值
hydlm	varchar(50)	☐
mm	varchar(50)	☑
xm	varchar(50)	☑
xb	varchar(50)	☑
dz	varchar(50)	☑
dh	varchar(50)	☑
sr	varchar(50)	☑
email	varchar(50)	☑
ycj	decimal(18, 2)	☑
sfzh	varchar(50)	☑
hydj	varchar(50)	☑
ljycj	decimal(18, 2)	☑
		☐

图 8.28　会员信息表

(6) 商品分类信息表 spflxx 如图 8.29 所示。

5XGINJMENR7CDP3.E...ping - dbo.spflxx

列名	数据类型	允许 Null 值
spflbh	int	☐
spflmc	varchar(50)	☑
		☐

图 8.29　商品分类信息表

(7) 商品信息表 spxx 如图 8.30 所示。

5XGINJMENR7CDP3....oping - dbo.spxx

列名	数据类型	允许 Null 值
spbh	int	☐
spmc	varchar(50)	☑
sptpwjm	varchar(500)	☑
spjs	varchar(2000)	☑
sccj	varchar(100)	☑
spflbh	int	☑
spjg	decimal(18, 2)	☑
		☐

图 8.30　商品信息表

二、知识学习

1. 网站需求定位与功能模块划分

1）需求分析

在网站开发之前所做的设计方案往往会对网站的最终效果产生巨大的影响，许多问题在开发前应该进行深入的调查和讨论。例如，这个网站面向的用户是谁？用户所需要的主要功能有哪些？日常处理的数据量有多大？

首先，为商场在线购物网站做一个简单的需求分析。

在线购物网站的核心功能是提供商品的在线零售业务。对于用户来说，最基本的需求是可以方便地在线浏览提供的各种商品，也可以在线订购所需要的商品。而管理员的基本需求是可以维护客户注册信息、维护商品信息、处理商品订单信息和网上销售等。

2）功能模块划分

根据以上的简单需求分析，确定网站的功能如下。

功能一：用户浏览商品信息，查看商品详细信息。还可以进行用户注册，需要填写账户名、登录密码、登录密码确认、真实姓名、E-mail、证件号码、初始预付金、联系电话、家庭住址、性别、出生日期等用户信息。

功能二：用户登录功能。使用已注册的账户名和密码进行登录，经过系统验证正确进入后，即可进入下一步操作。

功能三：将商品进行分类，用户可以根据商品类型浏览商品。

功能四：购物车功能。用户在浏览商品的过程中，如果选中某一款商品，就可以随时将它添加到自己的购物车中。在购物车中，还可以修改商品数量和删除商品，并且能计算出用户购买商品的实际价格，让用户明白自己的消费情况。

功能五：结账功能。当用户将挑选好的商品放入到购物车，并决定要购买这些商品时，可以进行结账，生成订单及订单编号，此时必须判断当前用户是否登录，如果未登录，要提示先登录。

功能六：网站管理员对商品进行管理功能。该功能包括添加商品的分类、添加商品、修改商品、删除商品和留言信息查看等。

功能七：网站管理员对注册用户进行管理功能。该功能是指管理员可以维护用户注册信息、商品购买信息、用户预付金充值，同时，还可以将一些使用不规范的用户或者长时间不用的用户进行删除。

功能八：网站管理员对用户订单进行管理功能。该功能可以对用户的订单进行审核，同时可以查看用户的注册信息和商品订单信息。

3）网站总体框架

从网站建设的结构来看，可将上面的功能分为两大部分：一是面向用户的前台功能；二是面向管理员的后台功能。商场在线购物网站总体框架如图 8.31 所示。

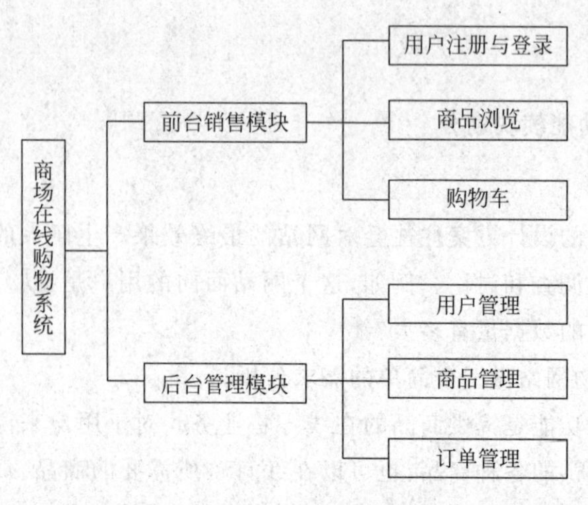

图 8.31 商场在线购物网站总体框架

2. 数据库设计

数据库是整个网站的基础，本节在前面需求分析和功能模块划分的基础上，进行数据分析，从而设计了本网站的数据库模型。

数据库 EmporiumShoping 包括以下 7 个表：管理员信息表 glyxx、购物车信息表 gwcxx、会员订单汇总信息表 hyddhz、会员订单明细信息表 hyddmx、会员信息表 hyxx、商品分类信息表 spflxx、商品信息表 spxx。各表结构如表 8.1～表 8.7 所示。

表 8.1 管理员信息表 glyxx

序号	字段名	字段说明	标识	主键	类型	长度	小数位数	允许空
1	dlm	登录名		√	varchar	50	0	
2	mm	密码			char	10	0	√

表 8.2 购物车信息表 gwcxx

序号	字段名	字段说明	标识	主键	类型	长度	小数位数	允许空
1	gwcbh	购物车编号	√	√	int	10	0	
2	hydlm	会员账号			varchar	50	0	√
3	spbh	商品编号			int	10	0	√
4	sl	数量			int	10	0	√

表 8.3 会员订单汇总信息表 hyddhz

序号	字段名	字段说明	标识	主键	类型	长度	小数位数	允许空
1	ddbh	订单编号		√	uniqueidentifier	16	0	
2	hydlm	会员登录名			varchar	50	0	√
3	zsl	总数量			int	10	0	√
4	zje	总金额			float	53	0	√
6	ddrq	订单日期			datetime	23	3	√
7	qddd	确定订单			varchar	50	0	√

表 8.4　会员订单明细信息表 hyddmx

序号	字段名	字段说明	标识	主键	类型	长度	小数位数	允许空
1	ddbh	订单编号		√	uniqueidentifier	16	0	
2	spbh	商品编号		√	int	10	0	
3	sl	数量			int	10	0	√
4	je	金额			float	53	0	√

表 8.5　会员信息表 hyxx

序号	字段名	字段说明	标识	主键	类型	长度	小数位数	允许空
1	hydlm	会员登录名			varchar	50	0	√
2	mm	密码			varchar	50	0	√
3	xm	姓名			varchar	50	0	√
4	xb	性别			varchar	50	0	√
5	dz	地址			varchar	50	0	√
6	dh	电话			varchar	50	0	√
7	sr	生日			varchar	50	0	√
8	email	E-mail			varchar	50	0	√
9	ycj	初始预付金			decimal	18	0	√
10	sfzh	身份证号			varchar	50	0	√
11	ljycj	累计预付金			decimal	18	0	√
12	hydj	会员等级			varchar	50	0	√

表 8.6　商品分类信息表 spflxx

序号	字段名	字段说明	标识	主键	类型	长度	小数位数	允许空
1	spflbh	商品分类编号	√	√	int	10	0	
2	spflmc	商品分类名称			varchar	50	0	√

表 8.7　商品信息表 spxx

序号	字段名	字段说明	标识	主键	类型	长度	小数位数	允许空
1	spbh	商品编号	√	√	int	10	0	
2	spmc	商品名称			varchar	50	0	√
3	sptpwjm	商品图片文件名			varchar	500	0	√
4	spjs	商品介绍			varchar	2000	0	√
5	spflbh	商品分类编号			int	10	0	√
6	spjg	商品价格			float	53	0	√
7	sccj	生产厂家			varchar	2000	0	√

说明：本网站的各页面详细代码及数据库内容，详见附带的网站文件。

任务 2 网上图书销售系统

一、任务实现

1. 前台主要功能页面

(1) 首页。

打开首页 default.aspx,效果如图 8.32 所示。

图 8.32 首页

首页(default. aspx. cs)脚本代码如下。

```
using System;
using System.Data;
using System.Configuration;
using System.Collections;
using System.Web;
using System.Web.Security;
using System.Web.UI;
using System.Web.UI.WebControls;
using System.Web.UI.WebControls.WebParts;
using System.Web.UI.HtmlControls;
using System.Data.SqlClient;
public partial class Default2 : System.Web.UI.Page
{
    SqlHelper data = new SqlHelper();
    protected void Page_Load(object sender, EventArgs e)
    {
        this.Title = " 网上图书销售系统";
        if (!IsPostBack)
        {
            HotBook.DataSource = data.GetDataReader("select top 6 * from BookInfo order by
BookDate desc ");
            HotBook.DataBind();
            DataList1.DataSource = data.GetDataReader("select top 6 * from BookInfo order
by BookClick desc ");
            DataList1.DataBind();
        }
    }
    protected string CutChar(string strChar, int intLength)
    {
        //取得自定义长度的字符串
        if (strChar.Length > intLength)
        { return strChar.Substring(0, intLength); }
        else
        { return strChar; }
    }
}
```

(2) 注册页面。

在首页上单击“免费注册”按钮,显示如图 8.33 所示。

免费注册页面(UserStReg. aspx)脚本代码如下。

```
using System;
using System.Data;
using System.Configuration;
using System.Collections;
using System.Web;
using System.Web.Security;
using System.Web.UI;
using System.Web.UI.WebControls;
```

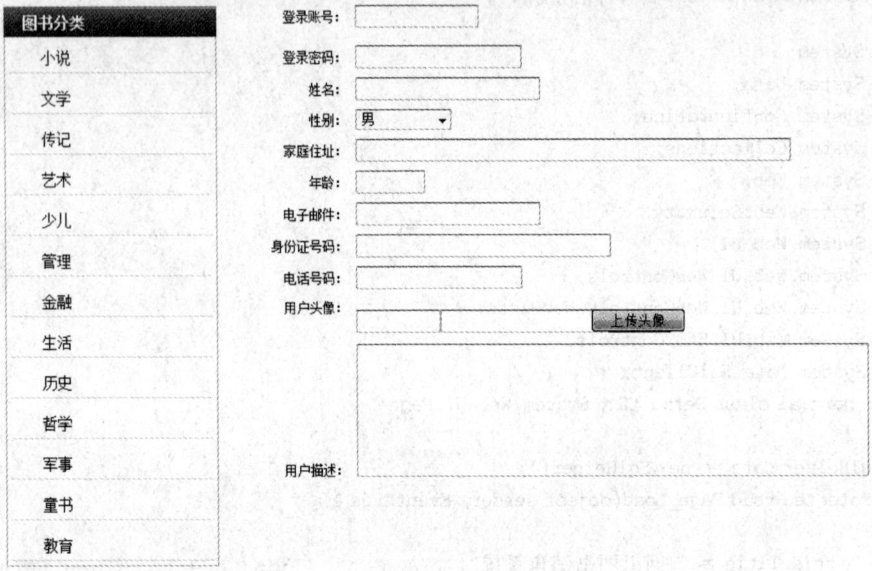

图书分类
小说
文学
传记
艺术
少儿
管理
金融
生活
历史
哲学
军事
童书
教育

登录账号：
登录密码：
姓名：
性别：男
家庭住址：
年龄：
电子邮件：
身份证号码：
电话号码：
用户头像：上传头像
用户描述：

图 8.33 免费注册页面

```
using System.Web.UI.WebControls.WebParts;
using System.Web.UI.HtmlControls;
public partial class UserStReg : System.Web.UI.Page
{
    SqlHelper data = new SqlHelper();
    protected void Page_Load(object sender, EventArgs e)
    {
        this.Title = "网上图书销售系统";
    }
    protected void Button1_Click(object sender, EventArgs e)
    {
        data.RunSql("insert into Users(emal,UserName,Sex,Age,Ds,pwd,XingMing,Photo,Tel,
Address,CardNum)values('" + txtemal.Text + "','" + txtname.Text + "','" + DropDownList1.
SelectedItem.Text + "','" + Age.Text + "','" + txtds.Text + "','" + TextBox1.Text + "',
'" + XingMing.Text + "','" + pic.Text + "','" + Tel.Text + "','" + Address.Text + "','"
 + TextBox2.Text + "')");
        Alert.AlertAndRedirect("注册成功!", "Default.aspx");
    }
    protected void Button2_Click(object sender, EventArgs e)
    {
        string res;
        upload up = new upload();
        res = up.Up(file1, "files/");
        this.Label1.Visible = true;
        this.Label1.Text = up.Resup[Convert.ToInt32(res)];
        this.pic.Text = up.s;
        Image1.ImageUrl = "files/" + pic.Text;
    }
}
```

注册后，登录页面如图 8.34 所示。

图 8.34　登录页面

(3) 图书详细信息。

在登录页面中，单击图书图片或图书名称，打开图书详细信息，如图 8.35 所示。

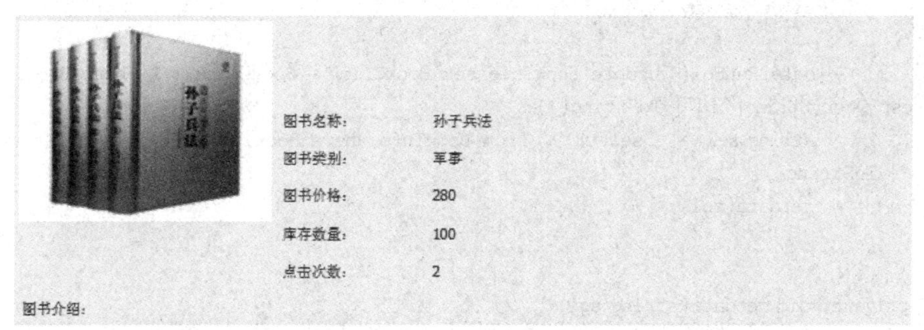

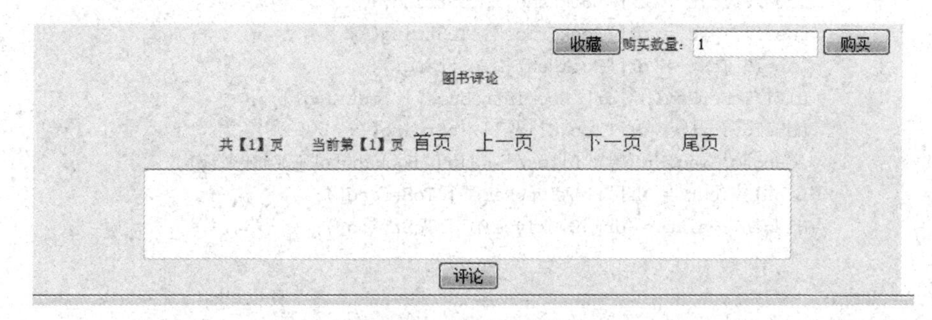

图 8.35　图书详细信息

图书详细信息(ShowBook. aspx. cs)脚本代码如下所示。

```
using System;
using System.Data;
using System.Configuration;
using System.Collections;
using System.Web;
using System.Web.Security;
using System.Web.UI;
using System.Web.UI.WebControls;
using System.Web.UI.WebControls.WebParts;
using System.Web.UI.HtmlControls;
using System.IO;
using System.Data.SqlClient;
public partial class ShowBook : System.Web.UI.Page
{
    SqlHelper data = new SqlHelper();
    public string sql, dID;
    SqlConnection sqlconn = new SqlConnection (ConfigurationManager.ConnectionStrings
["ConnectionString"].ConnectionString);
    protected void Page_Load(object sender, EventArgs e)
    {
        this.Title = " 网上图书销售系统";
        if (!IsPostBack)
        {
            BinderReplay();

            data.RunSql("update BookInfo set BookClick = BookClick + 1 where BookID = " +
Request.QueryString["id"].ToString());
            string sql = "select * from BookInfo where BookID = " + Request.QueryString
["id"].ToString();
            getdata(sql);
        }
    }
    private void getdata(string sql)
    {
        SqlDataReader dr = data.GetDataReader(sql);
        if (dr.Read())
        {
            Label2.Text = dr["BookName"].ToString();
            Label4.Text = dr["BookPrice"].ToString();
            Label5.Text = dr["BookNum"].ToString();
            DIV1.InnerHtml = dr["BookIntroduce"].ToString();
            Label6.Text = dr["BookClick"].ToString();
            iGPhoto.ImageUrl = "files/" + dr["BookPhoto"].ToString();
            Label3.Text = dr["BookTypeName"].ToString();
            Hidden1.Value = dr["BookTypeID"].ToString();
        }
    }
    protected void btnShop_Click(object sender, EventArgs e)
    {
```

```
            string Orderid;
            if (Session["UserName"] == null)
            {
                Alert.AlertAndRedirect("您还没有登录,请登录后再购买,谢谢合作!", "Default.
aspx");
            }
            else
            {
                SqlDataReader dr = data.GetDataReader("select top 1 * from tb_OrderInfo where
IsCheckout = '否' and OrderMember = '" + Session["UserName"].ToString() + "' order by id desc ");
                if (dr.Read())
                {
                    Orderid = dr["OrderID"].ToString();
                }
                else
                {
                    Orderid = DateTime.Now.Day.ToString() + DateTime.Now.Hour.ToString() +
DateTime. Now. Minute. ToString ( ) + DateTime. Now. Second. ToString ( ) + DateTime. Now.
Millisecond.ToString();
                    //string sqlOrder = "insert into tb_Order(Orderid, Ordeuser, OrderStite,
                    //BookId, shuliang)values('" + Orderid + "','" + Session["UserName"].
                    //ToString() + "','未发货','" + Request.QueryString["id"].ToString() +
                    //"','" + TextBox1.Text + "')";
                    //data.RunSql(sqlOrder);
                    sqlconn.Open();
                    string strid = Page.Request.QueryString["BookID"];
                      string sqlstr = "insert into tb_OrderInfo" + "(OrderID, OrderMember,
                            OrderStite, BookID, BookName, BookTypeID, BookTypeName, BookPrice,
                            IsCheckout, shuliang, BookPhoto)" + " values('" + Orderid + "','"
                            + Session["UserName"].ToString() + "','未发货?','" + Request.
                            QueryString["id"].ToString() + "','" + Label2.Text + "','" +
                            Hidden1.Value + "','" + Label3.Text + "','" + Label4.Text + "',
                            '否','" + TextBox1.Text + "','" + iGPhoto.ImageUrl + "')";
                    data.RunSql(sqlstr);
                    Response.Redirect("Shopping.aspx");
                }

            }
        }
        protected void Button1_Click(object sender, EventArgs e)
        {
            SqlDataReader dr = data.GetDataReader("select * from BookSC where UserId = '" +
Session["UserId"].ToString() + "' and BookId = '" + Request.QueryString["id"].ToString() +
"'");
            if (dr.Read())
            {
                Label12.Text = "不能重复收藏!";
                return;
            }
            else
            {
```

```
            data.RunSql("insert into BookSC(UserId,BookId,BookName)values('" + Session
["UserId"].ToString() + "','" + Request.QueryString["id"].ToString() + "','" + Label2.
Text + "')");
            Alert.AlertAndRedirect("收藏成功!","MySCList.aspx");
        }
    }
    private void BinderReplay()
    {
        int id = int.Parse(Request.QueryString["id"].ToString());
        string sql = "select * from Comment where BookId =" + id;
        SqlConnection con = new SqlConnection(SqlHelper.connstring);
        con.Open();
        SqlDataAdapter sda = new SqlDataAdapter(sql, con);
        DataSet ds = new DataSct();
        sda.Fill(ds);
        PagedDataSource objPds = new PagedDataSource();
        objPds.DataSource = ds.Tables[0].DefaultView;
        objPds.AllowPaging = true;
        objPds.PageSize = 5;
        int CurPage;
        if (Request.QueryString["Page"] != null)
            CurPage = Convert.ToInt32(Request.QueryString["Page"]);
        else
            CurPage = 1;
        objPds.CurrentPageIndex = CurPage - 1;
        lblCurrentPage.Text = CurPage.ToString();
        lblSumPage.Text = objPds.PageCount.ToString();
        if (!objPds.IsFirstPage)
        {
            this.hyfirst.NavigateUrl = Request.CurrentExecutionFilePath + "?Page=" + 1 +
"&id=" + id;
            lnkPrev.NavigateUrl = Request.CurrentExecutionFilePath + "?Page=" + Convert.
ToString(CurPage - 1) + "&id=" + id;
        }
        if (!objPds.IsLastPage)
        {
            hylastpage.NavigateUrl = Request.CurrentExecutionFilePath + "?Page=" +
objPds.PageCount + "&id=" + id;
            lnkNext.NavigateUrl = Request.CurrentExecutionFilePath + "?Page=" +
Convert.ToString(CurPage + 1) + "&id=" + id;
        }
        this.DataList2.DataSource = objPds;
        this.DataList2.DataBind();
        con.Close();
    }
    protected void Button2_Click(object sender, EventArgs e)
    {
        int id = int.Parse(Request.QueryString["id"].ToString());
        if (Session["UserId"] == null)
        {
            Alert.AlertAndRedirect("您还没有登录,不能评论", "Default.aspx");
```

```
        }
        else
        {
            data.RunSql("insert into Comment(UserId,UserName,BookId,Titles)values('" +
Session["UserId"].ToString() + "','" + Session["XingMing"].ToString() + "','" + id +
"','" + TextBox2.Text + "')");
            BinderReplay();
            Alert.AlertAndRedirect("评论成功", "ShowBook.aspx?id=" + id);
        }
    }
}
```

单击“购买”按钮，将此图书放入购物车。购买商品、生成订单等操作流程请参照任务1商场在线购物网站，在此不再赘述。

2. 后台管理主要页面

(1) 后台登录页面。

打开后台登录页面，如图8.36所示。在其中输入用户名、登录密码和验证码，单击“登录”按钮，打开如图8.37所示的页面。

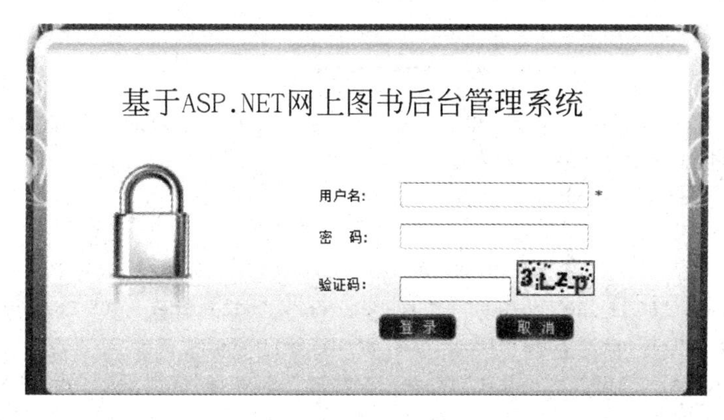

图8.36 后台登录页面

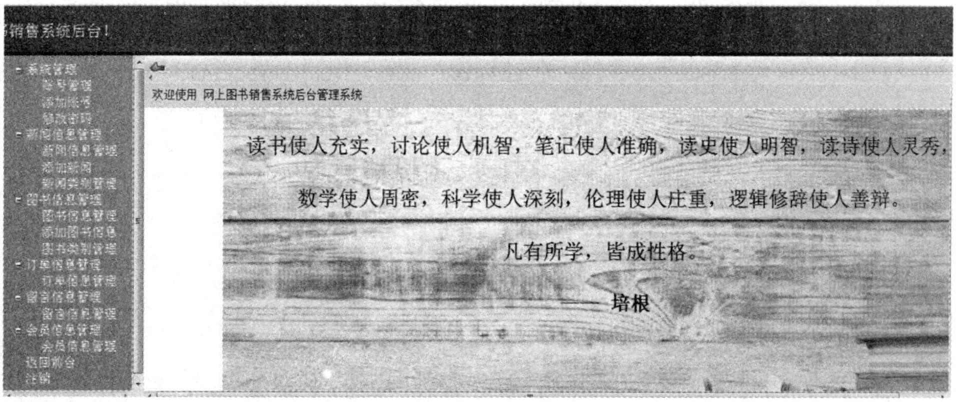

图8.37 后台主页

后台登录页面(login.aspx.cn)脚本代码如下。

```
using System;
using System.Data;
using System.Configuration;
using System.Collections;
using System.Web;
using System.Web.Security;
using System.Web.UI;
using System.Web.UI.WebControls;
using System.Web.UI.WebControls.WebParts;
using System.Web.UI.HtmlControls;
public partial class Login : System.Web.UI.Page
{
    protected void Page_Load(object sender, EventArgs e)
    {
    }
}
```

后台主页(index.html)脚本代码如下。

```
<html>
<head>
    <meta http-equiv="Content-Type" content="text/html; charset=gb2312" />
    <title>网上图书销售系统</title>
    <style type="text/css">
    </style>
</head>
<frameset rows="60,*,30" cols="*" frameborder="no" border="0" framespacing="0">
  <frame src="top.html" name="topFrame" scrolling="no">
  <frameset cols="180,*" id="frame" name="btFrame" frameborder="NO" border="0"
framespacing="0">
    <frame src="menu.aspx" noresize="noresize" name="menu" scrolling="yes">
    <frameset framespacing="0" border="0" rows="35,*" frameborder="0" scrolling=
"yes">
    <frame src="top.aspx" noresize="noresize" name="top" scrolling="yes">
    <frame src="main.aspx" noresize="noresize" name="main" scrolling="yes">
    </frameset>
  </frameset>
  <frame src="foot.aspx" noresize="noresize" name="foot" scrolling="yes">
</frameset>
</html>
```

(2) 账号管理。

在后台主页左侧的功能菜单中,单击"账号管理"按钮,显示如图 8.38 所示的信息。单击"修改"按钮,显示如图 8.39 所示。输入要修改的管理员账号,单击"修改"按钮,显示如图 8.40 所示。单击"删除"按钮,即可删除此账号。

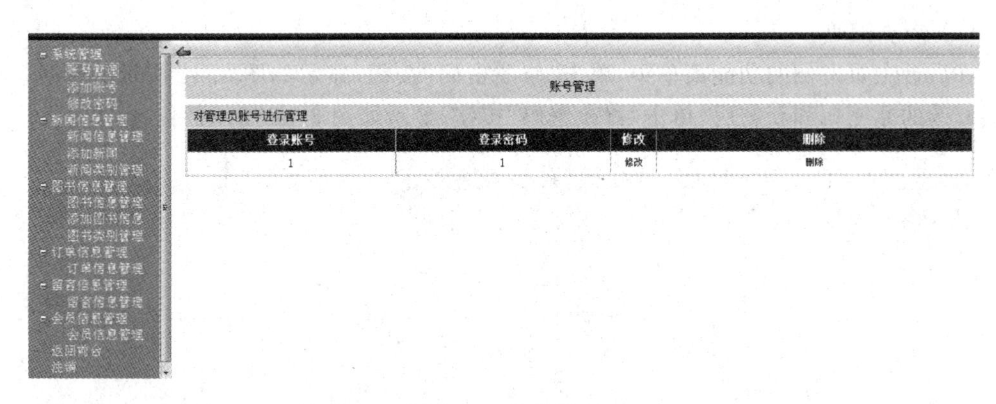

图 8.38　账号管理

图 8.39　输入要修改的账号

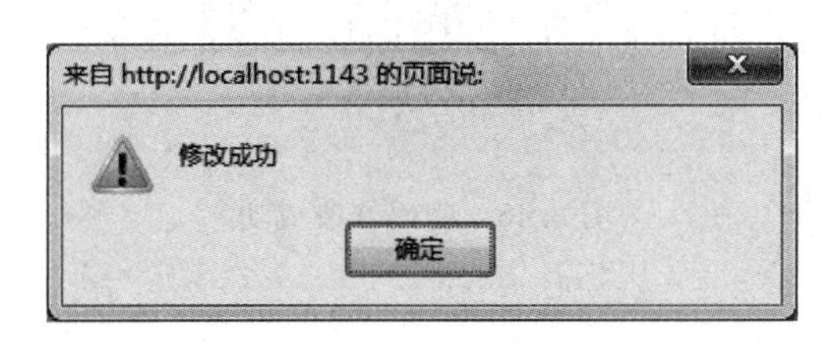

图 8.40　修改账号

(3) 添加账号。

在后台主页左侧的功能菜单中，单击“添加账号”按钮，显示如图 8.41 所示的信息，输入要添加的账号和密码，单击“检测用户”按钮，若输入的账号已存在，则显示如图 8.42 所示；若检测的账号不存在，单击“保存”按钮，显示如图 8.43 所示。

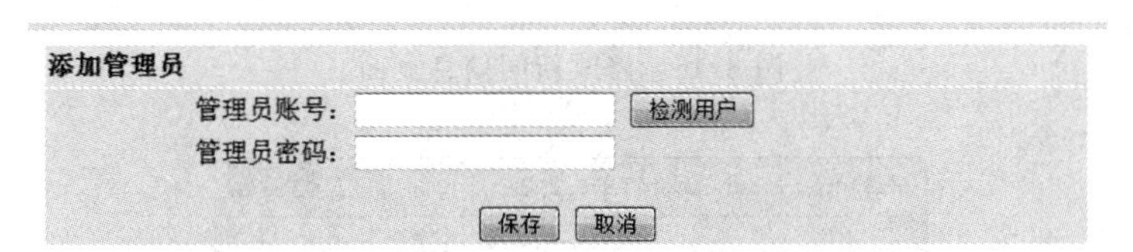

图 8.41　添加账号页面

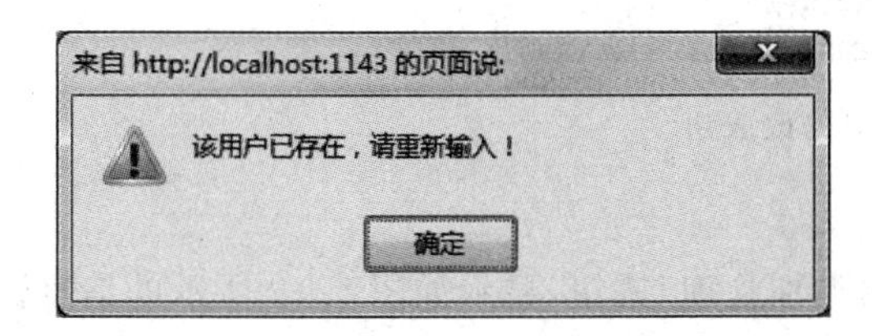

图 8.42　检测用户存在提示信息

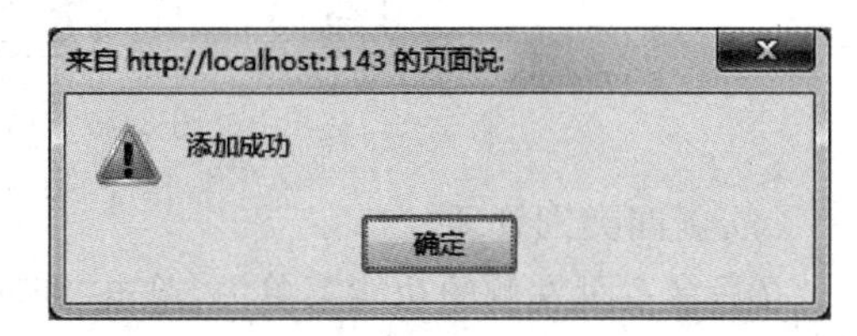

图 8.43　添加账号

(4) 修改密码。

在后台主页左侧的功能菜单中,单击“修改密码”按钮,显示如图 8.44 所示的信息。输入要修改的原密码和新密码,单击“修改密码”按钮,显示如图 8.45 所示的信息。

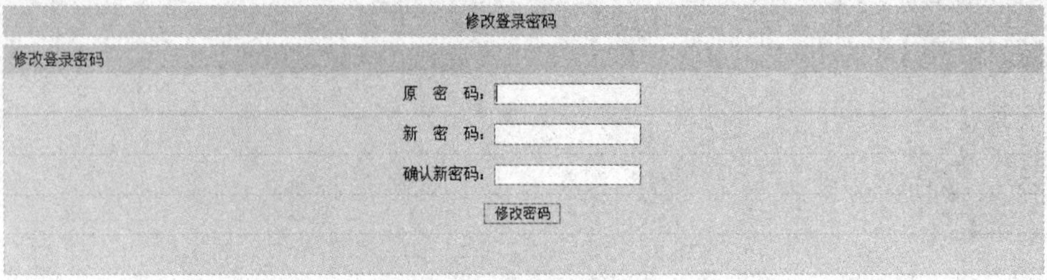
修改登录密码
修改登录密码
原 密 码:
新 密 码:
确认新密码:
修改密码

图 8.44 修改密码页面

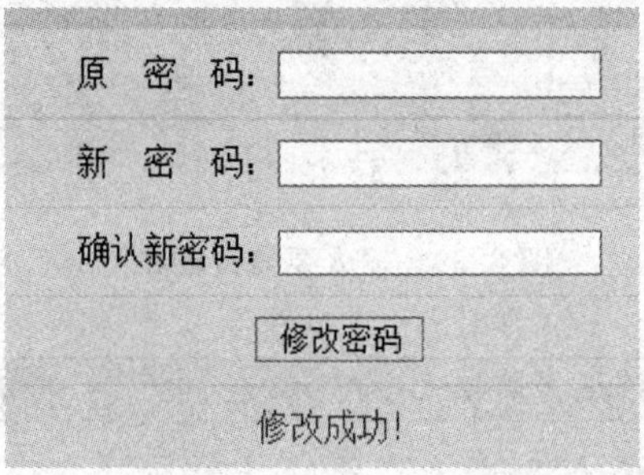
原 密 码:
新 密 码:
确认新密码:
修改密码
修改成功!

图 8.45 密码修改成功

(5) 新闻信息管理。

在后台主页左侧的功能菜单中,单击“新闻信息管理”按钮,显示如图 8.46 所示的信息。单击“修改”按钮,显示如图 8.47 所示的信息。

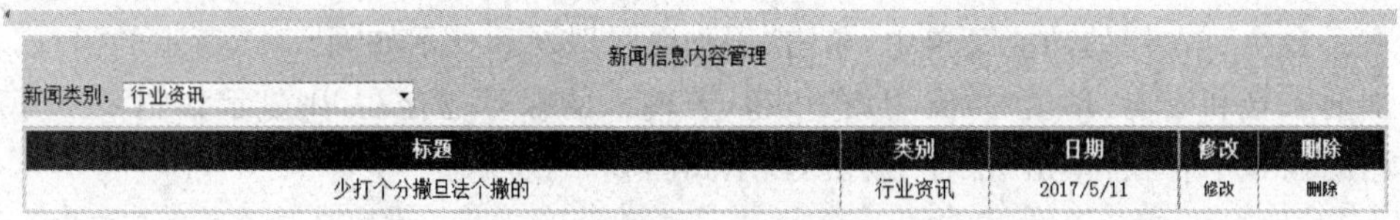
新闻信息内容管理
新闻类别: 行业资讯
标题
类别
日期
修改
删除
少打个分撒旦法个撒的
行业资讯
2017/5/11
修改
删除

图 8.46 修改新闻信息页面

来自 http://localhost:1143 的页面说:
修改成功
确定

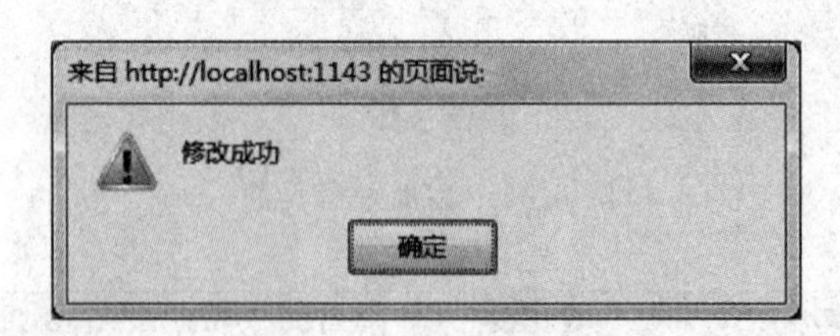

图 8.47 信息修改成功

(6) 新闻类别管理。

在后台主页左侧的功能菜单中,单击“新闻类别管理”按钮,显示如图 8.48 所示的信息。若要添加类别名称,如输入“促销活动”,单击“添加”按钮,显示如图 8.49 所示的信息。单击

“确定”按钮，显示如图 8.50 所示的信息。

新闻信息类别管理

类别名称：　　添 加

类别名称	修改	删除
行业资讯	修改	删除
网站公告	修改	删除
优惠信息	修改	删除

图 8.48　新闻类别信息

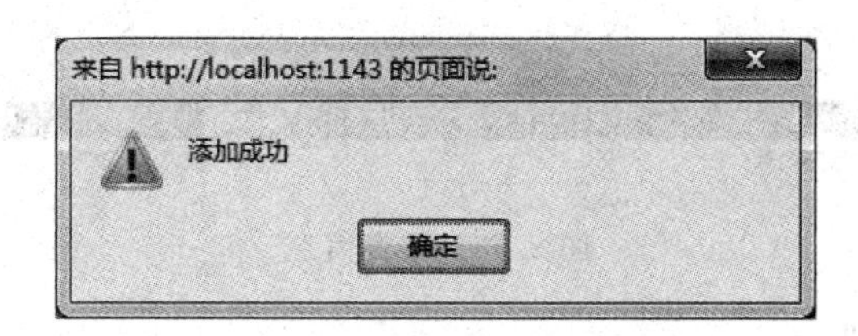

图 8.49　类别名称添加成功提示

类别名称：　　添 加

类别名称	修改	删除
行业资讯	修改	删除
网站公告	修改	删除
优惠信息	修改	删除
促销活动	修改	删除

图 8.50　显示添加类别名称

(7) 图书信息管理。

在后台主页左侧的功能菜单中，单击“图书信息管理”按钮，显示如图 8.51 所示的信息，在此信息页面可对图书进行查询、修改和删除。

图书信息管理

书籍名称：　　查 询

图书名称	图书类别	销售单价	图书数量	发布日期	修改	删除
地球往事 刘慈欣三部曲（全三册）	文学	109	96	2017/5/11	修改	删除
惹我你就死定了	小说	24	198	2017/5/11	修改	删除
江山永续	军事	150	312	2017/5/11	修改	删除
孙子兵法	军事	280	100	2017/5/11	修改	删除
纪晓岚传	传记	100	300	2017/5/11	修改	删除
乔布斯全传	传记	311.5	150	2017/5/11	修改	删除
书籍设计	艺术	24.5	300	2017/5/11	修改	删除
弟子规	少儿	34.25	230	2017/5/11	修改	删除
少儿百科全书	少儿	23.8	200	2017/5/11	修改	删除
书籍设计	艺术	24.5	300	2017/5/11	修改	删除
弟子规	少儿	34.25	230	2017/5/11	修改	删除

图 8.51　图书信息

(8) 订单信息管理。

在后台主页左侧的功能菜单中，单击“订单信息管理”按钮，显示如图 8.52 所示的信息，在此信息页面可对订单进行查询、删除等操作。

(9) 留言信息管理。

在后台主页左侧的功能菜单中，单击“留言信息管理”按钮，显示如图 8.53 所示的信息，

订单信息管理

订单号：[ ] 查 询

订单号	订货人	订单状态	订单操作	订单详情	删除
13144421452	111		订单操作	订单详情	删除

图 8.52 订单信息

在此信息页面可对留言进行回复和删除操作。

留言信息管理

标题	留言人	添加时间	回复留言	删除
s是分撒的发师大	111	2017/5/11	回复留言	删除

图 8.53 留言信息

(10) 会员信息管理。

在后台主页左侧的功能菜单中，单击“会员信息管理”按钮，显示如图 8.54 所示的信息，在此信息页面可对会员信息进行删除。

会员信息管理

帐号	姓名	性别	身份证	电子邮件	电话号码	用户密码	年龄	删除
111	张芳	男		12454@qq.com	1371115444	111	23	删除
1	1	男	350521198306283011	123@qq.com	110	1	12	删除

图 8.54 会员信息

3. 数据表

(1) 管理员账号信息表 Admin 如图 8.55 所示。

(2) 图书信息表 BookInfo 如图 8.56 所示。

5XGINJMENR7CDP3....bSys - dbo.Admin

列名	数据类型	允许 Null 值
id	int	☐
Apwd	nvarchar(50)	☑
Aname	nvarchar(50)	☑
		☐

图 8.55 管理员账号信息表

5XGINJMENR7CDP3....ys - dbo.BookInfo

列名	数据类型	允许 Null 值
BookID	int	☐
BookName	nvarchar(50)	☑
BookTypeID	int	☑
BookTypeName	nvarchar(50)	☑
BookClick	int	☑
BookNum	int	☑
BookPhoto	nvarchar(50)	☑
BookPrice	float	☑
BookIntroduce	text	☑
BookDate	datetime	☑
BookSealNum	int	☑
BookZuoZhe	nvarchar(50)	☑
		☐

图 8.56 图书信息表

(3) 评论信息表 Comment 如图 8.57 所示。

(4) 新闻类别表 Infotype 如图 8.58 所示。

5XGINJMENR7CDP3....ys - dbo.Comment

列名	数据类型	允许 Null 值
id	int	☐
UserId	nvarchar(50)	☑
UserName	nvarchar(50)	☑
BookId	nvarchar(50)	☑
Titles	nvarchar(50)	☑
AddTime	datetime	☑
		☐

图 8.57　评论信息表

5XGINJMENR7CDP3....ys - dbo.Infotype

列名	数据类型	允许 Null 值
id	int	☐
name	nvarchar(50)	☑
		☐

图 8.58　新闻类别表

(5) 订单信息表 tb_Order 如图 8.59 所示。

(6) 会员信息表 Users 如图 8.60 所示。

5XGINJMENR7CDP3....ys - dbo.tb_Order

列名	数据类型	允许 Null 值
id	int	☐
Orderid	nvarchar(50)	☑
Ordeuser	nvarchar(50)	☑
Ordertime	datetime	☑
IsCheckout	nvarchar(50)	☑
OrderStite	nvarchar(50)	☑
fahuofansh	nvarchar(50)	☑
pingjia	nvarchar(50)	☑
pingjiacontent	text	☑
BookId	int	☑
shuliang	int	☑
		☐

图 8.59　订单信息表

列名	数据类型	允许 Null 值
id	int	☐
UserName	nvarchar(50)	☑
XingMing	nvarchar(50)	☑
Sex	nvarchar(50)	☑
Age	nvarchar(50)	☑
Ds	text	☑
emal	nvarchar(50)	☑
pwd	nvarchar(50)	☑
Photo	nvarchar(50)	☑
Address	nvarchar(50)	☑
Tel	nvarchar(50)	☑
MemberMoney	float	☑
CardNum	nvarchar(50)	☑
		☐

图 8.60　会员信息表

二、知识学习

1. 网站需求定位与功能模块划分

(1) 需求分析。

在网上图书销售系统开发之前所做的需求设计方案往往会对系统的最终效果产生巨大的影响,因此在系统开发之前应该进行比较深入的调查和分析。例如,这个系统面向哪类群体来使用?需要哪些功能?日访问量有多少?

首先,为网上图书销售系统做一个简单的需求分析。

网上图书销售系统的核心功能是提供图书的在线零售业务。对于广大用户来说,最基本的需求是可以方便地在线浏览和订购提供的各种图书商品。而系统图书管理员的基本需求是可以在线对客户信息、图书商品信息、图书订单信息、用户评论信息等进行维护处理。

(2) 功能模块划分。

根据以上简单的需求分析,确定网站的功能如下。

功能一:用户浏览图书商品信息,查看图书商品详细信息;还可以进行会员注册,此时需要填写会员账户、登录密码、姓名、E-mail、证件号码、联系电话等用户信息。

功能二：会员用户登录功能。使用已注册的账户、密码和验证码进行登录，经过系统验证无误进入后，即可进入下一步操作。

功能三：将图书商品进行分类管理，用户可以根据图书商品类型进行浏览。

功能四：购物车功能。用户在浏览图书商品的过程中，如果选中某一图书商品，就可以随时将它添加到自己的购物车中。在购物车中，还可以对图书商品的购买数量等进行修改，并且能计算出购买图书商品的价格。

功能五：结账功能。当用户将选好的图书商品放入到购物车中，并决定要购买时，可以进行结账。

功能六：系统图书管理员对图书商品进行管理。系统图书管理员可对图书商品进行添加、分类、修改、删除和留言信息查看等。

功能七：系统图书管理员对会员用户进行管理。系统图书管理员可以对会员用户的信息、购买图书商品信息等进行维护处理。

功能八：系统图书管理员对会员用户的订单进行管理。系统图书管理员可以对会员用户的订单进行审核，同时可以查看注册的信息和图书商品订单信息。

(3) 系统总体框架。

从系统建设的结构来看，可将上面的功能分为两大部分：一是面向用户的前台功能；二是面向系统管理员的后台功能。网上图书销售系统总体框架如图 8.61 所示。

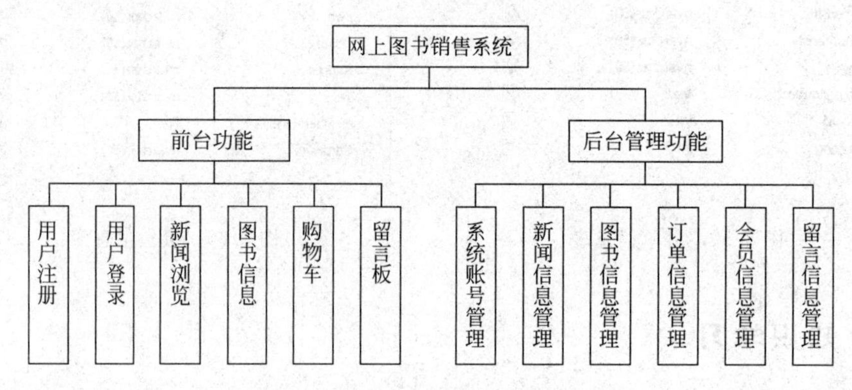

图 8.61　网上图书销售系统总体框架

2. 数据库设计

数据库是整个系统的基础。本节在系统开发之前的需求分析和功能模块划分的基础上，对需求数据进行分析，从而设计了本系统的数据库模型。

数据库 WSTSWebSys 中的主要数据表有管理员账号信息表 Admin、图书信息表 BookInfo、评论信息表 Comment、新闻类别表 Infotype、订单信息表 tb_Order、用户信息表 Users 等。各表结构如表 8.8～表 8.13 所示。

表 8.8　管理员账号信息表 Admin

字段名称	说　明	数据类型(长度)	备　注
id	管理员 ID	int	不允许为空，主键
Apwd	登录账号	nvarchar(50)	不允许为空
Aname	登录密码	nvarchar(50)	不允许为空

表 8.9　图书信息表 BookInfo

字段名称	说　明	数据类型(长度)	备　注
BookID	图书 ID	int	不允许空,主键
BookName	图书名称	nvarchar(50)	不允许空
BookTypeID	图书类型	int	不允许空
BookTypeName	图书类型名称	nvarchar(50)	不允许空
BookClick	点击次数	int	允许空
BookNum	图书数量	int	不允许空
BookPhoto	图片路径	nvarchar(50)	不允许空
BookPrice	图书价格	float	不允许空
BookIntroduce	图书介绍	text	不允许空
BookDate	发布时间	datetime	不允许空
BookSealNum	出售数量	int	允许空
BookZuoZhe	图书作者	nvarchar	不允许空

表 8.10　评论信息表 Comment

字段名称	说　明	数据类型(长度)	备　注
id	类别编号	int	主键(不允许空)
UserId	账号	nvarchar(50)	不允许空
UserName	姓名	nvarchar(50)	不允许空
BookId	图书编号	nvarchar(50)	不允许空
Titles	题目	nvarchar(50)	不允许空
AddTime	添加时间	datetime	不允许空

表 8.11　新闻类别表 Infotype

字段名称	说　明	数据类型(长度)	备　注
id	类别编号	int	主键(不允许空)
Name	类别名称	nvarchar(50)	不允许空

表 8.12　订单信息表 tb_Order

字段名称	说　明	数据类型(长度)	备　注
id	类别编号	int	主键(不允许空)
Orderid	订单 ID	nvarchar(50)	不允许空
Orderuser	会员名称	nvarchar(50)	不允许空
Ordertime	购买时间	datetime	不允许空
IsCheckout	是否确认	nvarchar(50)	不允许空
OrderStite	订单状态	nvarchar(50)	不允许空
fahuofangsh	发货方式	nvarchar(50)	允许空
BookId	图书编号	int	不允许空
pingjia	评价	nvarchar(50)	不允许空
pingjiacontent	评价内容	text	允许空
shuliang	数量	int	不允许空

表 8.13 用户信息表 Users

字段名称	说明	数据类型(长度)	备注
id	类别编号	int	主键(不允许空)
UserName	账号	nvarchar(50)	不允许空
pwd	密码	nvarchar(50)	不允许空
XingMing	姓名	nvarchar(50)	不允许空
Sex	性别	nvarchar(50)	不允许空
Age	年龄	nvarchar(50)	不允许空
emal	电子邮件	nvarchar(50)	不允许空
Photo	照片	nvarchar(50)	允许空
Ds	描述	text	允许空
Address	地址	nvarchar(50)	不允许空
Tel	联系方式	nvarchar(50)	不允许空
MemberMoney	充值现金	float	允许空
CardNum	身份证号	nvarchar(50)	不允许空

3. 网站测试

网站测试指的是当一个网站制作完上传到服务器之后针对网站的各项性能情况的一项检测工作。它与软件测试有一定的区别,其除了要求外观的一致性以外,还要求在各个浏览器下的兼容性以及在不同环境下的显示差异,主要内容如下。

(1) 性能测试。

① 连接速度测试。用户连接到网站的速度与上网方式有关。

② 负载测试。负载测试是在某一负载级别下,检测网站的实际性能,也就是能允许多少个用户同时在线。可以通过相应的软件在一台客户机上模拟多个用户来测试负载。

③ 压力测试。压力测试是测试网站的限制和故障恢复能力,也就是测试网站会不会崩溃。

(2) 安全性测试。

它需要对网站的安全性(服务器安全、脚本安全),可能有的漏洞,攻击性及错误性进行测试;并对网站的服务器应用程序、数据、服务器、网络、防火墙等进行测试;用相对应的软件进行测试。

(3) 基本测试。

基本测试包括色彩的搭配、连接的正确性、导航的方便和正确、CSS应用的一致性和事件的响应情况。

(4) 网站优化测试。

好的网站是看它是否经过了搜索引擎优化,包括网站的架构、网页栏目等。

说明:本系统的各页面详细代码及数据库内容,详见附带的系统文件。

项目练习

一、实训题

1. 依照本项目网站，增加对商品查询模块功能，能分别按照商品名称、价格和日期进行查询。

2. 参照本项目网站功能，自主创建一个网站，并对网站进行发布。

二、练习题

(1) 简述需求分析的作用。

(2) 简述什么是网站测试。

(3) 简述购物车设计的主要算法。

(4) 简述结账流程及其用到的算法。

参考文献

[1] 商玮.电子商务网站设计与建设[M].北京：人民邮电出版社，2011.

[2] 梁露.电子商务网站建设与实践上机指导教程[M].北京：人民邮电出版社，2008.

[3] 梁露，李多.电子商务网站建设与实践[M].北京：人民邮电出版社，2012.

[4] 李建忠.电子商务网站建设与管理[M].北京：清华大学出版社，2012.

[5] 关忠，于洪霞.ASP .NET 动态网站设计与制作[M].北京：清华大学出版社，2016.

[6] 石磊，王维哲. HTML5＋CSS3 网页设计基础教程[M].北京：中国水利水电出版社，2018.

[7] 未来科技.HTML5＋CSS3＋JavaScript 从入门到精通[M].北京：清华大学出版社，2018.

[8] 刘春茂.HTML5＋CSS3 网页设计与制作案例课堂[M].北京：清华大学出版社，2018.

[9] 李源.JavaScript 程序设计基础教程[M].北京：人民邮电出版社，2017.

[10] 郑阿奇.ASP .NET 4.0 实用教程[M].北京：电子工业出版社，2015.

[11] 余爱云.电子商务网站建设与管理实训[M].北京：北京理工大学出版社，2010.

[12] 沈风池.电子商务网站设计与管理[M].北京：北京大学出版社，2008.

[13] 刘芳.电子商务网站建设[M].北京：北京交通大学出版社，2010.

[14] 王东.电子商务网站建设[M].北京：电子工业出版社，2010.

[15] 施风芹，张涛.电子商务与网络营销[M].北京：中国水利水电出版社，2011.

[16] 朱美芳.电子商务网站建设完整案例教程[M].北京：中国水利水电出版社，2011.

[17] 冯岚.电子商务项目管理[M].北京：北京交通大学出版社，2011.

[18] 武淑萍.电子商务应用[M].北京：中国铁道出版社，2010.

[19] 于威威.电子商务网站实现技术教程[M].北京：中国铁道出版社，2012.

[20] 宋剑杰，陈春娇.电子商务项目化教程[M].北京：北京交通大学出版社，2011.